ZIDONG SHENGCHANXIAN DE ANZHUANG
TIAOSHI YU WEIHU

自动生产线的安装调试与维护

张豪　编著

中国电力出版社
CHINA ELECTRIC POWER PRESS

内 容 提 要

目前,自动生产线已实现模块化安装,且大量部件化维修、维护需求,本书以当前最先进的更换性维修、维护,模块化维修、维护及无维修设计理念为基础,介绍了典型自动生产线的安装、调试与维护技术。

本书以工业现场实际为例,共分五章,包括机电设备维修管理,自动生产线机械部件的安装、调试与维护,自动生产线电气设备的安装、调试与维护,自动生产线设备的故障诊断、专项调试与维护,自动生产线设备的大修。

本书可作为大专院校机电一体化、工业自动化、机械制造及自动化等相关专业的教材,也可供机械维修工程师、电气维修工程师、工业控制系统工程师及相关人员参考。

图书在版编目(CIP)数据

自动生产线的安装调试与维护 / 张豪编著 . —北京:中国电力出版社,2020.3
ISBN 978-7-5198-3180-6

Ⅰ . ①自… Ⅱ . ①张… Ⅲ . ①自动生产线－安装②自动生产线－调试方法③自动生产线－维修 Ⅳ . ① TP278

中国版本图书馆 CIP 数据核字(2019)第 275527 号

出版发行:中国电力出版社
地　　址:北京市东城区北京站西街 19 号(邮政编码 100005)
网　　址:http://www.cepp.sgcc.com.cn
责任编辑:杨　扬(010-63412524)
责任校对:黄　蓓　马　宁
装帧设计:赵姗姗
责任印制:杨晓东

印　　刷:三河市航远印刷有限公司
版　　次:2020 年 3 月第一版
印　　次:2020 年 3 月北京第一次印刷
开　　本:787 毫米 ×1092 毫米　16 开本
印　　张:14
字　　数:375 千字
印　　数:0001—2000 册
定　　价:49.00 元

前　言

　　目前，自动生产线的安装调试与维护已实现模块化的安装及大量部件化维修、维护，本书以当前最先进的更换性维修、维护，模块化维修、维护及无维修设计的先进理念为基础，介绍了典型自动生产线的安装调试与维护。

　　本书共分五章，第一章为机电设备维修管理，介绍了机电设备维修管理的初步知识，目标是使读者适应新时代的维修经理具备的常识；第二章为自动生产线机械部件的安装、调试与维护，从先进的更换性维修、模块化维修理念出发，重点讲述了机械部件的拆卸、测绘、制造、安装及检验，目标是使读者了解服务于当代的机械维修工所需的必备知识和技能；第三章为自动生产线电气设备的安装、调试与维护，重点讲述了电气设备控制原理，为电气设备维修做准备，目标是培养智能制造时代的维修电工；第四章为自动生产线设备的故障诊断、专项调试与维护，从工业现场实际出发，应用自动生产线设备维修、维护的基础知识，讲述了设备的故障诊断及各个部件的专项维修，涵盖了自动生产线设备的低压电器，PLC外围维修、维护，模拟量及变频、步进、伺服控制、气动系统的安装调试与维护。第五章为自动生产线设备的大修，是前四章内容的一个有效补充，重点讲述设备大修的概念，并以实际为例，介绍了机电设备大修的过程。

　　本书主要由无锡职业技术学院张豪编著，无锡职业技术学院李润海、石炳存也参与了此书的编写工作，无锡职业技术学院张学才、金威对书中的程序进行了调试验证工作。

　　无锡职业技术学院俞云强对本书进行了审稿工作，提出了许多建设性的修改意见，在此表示诚挚的谢意。

　　限于编者水平，书中难免存在不当之处，敬请广大读者提出宝贵意见。

编　者

扫描二维码
免费下载综合资源

目　录

第一章

机 电 设 备 维 修 管 理

第一节 设 备 管 理 概 述

一、什么是设备管理

所谓设备管理，既包括设备的技术管理，又包括设备的经济管理。

设备的技术管理，是指设备从研究、设计、制造或从选购进厂验收投入生产领域开始，经使用、维护、修理、更新、改造直至报废退出生产领域的全过程，对这个过程的管理称为设备的技术管理。

设备的经济管理，是指设备的最初投资、运行费用、折旧、收益以及更新改造费用等，对这个过程的管理称为设备的经济管理。

设备的技术管理与经济管理是有机联系、相互统一的。通过加强全过程中各环节之间的横向协调，以达到设备的良好投资效益。

二、设备管理的主要目的

设备管理的主要目的是用技术上先进、经济上合理的装备，采取有效措施，保证设备高效率、长周期、安全、经济地运行，来保证企业获得最好的经济效益。

在企业中，设备管理搞好了，才能使企业的生产秩序正常，做到优质、高产、低消耗、低成本，预防各类事故，提高劳动生产率，保证安全生产。所以设备管理是企业管理的一个重要部分。

三、设备管理的意义

设备管理是保证企业进行生产和再生产的物质基础，也是现代化生产的基础。它标志着国家现代化程度和科学技术水平。它对保证企业增加生产、确保产品质量、发展品种、产品更新换代和降低成本等，都具有十分重要的意义。

第二节 设备维修计划的制定

一、设备维修计划概述

设备维修计划是企业设备管理部门组织设备修理工作的指导性文件，是消除设备技术状况劣化的一项设备管理工作计划，也是企业生产经营计划的重要组成部分，由企业设备管理部门负责编制。

编制修理计划时，应根据设备的实际负荷开动时间、技术状况、检测数据、零部件失效规律、以及生产设备在生产过程中所处地位及其复杂程度等，采取与实际需要相适应的修理类别；同时应优先安排重点设备，充分考虑所需物资及现有物资，从企业的技术装备条件出发，采用新工艺、新技术、新材料，在保证质量的前提下，力求减少停歇时间和降低修理费用。

制定设备检修计划时，应综合考虑生产、技术、物资、劳动力与费用等各方面的条件，来安排检修日期和确定检修时间。

设备检修计划是企业生产经营计划的重要部分，其目标是保证设备经常处于完好状态。它应与企业的生产技术、财务计划密切协调，并与企业的生产经营计划同时下达、执行和考核。

二、编制设备维修计划的依据

1. 设备的技术状况

设备技术状况信息的主要来源是：日常点检、定期检查、状态监测诊断记录等所积累的设备技术状况信息；不实行状态点检制的设备每年三季度末前进行设备状况普查所作的记录。

设备技术状况普查的内容，以设备完好标准为基础，视设备的结构、性能特点而定。

2. 生产工艺及产品质量对设备的要求

向质量管理部门了解近期产品质量的信息是否满足生产要求。比如，金属切削机床的加工出的产品正负误差波动变大，不合格品率增大。须对照设备的实测几何精度加以分析，如确因设备某几项几何精度超过公差，应安排计划维修。

另一方面，向产品工艺部门了解下年度新产品对设备的技术要求，如按工艺安排，若承担新产品加工的设备精度不能充分满足要求，也应安排计划维修。

3. 安全与环境保护的要求

根据国家标准或有关主管部门的规定，设备的安全防护要求，排放的气体、液体、粉尘等超过有关标准的规定，应安排改善维修计划。

4. 设备的维修周期

对实行定期维修的设备，如自动化生产线设备和连续运转的原动力设备等，可根据设备生产厂家或本企业规定的维修周期编制维修计划。

三、设备维修计划的制定

设备修理计划，一般分为年度、季度计划和月度作业计划。

年度修理计划又分为车间按各台设备编制的年度计划，主要设备的大、中、小修理计划和高精度的、大型的生产设备大修理计划。年度修理计划，一般只在修理种类和修理时间上做大致安排。

季度修理计划，则将年度计划中规定的修理项目进一步具体化。

月度修理计划则是更为具体的执行计划。

1. 年度修理计划的编制

年度修理计划是企业修理工作的大纲，一般只针对设备的修理数量、修理类别、修理日期，具体内容要在季、月度计划中再做详细安排。在安排任务时，要先重点，后一般，确保关键。对一般设备的安排，要先把历年失修的设备安排好。对跨年、跨季、跨月的计划修理任务，应安排在要求完成的期限内。要把年度计划与季度、月度计划很好地结合起来。

2. 季度修理计划的编制

季度设备维修计划是年度计划的进一步的实施，必须在落实停修日期、修前准备工作和修理参与人员的基础上进行编制。一般在每季度的第 3 个月初编制下季度维修计划，编制计划草案，需具体调查了解以下情况。

（1）本季计划维修项目的实际进度，并与维修单位预测到本季末可能完成的程度，如因故有未完成项目，可根据实际情况考虑安排在下一季度实施。

（2）年度计划中安排在下季度的修理项目的修前准备工作完成情况，如有少数问题，应与有关部门协商采取措施，保证满足施工需要。

（3）计划在下季度维修的重点设备生产任务的负荷率，能否按计划规定月份交付维修或何时可交付维修。

通过调查，综合分析平衡后，编制出下季度设备维修草案。

3. 月度修理计划的编制

月度设备维修计划主要是季度维修计划的分解，此外还包括生产部门临时申请的小修计划。一般，在每月中旬编制下月份设备维修计划。编制月份维修计划时应注意以下几点。

（1）对跨月完工的大修、项修项目，需根据设备维修作业计划，规定本月份应完成工作量，以便进行分阶段考核。

（2）若因为生产任务的影响或某项维修进度的拖延，对新项目的开工日期，按季度计划规定可适当调整。但必须在季度内完成的工作量，应采取措施保证维修竣工。

（3）小修计划必须在当月完成。

第三节 设备修理备件管理

一、备件管理的概念

在设备维修工作中，为了恢复设备的性能和精度，保证加工产品的质量，需要用新制的或修复的零件来更换已磨损和老化的机器旧件，通常把这些新制的或修复的替换零件称为配件。为了缩短设备修理停歇时间，事先组织采购、制造和储备一定数量的配件作为备件。科学合理地储备备件，及时地为设备维修提供优质备件，是设备维修必不可少的物质基础，是缩短停机时间、提高维修质量、保证修理周期、完成计划检修、保证企业生产的重要措施。因此，备件管理是设备维修资源管理的主要组成部分。

二、备件管理的目标

备件管理的目标是用最少的备件资金，科学合理的库存储备，保证设备维修的需要，不断提高设备的可靠性、维修性和经济性。并做到以下几点。

（1）把设备突发故障所造成的停工损失减少到最低限度。

（2）把设备计划修理的停歇时间和修理费用降低到最低限度。

（3）把备件库的储备资金压缩到合理供应的最低水平。

三、备件管理的主要任务

（1）及时有效地向维修人员提供合格的备件。为此必须建立相应的备件管理机构和必要的设施，并科学合理地确定备件的储备品种、储备形式和储备定额，做好备件保管供应工作。

（2）重点做好关键设备维修所需备件的供应工作。企业的关键设备对产品的产品和质量影响很大，因此，备件管理工作的重点首先是满足关键设备对维修备件的需要，保证关键设备的正常运行，尽量减少停机损失。

（3）做好备件使用情况的信息收集和反馈工作。备件管理和维修人员要不断收集备件使用中的质量、经济信息，并及时反馈给备件技术人员，以便改进和提高备件的使用性能。

（4）在保证备件供应的前提下，尽可能减少备件的资金占用量。备件管理人员应努力做好备件的计划、生产、采购、供应、保管等工作，压缩备件储备资金，降低备件管理成本。

四、备件管理的工作内容

1. 备件的技术管理

备件的技术管理是备件管理工作的基础，主要包括：备件图纸的收集、测绘、备件图册的编制；各类备件统计卡片和储备定额等基础资料的设计、编制工作。

2. 备件的计划管理

备件的计划管理是指从编制备件计划到备件入库这一阶段的工作，主要包括：年度及月度自制备件计划，外购件年度及月度计划，铸、锻毛坯件需要量申请、制造计划，备件零星采购和加工计划，备件修复计划的编制和组织实施工作。

3. 备件的库房管理

备件的库房管理是指从备件入库到发出这一阶段的工作，主要包括：备件入库检查、维护、登记上卡、上架存放，备件的收、发及库房的清洁与安全，订货点与库存量的控制，备件消耗量、资金占用额和周转率的统计分析和控制，备件质量信息的收集等。

4. 备件的经济管理

备件的经济管理是指备件的经济核算与统计分析工作，主要包括：备件库存资金的核定、出入库账目的管理、备件成本的审定、备件各项经济指标的统计分析等，经济管理应贯穿于备件管理的全过程，同时应根据各项经济指标的统计分析结果来衡量检查条件管理工作的质量和水平。

五、设备备件的储备形式

1. 成品储备

在设备修理中，有些备件要保持原来的尺寸，如摩擦片、齿轮、花键轴等，可制成（或购置）成品储备，有时为了延长某一零件的使用寿命，可有计划有意识地预先把相关的配合零件分成若干配合等级，按配合等级把零件制成成品进行储备。如，活塞与缸体及活塞环的配合可按零件的强度分成两三种不同的配合等级，然后按不同配合等级将活塞环制成成品储备，修理时按缸选用活塞环即可。

2. 半成品储备

有些零件必须留有一定的修理余量，以便拆机修理时进行尺寸链的补偿。如轴瓦、轴套等可以留配合量储存，也可以粗加工后储存；又如与滑动轴承配合的淬硬轴，轴颈淬火后不必磨削而作为半成品储备等。

半成品备件在储备时一定要考虑到最后制成成品时的加工工艺尺寸。储备半成品的目的是为了缩短因制造备件而延长的停机时间，同时也为了在选择修配尺寸前能预先发现材料或铸件中的砂眼、裂纹等缺陷。

3. 成对（套）储备

为了保证备件的传动和配合，有些机床备件必须成对制造、保存和更换，如高精度的丝杠副、蜗轮副、镗杆副、螺旋锥齿轮等。为了缩短设备的修理的停机时间，常常对一些普通的备件也进行成对储备，如车床的走刀丝杠和开合螺母等。

4. 部件储备

为了进行快速修理，可把生产线中的设备及关键设备上的主要部件，制造工艺复杂、技术条件要求高的部件或通用的标准部件等，根据本单位的具体情况组成部件适当储备，如减速器、液压操纵板、高速磨头、金刚刀镗头、吊车抱闸、铣床电磁离合器等。部件储备也属成品储备的一种形式。

5. 毛坯（或材料）储备

某些机械加工工作量不大及难以预先决定加工尺寸的备件，可以毛坯形式储备，如对合螺母、铸铁拨叉、双金属轴瓦、铸铜套、皮带轮、曲轴及关键设备上的大型铸锻件，以及有些轴类粗加工后的调质材料等。采用毛坯储备形式，可以省去设备修理过程中等待准备毛坯的时间。

第四节　维修技术、工艺、质量管理

设备维修技术管理制度是对设备维修有关技术要求的规定。如对零部件、附件、配套装置应达到的技术规范；设备维修用技术资料的管理；设备维修中的有关技术文件及其应达到的工艺要求；以及有关安全防护装置和外观等的技术规定。

1. 设备维修用技术资料管理

技术资料管理的主要工作内容是：收集、编制、积累各种维修技术资料；及时向企业工艺部门及设备使用部门提供有关设备使用维修的技术资料；建立资料管理组织及制度并认真执行。

2. 编制设备维修用技术文件

（1）维修技术任务书。维修技术任务书由主修技术人员负责编制，其编制程序一般如下。

1）编制前，应详细调查了解设备修前的技术状况、存在的主要缺陷及产品工艺对设备的要求。

2）针对设备的磨损情况，分析制定主要维修内容，应修换的主要零、部件及维修的质量标准。维修技术任务书的机械部分和电气部分可分别编写，但应注意协调一致。

3）对原设备的改进、改装要求。

（2）修换件明细表。修换件明细表是预测维修时需要更换和修复的零（组）件明细表。它是修前准备备件的依据，应力求准确。既要不遗漏主要件，以免因临时准备而影响维修工作的顺利进行；又要防止准备的备件过多，维修时用不上而造成备件积压。

（3）材料明细表。材料明细表是设备修前准备材料的依据。直接用于设备维修的材料列入材料明细表，制造备件及临时件用材料以及辅助材料（如擦拭材料，研磨材料）则不列入该表。

设备维修常用材料品种如下。

1）各种钢材，如圆钢、钢板、钢管、槽钢、工字钢和钢轨等。

2）有色金属材料，如铜管、铜板、铝合金管、铝合金板和轴承合金等。

3）焊接材料，如焊条、焊丝等。

4）电气材料，如电气元件、电线电缆和绝缘材料等。

5）橡胶、塑料及石棉制品，如橡胶皮带、运输机用胶带、镶装导轨用塑料板、制动盘用石棉衬板、胶管和塑料管等。

6）维修用黏结、黏补剂。

7）润滑油脂。

第
一
章

8）油漆。

9）管道用保温材料。

（4）修理工艺规程。维修工艺规程亦称维修工艺。它具体限定了设备的维修程序、零部件的维修方法、总装配试车的方法及技术要求等，以保证设备维修后达到规定的质量标准。维修工艺由维修单位技术人员负责编制，主修技术人员审查会签。编制修理工艺时应遵循以下原则。

1）典型维修工艺。对某一同类型设备或结构形式相同的部件，按通常可能出现的磨损情况编制的维修工艺称为典型维修工艺。它具有普遍指导意义，但对某一具体设备则缺少针对性。由于各企业用于维修的装备设施的条件不同，对于同样的零部件采用的维修工艺会有所不同。因此，各企业应按自己的具体条件并参考有关资料，编制出适用于本企业的典型维修工艺。

2）专用维修工艺。对某一型号的设备，针对其实际磨损情况，为该设备某次维修所编制的维修工艺称为专用维修工艺。它对该设备以后的维修仍有较大的参考价值，但如再次使用时，应根据设备的实际磨损状况和维修技术的进步做必要的修改与补充。

一般来说，企业可对通用设备的大维修采用典型维修工艺，并针对设备的实际磨损情况编写补充工艺和说明。对无典型维修工艺的设备，则编制专用维修工艺。后者经两三次实践验证后，可以修改完善成为典型维修工艺。

（5）维修质量标准。通常所说的维修质量标准是衡量设备整体技术状态的标准，它包括以下3方面内容：①设备零部件装配、总装配、运转试验、外观和安全环境保护等的质量标准；②设备的性能标准；③设备的几何精度和工作精度标准。设备维修后的性能标准一般均按设备说明书的规定。如按产品工艺要求，设备的某项性能不需使用，可在维修技术任务书中说明修后免检；如需要提高某项性能时，除采取必要维修技术措施外，在维修技术任务书中也应加以说明。

设备的几何精度和工作精度应充分满足修后产品工艺要求。如出厂精度标准不能满足要求，先查阅同类设备新国家标准、分析判断能否满足产品工艺要求，如个别精度项目仍不能满足要求，应加以修改。修改后的精度标准可称为某设备大修精度标准。

第五节　机电设备信息管理

一、机电设备信息管理概述

很多单位拥有数目庞大的设备，小到一个螺栓的设备配件、大到价格千万以上的成套设备，有些设备需要定期维护，有些设备的零配件需要定期更换，有些设备已到报废期不能再使用，有些设备在需要使用的时候却发现该设备却已经借出，这些庞大复杂的设备信息需要系统地进行管理。

机电设备信息管理系统就是利用计算机技术对设备的一生进行信息管理。主要实现前期管理、档案管理、设备使用、设备状态监测、设备维修、后期管理、技术改造、新技术应用、技术培训、事故管理、油水管理、统计报表、综合查询等功能。囊括了设备管理的全部内容，满足设备管理工作的需要，实现了设备管理信息的自动化和网络化。

二、机电设备信息管理与传统机电设备管理的区别

由于实现了设备管理信息的自动化和网络化，所以设备管理信息系统能够为用户提供充足的信息和快捷的查询手段。这些信息有助于公司在购置、报废和使用设备时最有效地作出正确的决策，它的内容对于企事业单位的决策者和管理者来说都至关重要，是一个企事业单位不可缺少的部分。

而传统机电设备管理方法，由于一直以来使用传统人工的方式管理设备的信息，所以这种管理方式存在着许多缺点，如效率低、保密性差等，另外时间一长，将产生大量的文件和数据，这给查找、更新和维护都带来了不少的困难。

第六节　设备管理技术经济性指标

一、设备管理技术经济性概念

设备从设计到报废，或者从购置到报废这段时间，有两个变化过程：①设备的物质变化过程；②设备的经济价值变化过程，一般以货币来表示。前一个过程是技术性问题，研究的对象是设备本身，其目的是为了掌握设备物质的运动规律，以保证设备处于良好的技术性能状态；后一个过程是经济性问题，研究对象是与设备运行有关的各项费用，其目的是为了掌握设备价值运动规律，包括购置的经济性、维修的经济性、运行的经济性、更新的经济性等，以期花最小的投资，求得最大的经济效益。过去的设备管理工作，往往重视了设备的物质变化过程，而忽视了设备的经济价值变化过程。

1. 有关考核指标

设备完好率、泄漏率等，是反映设备情况的一个可比性指标，对其进行考核是很有必要的。但是这种考核形式还不够全面，因为它没有反映出经济性的优劣，经常会造成过度维修的现象。为此，应考虑考核设备的停机损失、单位产品维修费用、故障率、寿命周期费用等，充分反映出设备的经济效果来。

2. 设备购置的经济性

设备购置的经济计算方法是多种多样的。根据不同的经济性比较指标进行分类，基本上可分为如下三大类。

（1）按投资回收期计算的方法。根据投入的资金，要经过几年才能收回来决定投资的方法，叫作投资回收期法。回收期愈短愈有利。

（2）按成本（费用）比较计算的方法。设备一生的总费用，必须考虑资金的时间因素，才能把费用等价换算成能够进行比较的数值。换算方法有现值法、年值法和终值法 3 种。

（3）按利润率（收益率）比较计算的方法。根据投资求出预想实现的利润率进行比较的方法，是一种把利润率较高的方案或者高于一定利润率的方案作为投资对象的做法。

二、设备管理技术经济指标的意义

指标是指导、检查、评价各项业务、技术、经济活动及其经济效果的依据。指标可分成单项技术经济指标和综合指标，也可分成数量指标和质量指标。指标的主要作用有以下 3 点：①定量评价管理工作的绩效；②在管理过程重起监督、调控和导向作用；③起激励与促进的作用。

设备管理的技术经济指标就是一套相互联系、相互制约，能够综合评价设备管理效果和效率的指标。设备管理的技术指标是设备管理工作目标的重要组成部分。设备管理工作涉及资金、物资、劳动组织、技术、经济、生产经营目标等各方面，要检验和衡量各个环节的管理水平和设备资产经营效果，必须建立和健全设备管理的技术经济指标体系。此外，也有利于加强国家对设备管理工作的指导和监督，为设备宏观管理提供决策依据。

三、设备管理是企业提高效益的基础

（1）企业进行生产经营的目的，就是获取最大的经济效益，企业的一切经营管理活动也是紧

紧围绕着提高经济效益这个中心进行的，而设备管理是提高经济效益的基础。简单地说，一方面是增加产品产量，提高劳动生产效益；另一方面是减少消耗，降低生产成本，在这一系列的管理活动中，设备管理占有特别突出的地位。

（2）加强设备管理一定要与企业开展双增双节活动相结合，应用现代技术，开展技术创新，确保设备有良好的运转状态；对于新设备要充分发挥其先进性能，保持高的设备利用率，预防和发现设备故障隐患，创造更大的经济效益；对于老设备要通过技术改造和更新，改善和提高装备素质，增强设备性能，延长设备使用寿命，从而达到提高效益的目的。提高劳动生产率，关键是要提高设备的生产效率。同时减少原材料浪费、降低生产成本更是设备管理的主要内容。原材料的消耗大部分是在设备上实现的。如设备状态不好会出现废品，增大原材料消耗等。

（3）在能源消耗上，设备所占的比重更大。加强设备管理，提高设备运转效率，降低设备能耗是节约能源的重要手段，也是企业节能降耗永恒的主题。

（4）在设备运转过程中，为维护设备正常运转，本身也需要一定的物资消耗。设备一般都有常备的零部件、易损件，设备管理不好，零部件消耗大，设备维修费用支出就高。尤其是进口设备，零部件的费用更高。通过科学的设备维修工作，也是企业降本增效持之以恒的工作。

第二章

自动生产线机械部件的安装、调试与维护

当今机械零件的维修已完全的摈弃了以往的修补性维修方式，从工厂运营的整体经济性考虑，修补性维修所耗的工时，设备停止运转而导致的生产产量的降低，已大大超过了直接把机械零件更换下来的价值。因此更换性维修已经是当今机械设备维修的主要方法。

更换性维修的一般步骤为机械零部件的拆卸，损坏零件的测绘设计，机械零件的加工，机械零部件的装配及调试直至机械设备的维修精度检验，一气呵成，以最快的速度保证设备的生产运行。而损坏零件的测绘设计及零件的加工又可放在备件库管理中进行，因此，一旦设备发生故障，不是把损坏的零件去进行修补，而是立即从备件库中换上一个新零件。

从修补性维修零件和重新制造零件比较，新零件的结构合理性，寿命，疲劳强度肯定大于修补性维修的零件，从而也大大地延长了机器的寿命并且降低了工时，减轻了维修人员的劳动强度。

本章从实际出发，结合当今工厂的机械设备维修方式，提出更换性维修的新理念。

第一节　自动生产线机械零部件的拆卸

拆卸是机械设备修理的重要环节。任何机械设备都是由许多零部件组成的，机械设备进行修理时，必须经过拆卸才能对失效零部件进行更换和修复。如果拆卸不当，往往会造成零部件损坏，设备的精度、性能降低，甚至无法修复。拆卸的目的是为了便于清洗、检查和修理，因此，为保证修理质量，在动手解体机械设备前，必须周密计划，对可能遇到的问题有所估计，做到有步骤地进行拆卸。

一、拆卸时的注意事项

在机械设备修理中，拆卸时还应为装配工作创造条件，应注意以下事项。

（1）用手锤敲击零件时，应该在零件上垫好软衬垫或者用铜锤、木锤等敲击。敲击方向要正确，用力要适当，落点要得当，以防止损坏零件的工作表面，给修复工作带来麻烦。

（2）拆卸时特别要注意保护主要零件，防止损坏。对于相配合的两个零件，拆卸时应保存精度高、制造困难、生产周期长、价值较高的零件。

（3）零件拆卸后应尽快清洗，并涂上防锈油，精密零件还要用油纸包裹好，防止其生锈或碰伤表面。零件较多时应按部件分类存放。

（4）长径比较大的零件如丝杠、光杠等拆下后，应垂直悬挂或采取多支点支承卧放，以防止变形。

（5）易丢失的细小零件如垫圈、螺母等清洗后应放在专门的容器里或用铁丝串在一起，以防

9

止丢失。

（6）拆下来的液压元件、油杯、油管、水管、气管等清洗后应将其进出口封好，以防止灰尘杂物侵入。

（7）拆卸旋转部件时，应注意尽量不破坏原来的平衡状态。

（8）对拆卸的不互换零件要做好标记或核对工作，以便安装时对号入位，避免发生错乱。

二、常用的拆卸方法

常用的零件拆卸方法可分为击卸法、拉卸法、顶压法、温差法和破坏法。在拆卸中应根据被拆卸零部件结构特点和连接方式的实际情况，采用相应的拆卸方法。

1. 击卸法

击卸法是利用锤子或其他重物在敲击或撞击零件时产生的冲击能量，把零件拆卸下来。它是拆卸工作中最常用的一种方法，具有操作简单、灵活方便、适用范围广等优点，击卸法如果使用不正确容易损坏零件。

用锤子敲击拆卸时应注意以下事项。

（1）要根据被拆卸件的尺寸大小、重量及结合的牢固程度，选择大小适当的锤子。如果击卸件重量大、配合紧，而选择的锤子太轻，则零件不易击动，且容易将零件打毛。

（2）要对击卸件采取保护措施，通常使用铜棒、胶木棒、木棒及木板等保护受击部位的轴端、套端及轮缘等。对击卸件的保护措施如图 2-1 所示。

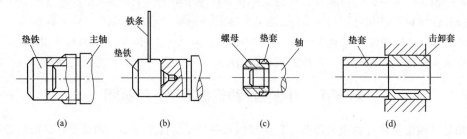

图 2-1　对击卸件的保护措施

（a）保护主轴的垫铁；（b）保护轴端顶尖孔的垫铁；（c）保护轴端螺纹设施；（d）保护套端的垫铁

（3）要选择合适的锤击点，且受力均匀分布。应先对击卸件进行试击，注意观察是否拆卸方向相反或漏拆紧固件。发现零件配合面严重锈蚀时，可用煤油浸润锈蚀面，待其略有松动时再拆卸。

（4）要注意安全。击卸前应检查锤柄是否松动，以防猛击时锤头飞出伤人损物，要观察锤子所划过的空间是否有人或其他障碍物。

2. 拉卸法

拉卸是使用专用拉卸器把零件拆卸下来的一种静力或冲击力不大的拆卸方法。它具有拆卸比较安全、不易损坏零件等优点，适用于拆卸精度较高的零件和无法敲击的零件。

拉卸时，应注意顶拔器拉钩与拉卸件接触表面要更整，名拉钩之间应保持平行，不然容易打滑。

（1）锥销、圆柱销的拉卸。可采用拔销器拉出端部带内螺纹的锥销、圆柱销。

（2）轴端零件的拉卸。位于轴端的带轮、链轮、齿轮及轴承等零件，可用各种顶拔器拉卸，如图 2-2 所示。拉卸时，首先将顶拔器拉钩扣紧被拆卸件端面，顶拔器螺杆顶在轴端，然后手柄旋转带动螺杆旋转而使带内螺纹的支臂移动，从而带动拉钩移动而将轴端的带轮、齿轮以及轴承等零件拉卸。

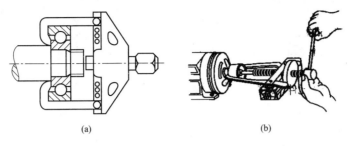

图 2-2　轴端零件的拉卸
（a）拆卸轴承；（b）拆卸带轮或联轴器

（3）轴套的拉卸。轴套一般是以铜、铸铁、轴承合金等较软的材料制成，若拉卸不当易发生变形，因此不需要更换的套一般不拆卸，必须拆卸时需用专用拉具拉卸。

（4）钩头键在拉卸时常用锤子、錾子将键挤出，但易损坏零件。若用专用拉具则较为可靠，不易损坏零件。

3. 顶压法

顶压法是一种静力拆卸的方法，适用于拆卸形状简单的过盈配合件。常利用螺旋C型夹头、手压机、油压机或千斤顶等工具和设备进行拆卸，图 2-3 所示为压力机拆卸轴承。

4. 温差法

温差法是利用材料热胀冷缩的性能，加热包容件或冷却被包容件使配合件拆卸的方法，常用于拆卸尺寸较大、过盈量较大的零件或热装的零件。如拆卸尺寸较大的轴承与轴时，对轴承内圈加热来拆卸轴承。加热前把靠近轴承部分的轴颈用石棉隔离开来，防止轴颈受热膨胀，用顶拔器拉钩扣紧轴承内圈，给轴承施加一定拉力，然后迅速将

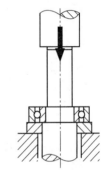

图 2-3　压力机拆卸轴承

100℃左右的热油倾倒在轴承内圈上，待轴承内圈受热膨胀后，即可用顶拔器将轴承拆卸。

5. 破坏法

破坏法拆卸是拆卸中应用最少的一种方法，只有在拆卸焊接、铆接、密封连接等固定连接件和相互咬死的配合件时才不得已采用保存主件、破坏副件的措施。破坏法拆卸一般采用车、铣、锯、錾、钻、气割等方法进行。

三、典型零部件的拆卸（螺纹连接的拆卸）

螺纹连接在机械设备中应用最为广泛，它具有结构简单、调整方便和可多次拆卸装配等优点。其拆卸虽然比较容易，但有时会因重视不够或工具选用不当、拆卸方法不正确等而造成损坏，因此应注意选用合适的扳手或一字旋具，尽量不用活扳手。对于较难拆卸的螺纹连接件，应先弄清楚螺纹的旋向，不要盲目乱拧或使用过长的加力杆。拆卸双头螺柱，要用专用的扳手。

1. 断头螺钉的拆卸

（1）如果螺钉断在机体表面及以下时，可以用下列方法进行拆卸。

1）在螺钉上钻孔，打入多角淬火钢杆，将螺钉拧出，如图 2-4 所示。注意打击力不可过大，以防损坏机体上的螺纹。

2）在螺钉中心钻孔，攻反向螺纹后拧入反向螺钉旋出，如图 2-5 所示。

3）在螺钉上钻直径相当于螺纹小径的孔，再用同规格的螺纹刃具攻螺纹；钻相当于螺纹大径的孔，重新攻一个比原螺纹直径大一级的螺纹，并选配相应的螺钉。

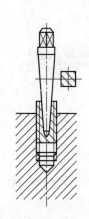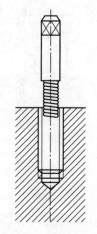

图 2-4　用多角淬火钢杆拆卸断头螺钉　　　图 2-5　攻反向螺纹拆卸断头螺钉

4）用电火花在螺钉上打出方形或扁形槽，再用相应的工具拧出螺钉。

（2）如果螺钉的断头露在机体表面外一部分时，可以采用如下方法进行拆卸。

1）在螺钉的断头上用钢锯锯出沟槽，然后用一字旋具将其拧出或在断头上加工出扁头或方头，然后用扳手拧出。

2）在螺钉的断头上加焊一弯杆，如图 2-6（a）所示；或加焊一螺母，如图 2-6（b）所示；之后将其拧出。

3）断头螺钉较粗时，可用扁錾子沿圆周剔出。

2. 打滑六角螺钉的拆卸

六角螺钉用于固定连接的场合较多，当内六角磨圆后会产生打滑现象而不容易拆卸，这时用一个孔径比螺钉头外径稍小一点的六方螺母放在内六角螺钉头上，如图 2-7 所示，然后将螺母与螺钉焊接成一体，待冷却后用扳手拧六方螺母，即可将螺钉迅速拧出。

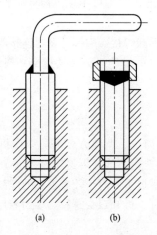

（a）　　　　　（b）

图 2-6　露出机体表面外断头螺钉的拆卸
（a）加焊弯杆；（b）加焊螺母

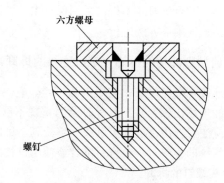

六方螺母

螺钉

图 2-7　拆卸打滑六角螺钉

3. 锈死螺纹件的拆卸

锈死螺纹件有螺钉、螺柱、螺母等，当其用于紧固或连接时，由于生锈而很不容易拆卸，这时可采用下列方法进行拆卸。

（1）用手锤敲击螺纹件的四周，以震松锈层，然后拧出。

（2）可先向拧紧方向稍拧动一点，再向反方向拧，如此反复拧紧和拧松，直至逐步拧出为止。

（3）在螺纹件四周浇些煤油或松动剂，浸渗一定时间后，先轻轻锤击四周，使锈蚀面略微松动后，再拧出。

（4）若零件允许，还可采用快速加热包容件的方法，使其膨胀，然后迅速拧出螺纹件。

（5）采用车、锯、錾、气割等方法，破坏螺纹件。

4. 成组螺纹联接件的拆卸

除按照单个螺纹件的方法拆卸外，还要做到如下几点。

（1）首先将各螺纹件拧松 1～2 圈，然后按照一定的顺序，先四周后中间按对角线方向逐一拆卸，以免力量集中到最后一个螺纹件上，造成难以拆卸或零部件的变形和损坏。

（2）处于难拆部位的螺纹件要先拆卸下来。

（3）拆卸悬臂部件的环形螺柱组时，要特别注意安全。首先要仔细检查零部件是否垫稳，起重索是否捆牢，然后从下面开始按对称位置拧松螺柱进行拆卸。最上面的一个或两个螺柱，要在最后分解吊离时拆下，以防发生事故或零部件损坏。

（4）注意仔细检查在外部不易观察到的螺纹件，在确定整个成组螺纹件已经拆卸完后，方可将联接件分离，以免造成零部件的损伤。

四、过盈配合件的拆卸

拆卸过盈配合件，应根据零件配合尺寸和过盈量的大小，选择合适的拆卸方法、工具和设备，如顶拔器、压力机等，不允许使用铁锤直接敲击零部件，以防损坏。在无专用工具的情况下，可用木锤、铜锤、塑料锤或垫以木棒（块）、铜棒（块）用铁锤敲击。无论使用何种方法拆卸，都要检查有无销钉、螺钉等附加固定或定位装置，若有应先拆下；施力部位应正确，以使零件受力均匀，如对轴类零件，力应作用在受力面的中心；要保证拆卸方向的正确性，特别是带台阶、有锥度的过盈配合件的拆卸。

滚动轴承的拆卸属于过盈配合件的拆卸，在拆卸时除遵循过盈配合件的拆卸要点外，还要注意尽量不用滚动体传递力。拆卸尺寸较大的轴承或过盈配合件时，为了使轴和轴承免受损害，可利用加热来拆卸。

五、不可拆联接件的拆卸

焊接件的拆卸可用锯割、等离子切割，或用小钻头排钻孔后再锯或錾，也可用氧炔焰气割等方法。铆接件的拆卸可用錾掉、锯割或气割掉铆钉头，或用钻头钻掉铆钉等。操作时，应注意不要损坏基体零件。

第二节 典型机械零件的测绘方法及自动生产线零部件测绘举例

一、轴套类零件的测绘

（一）轴套类零件的功用与结构

轴套类零件是组成机器的重要零件之一，因而是机器测绘中经常碰到的典型零件。轴类零件的主要功用是支承其他转动件回转并传递转矩，同时又通过轴承与机器的机架联接。

轴类零件是旋转零件，其长度大于直径，通常由外圆柱面、圆锥面、内孔、螺纹及相应端面所组成。轴上往往还有花键、键槽、横向孔、沟槽等。根据功用和结构形状，轴类有多种型式，如光轴、空芯轴、半轴、阶梯轴、花键轴、曲轴、凸轮轴等，起支承、导向和隔离作用。

套类零件的结构特点是：零件的主要表面为同轴度较高的内外旋转表面，壁厚书薄、易变形，长度一般大于直径等。

（二）轴套类零件的视图表达及尺寸标注

1. 视图表达

（1）轴套类零件主要是回转体，一般都在车床、磨床上加工，常用一个基本视图表达，轴线水平放置，并且将小头放在右边，便于加工时看图。

（2）在轴上的单键槽最好朝前画出全形。

（3）对于轴上孔、键槽等的结构，一般用局部剖视图或剖面图表示。剖面图中的移出剖面，除了清晰表达结构形状外，还能方便地标注有关结构的尺寸公差和形位公差。

（4）退刀槽、圆角等细小结构用局部放大图表达，如图 2-8 所示。

（5）外形简单的套类零件常用全剖视，如图 2-9 所示。

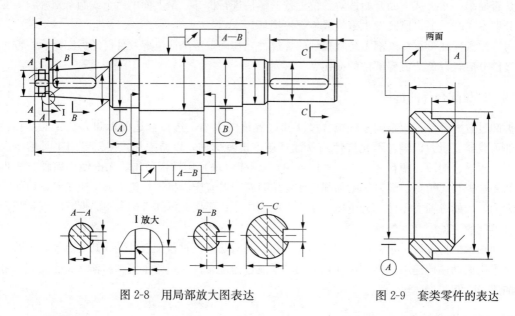

图 2-8　用局部放大图表达　　　　　　图 2-9　套类零件的表达

2. 尺寸标注

（1）长度方向的主要基准是安装的主要端面（轴肩）。轴的两端一般作为测量基准，轴线一般作为径向基准。

（2）主要尺寸应首先注出，其余多段长度尺寸都按车削加工顺序注出，轴上的局部结构多数是就近轴肩定位。

（3）为了使标注的尺寸清晰，便于看图，宜将剖视图上的内外尺寸分开标注，将车、铣、钻等不同工序的尺寸分开标注。

（4）对轴上的倒棱、倒角、退刀槽、砂轮越程槽、键槽、中心孔等结构，应查阅有关技术资料的尺寸后再进行标注。

（三）轴套类零件的材料和技术要求

1. 轴类零件的材料

（1）轴类零件常用材料有 35、45、50 优质碳素结构钢，以 45 钢应用最为广泛，一般进行调质处理后硬度可达到 230～260HBS。

（2）不太重要或受载较小的轴可用 Q255、Q275 等碳素结构钢。

(3) 受力较大、强度要求高的轴，可以用 40Cr 钢调质处理，硬度达到 230～240HBS 或淬硬到 35～42HRC。

(4) 若是高速、重载条件下工作的轴类零件，选用 20Cr、20CrMnTi、20Mn2B 等合金结构钢或 38CrMoAlA 高级优质合金结构钢。这些钢经渗碳淬火或渗氮处理后，不仅表面硬度高，而且其心部强度也大大提高，具有较好的耐磨性、抗冲击韧性和耐疲劳强度的性能。

(5) 球墨铸铁、高强度铸铁由于铸造性能好，又具有减振性能，常用于制造外形结构复杂的轴。特别是我国的稀土—镁球墨铸铁，抗冲击韧性好，同时还具有减摩吸振，对应力集中敏感性小等优点，已被应用于汽车、拖拉机、机床上的重要轴类零件。

(6) 不经过最后热处理而获得高硬度的丝杠，一般可用抗拉强度不低于 600MPa 的 45 和 50 中碳钢。精密机床的丝杠可用碳素工具钢 T10、T12 制造。经最后热处理而获得高硬度的丝杠，用 CrWMn 或 CrMn 钢制造时，可保证硬度达到 50～56HRC。

2. 套类零件的材料

(1) 套类零件的材料一般用钢、铸铁、青铜或黄铜制成。

(2) 孔径小的套筒，一般选择热轧或冷拉棒料，也可用实心铸件。

(3) 孔径大的套筒，常选择无缝钢管或带孔的铸件、锻件。

3. 轴类零件的技术要求

(1) 尺寸精度。主要轴颈直径尺寸精度一般为 IT6～IT9 级，精密的为 IT5 级。对于阶梯轴的各台阶长度，按使用要求给定公差，或者按装配尺寸链要求分配公差。

(2) 几何精度。轴类通常是用两个轴颈支承在轴承上，这两个支承轴颈是轴的装配基准。对支承轴颈的几何精度（圆度、圆柱度）一般应有要求。对精度一般的轴颈几何形状公差，应限制在直径公差范围内，即按包容要求在直径公差后标注 Ⓔ。如要求更高，再标注其允许的公差值（即在尺寸公差后注 Ⓔ 外，再加框格标注其形状公差值）。

(3) 相互位置精度。轴类零件中的配合轴颈（装配传动件的轴颈），相对于支承轴颈的同轴度是其相互位置精度的普遍要求。由于测量方便的原因，常用径向圆跳动来表示。普通配合精度轴对支承轴颈的径向圆跳动一般为 0.01～0.03mm，高精度轴为 0.001～0.005mm。此外还有轴向定位端面与轴心线的垂直度要求等。

(4) 表面粗糙度。一般情况下，支承轴颈的表面粗糙度为 $Ra0.16～0.63\mu m$，配合轴颈的表面粗糙度为 $Ra0.63～2.5\mu m$。

对于通用零件、典型零件，以上各项一般都有相应表格和资料可查。

4. 套类零件的技术要求

(1) 套类零件孔的直径尺寸公差一般为 IT7 级，精密轴套孔为 IT6 级。形状公差（圆度）一般为尺寸公差的 1/2～1/3。对长套筒，除圆度要求外，还应注孔轴线直线度公差。孔的表面粗糙度为 $Ra0.16～1.6\mu m$，要求高的精密套筒可达 $Ra0.04\mu m$。

(2) 外圆表面通常是套类零件的支承表面，常用过盈配合或过渡配合与箱体机架上的孔连接。外径尺寸公差一般为 IT6～IT7 级，形状公差被控制在外径尺寸公差范围内（按包容要求在尺寸公差后注 Ⓔ）。表面粗糙度为 $Ra0.63～3.2\mu m$。

(3) 如孔的最终加工是将套筒装入机座后进行，套筒内外圆的同轴度要求较低；若最终加工是在装配前完成的，则套筒内孔对套筒外圆的同轴一般为 $\phi0.01～\phi0.05mm$。

5. 轴套类零件测绘时的注意事项

(1) 在测绘前必须弄清楚被测轴、套在机器中的部位，了解清楚该轴、套的用途及作用，如转速大小、载荷特征、精度要求以及与相配合零件的作用等。

（2）必须了解该轴、套在机器中安装位置所构成的尺寸链。

（3）测量零件尺寸时，要正确地选择基准面。基准面确定后，所有要确定的尺寸均以此为基准进行测量，尽量避免尺寸换算。对于长度尺寸链的尺寸测量，也要考虑装配关系，尽量避免分段测量。分段测量的尺寸只能作为校对尺寸的参考。

（4）测量磨损零件时，对于测量位置的选择要特别注意，尽可能地选择在未磨损或磨损较少的部位。如果整个配合表面均已磨损，必须在草图上注明。

（5）对零件的磨损原因应加以分析，以便在设计或修理时加以改进。

（6）测绘零件的某一尺寸时，必须同时测量配合零件的相应尺寸，尤其是只更换一个零件时更应如此。

（7）测量轴的外径时，要选择适当部位进行，以便判断零件的形状误差，对于转动部位更应注意。

（8）测量轴上有锥度或斜度时，首先要看它是否是标准的锥度或斜度；如果不是标准的，要仔细测量并分析其作用。

（9）测量曲轴及偏芯轴时，要注意其偏心方向和偏心距离。轴类零件的键槽要注意其圆周方向的位置。

（10）测量螺纹及丝杠时，要注意其螺纹头数、螺旋的方向、螺纹形状和螺距。对于锯齿形螺纹更应注意方向。

（11）测绘花键轴和花键套时，应注意其定心方式、齿数和配合性质。

（12）需要修理的轴应当注意零件工艺基准是否完好及热处理情况，作为修理工艺的依据。

（13）细长轴放置妥当，防止测绘时发生变形。

（14）对于零件的材料、热处理、表面处理、公差配合、形位公差及表面粗糙度等要求，在绘制草图时都要注明。

（15）对测绘图样必须严格审核（包括草图的现场校对），以确保图样质量。

二、轮齿类零件测绘

根据齿轮及齿轮副实物，用必要的量具、仪器和设备等进行技术测量，并经过分析计算确定出齿轮的基本参数及有关工艺等，最终绘制出齿轮的零件工作图，这个过程称之为齿轮测绘。从某种意义上讲，齿轮测绘工作是齿轮设计工作的再现。

齿轮测绘有纯测绘和修理测绘之分。凡是为制造设备样机而进行的测绘称为纯测绘；凡齿轮失去使用能力，为配换、更新齿轮所进行的测绘称为修理测绘。设备维修时，齿轮的测绘是经常遇到的一项比较复杂的工作。要在没有或缺少技术资料的情况下，根据齿轮实物而且往往是已经损坏了的实物测量出部分数据，然后根据这些数据推算出原设计参数，确定制造时所需的尺寸，画出齿轮工作图。由于目前使用的机械设备不能完全统一，有国产的也有国外进口的，就进口设备而言在时间上也有早有晚，这就造成了标准的不统一，因而给齿轮测绘工作带来许多麻烦。为使整个测绘工作顺利进行，并得到正确的结果，齿轮的测绘一般可按如下几个步骤进行。

（1）了解被修设备的名称、型号、生产国、出厂日期和生产厂家。由于世界各国对齿轮的标准制度不尽相同，即使是同一个国家，由于生产年代的不同或生产厂家的不同，所生产的齿轮的各参数也不相同。这就需要在齿轮测绘前首先了解该设备的生产国家、出厂日期和生产厂家，以获得准确的齿轮参数。

（2）初步判定齿轮类别。知道了齿轮的生产国家即获得了一定的齿轮参数，如齿形角、齿顶高系数、顶隙系数等。除此之外，还需判别齿轮是否是标准齿轮、变位齿轮或者非标准齿轮。

（3）查找与主要几何要素（m、α、z、β、x）有关的资料。翻阅传动部件图、零件明细表以及零件工作图，若已修理配换过，还应查对修理报告等，这样可简化和加快测绘工作的进程，并可提高测绘的准确性。

（4）做被测齿轮精度等级、材料和热处理的分析。

（5）分析被测齿轮的失效原因。分析齿轮的失效原因，这在齿轮测绘中是一项十分重要的工作。由于齿轮的失效形式不同，知道了齿轮的失效原因不但会使齿轮的测绘结果准确无误，而且还可对新制齿轮提出必要的技术要求，延长使用寿命。

（6）测绘、推算齿轮参数及画齿轮工作图。

下面以直齿圆柱齿轮为例说明测绘过程。

1. 几何尺寸参数的测量

测绘渐开线直齿圆柱齿轮的主要任务是确定基本参数 m（或 P）、α、z、h_a^*、c^*、x。为此，需对被测量的齿轮做一些几何尺寸参数的测量。

（1）齿数 z 的测量。通常情况下，见到的齿轮多为完整齿轮，整个圆周都布满了轮齿。只要数多少个齿就可以确定其齿数 z。对扇形齿轮或残缺的齿轮，只有部分圆周，无法直接确定的齿数。为此，这里介绍两种方法，即图解法和计算法。

1）图解法。如图 2-10（a）所示。以齿顶圆直径 d_a 画一个圆，根据扇形齿轮实有齿数多少而量取跨多少周节的弦长 A，再以此弦长 A 截取圆 d_a，对小于 A 的剩余部分 DF，再以一个周节的弦长 B 截取，最后即可算出齿数 z。图中，以 A 依次截取 d_a 为 3 份，即 CD、CE 和 EF，剩余部分 DF 正好被 B 一次截取。设弦长 A 包含 n 个齿，则

$$z = 3n + 1 \tag{2-1}$$

2）计算法。量出跨 n 各齿的齿顶圆弦长 A，如图 2-10（b）所示，求出 N 个齿所含的圆心角 φ，再求出一周的齿数 z。有

$$\varphi = 2\sin^{-1}\frac{A}{d_a} \tag{2-2}$$

$$z = 360° \frac{N}{\varphi} \tag{2-3}$$

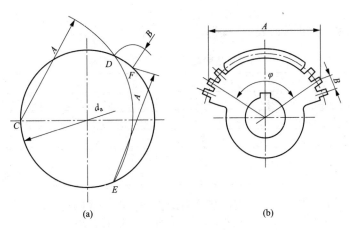

图 2-10　不完整齿轮的齿数 z

（a）图解法；（b）计算法

（2）齿顶圆直径 d_a 和齿根圆直径 d_f 的测量。如图 2-11 所示，对于偶数齿齿轮，可用游标卡尺直接测量得到 d_a 和 d_f；而对奇数齿齿轮则不能直接测量得到，可按下述方法进行。

第二章

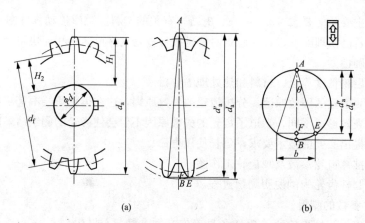

图 2-11　齿顶圆直径 d_a 和齿根圆直径 d_f 的测量

(a) 偶数齿；(b) 奇数齿

1) 仍用游标卡尺直接测量，但此时卡尺的一侧在齿顶，另一侧在齿间，测得的不是 d_a，而是 d，需通过几何关系推算获得。从图 2-11 (b) 可看出，在△ABE 中，有

$$\cos\theta = \frac{AE}{AB} = \frac{AE}{d_a}$$

在△AEF 中，有

$$\cos\theta = \frac{AF}{AE} = \frac{d'_a}{AE}$$

将上述二式相乘，得

$$\cos^2\theta = \frac{AE}{d_a} \cdot \frac{d'_a}{AE} = \frac{d'_a}{d_a}$$

$$d_a = \frac{d'_a}{\cos^2\theta}$$

取

$$k = \frac{1}{\cos^2\theta} \tag{2-4}$$

则

$$d_a = kd'_a \tag{2-5}$$

式中，k 称为校正系数，也可由表 2-1 查得。

表 2-1　　　　　　　　　　　　　奇数齿齿轮齿顶圆直径校正系数 k

z	7	9	11	13	15	17	19
k	1.02	1.0154	1.0103	1.0073	1.0055	1.0043	1.0034
z	21	23	25	27	29	31	33
k	1.0028	1.0023	1.002	1.0017	1.0015	1.0013	1.0011
z	35	37	39	41, 43	45	47~51	53~57
k	1.001	1.0009	1.0008	1.0007	1.0006	1.0005	1.0004

2) 对于中间有孔的齿轮，也可用间接测量的方法，即测量内孔直径 d，内孔壁到齿顶的距离 H_1 或内孔壁到齿根的距离 H_2，如图 2-11 (a) 所示，计算得到

$$d_a = d + 2H_1 \tag{2-6}$$

$$d_f = d + 2H_2 \tag{2-7}$$

(3) 全齿高 h 的测量。

1) 全齿高 h 可采用游标深度尺直接测量，如图 2-12 所示。但这种方法不够精确，测得的数

值只能作为参考。

2）全齿高 h 的测量也可以先间接测量齿顶圆直径 d_a 和齿根圆直径 d_f，或测量内孔壁到齿顶的距离 H_1 和内孔壁到齿根的距离 H_2 的方法，如图 2-11 所示，按式（2-8）或式（2-9）计算获得，即

$$h = \frac{d_a - d_f}{2} \tag{2-8}$$

$$h = H_1 - H_2 \tag{2-9}$$

图 2-12　全齿高 h 的测量

（4）中心距 a 的测量。中心距 a 可按图 2-13 所示测量，即用游标卡尺测量 A_1 和 A_2，孔径 ϕd_1 和 ϕd_2，然后按式（2-10）或式（2-11）计算，即

$$a = A_1 + \frac{d_1 + d_2}{2} \tag{2-10}$$

$$a = A_2 - \frac{d_1 + d_2}{2} \tag{2-11}$$

测量时要力求准确，为了使测量值尽量符合实际值，还必须考虑孔的圆度、锥度及两孔轴线的平行度对中心距的影响。

（5）公法线长度 W_k 的测量。公法线长度 W_k 可用精密游标卡尺或公法线千分尺测量，如图 2-14 所示。

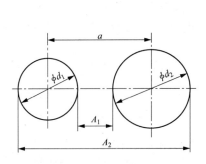

图 2-13　中心距 a 的测量

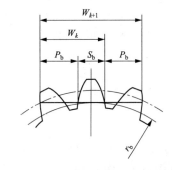

图 2-14　公法线长度 W_k 的测量

依据渐开线的性质，理论上卡尺在任何位置测得的公法线长度都相等，但实际测量时，以分度圆附近的尺寸精度最高。因此，测量时应尽可能使卡尺切于分度圆附近，避免卡尺接触齿尖或齿根圆角。测量时，如切点偏高，可减少跨测齿数 k；如切点偏低，可增加跨测齿数 k。跨测齿数 k 值可按公式计算或直接查表 2-2。如测量一标准直齿圆柱齿轮，其齿形角 $\alpha = 20°$，齿数 $z = 30$，则公法线跨测齿数 k 为

$$k = z \frac{\alpha}{180°} + 0.5 \tag{2-12}$$

$$k = 30 \times \frac{20}{180°} + 0.5 \approx 4$$

表 2-2　　　　　　　　　　测量公法线长度时的跨测齿数 k

齿形角 α	跨测齿数 k							
	2	3	4	5	6	7	8	9
	被测齿轮齿数 z							
14.5°	9～23	24～35	36～47	48～59	60～70	71～82	83～95	96～100
15°	9～23	24～35	36～47	48～59	60～71	72～83	84～95	96～107

续表

齿形角 α	跨测齿数 k							
	2	3	4	5	6	7	8	9
	被测齿轮齿数 z							
20°	9~18	19~27	28~36	37~45	46~54	55~63	64~72	73~81
22.5°	9~16	17~24	25~32	33~40	41~48	49~56	57~64	65~72
25°	9~14	15~21	22~29	30~36	37~43	44~51	52~58	59~65

跨测齿数 k 也可以依据齿形角 $\alpha=20°$，齿数 $z=30$，直接从表 2-2 查得。

(6) 基圆齿距 p_b 的测量。

1) 用公法线长度测量。从图 2-14 中可见，公法线长度每增加 1 个跨齿，即增加 1 个基圆齿距，所以，基圆齿距 p_b 可通过公法线长度 W_k 和 W_{k+1} 的测量计算获得，即

$$p_b = W_{k+1} - W_k \tag{2-13}$$

式中，W_{k+1} 和 W_k 分别为跨 $k+1$ 和 k 个齿时的公法线长度。

考虑到公法线长度的变动误差，每次测量时，必须在同一位置，即取同一起始位置、同一方向进行测量。

2) 用标准圆棒测量。图 2-15 (a) 所示为用标准圆棒测量基圆齿距 p_b 的原理图。其中两直径分别为 d_{p1} 和 d_{p2} 的标准圆棒切于两相邻齿廓。另外，为了减少测量误差的影响，两圆棒直径的差应尽可能取得大一些，通常差值可取 0.5~3mm。过基圆作两条假想的渐开线，使其分别通过圆棒中心 O_1、O_2。依据渐开线的性质，从图 2-15 中可看出，圆棒半径等于基圆上相应的一段弧长，即

$$\frac{d_p}{2} = r_b \mathrm{inv}\alpha$$

从而得到式 (2-14)，即

$$\frac{d_{p2} - d_{p1}}{2} = \pm r_b (\mathrm{inv}\alpha_2 - \mathrm{inv}\alpha_1) \tag{2-14}$$

式 (2-14) 右边的"+"号用于外齿轮，"-"号用于内齿轮。

再依据几何关系，有

$$\alpha_1 = \arccos \frac{r_b}{R_{x1}}$$

$$\alpha_2 = \arccos \frac{r_b}{R_{x2}}$$

将 α_1 和 α_2 值代入前式得

$$d_{p2} - d_{p1} = \pm 2r_b \left[\mathrm{invcos} \frac{r_b}{R_{x2}} - \mathrm{invcos} \frac{r_b}{R_{x1}} \right] \tag{2-15}$$

公式中的 r_b 为基圆半径，无法用简单的代数方法求出。为此，可采用试算法，即以不同的 r_b 值代入式中，使等式成立的 r_b 值即为所求的值。

求得 r_b 值后，就可按式 (2-16) 求得 p_b

$$p_b = 2\pi \frac{r_b}{z} \tag{2-16}$$

3) 用基圆齿距仪测量。可以用基圆齿距仪或万能测齿仪直接测量，基圆齿距仪的测量原理如图 2-15 所示。

(7) 分度圆弦齿厚及固定弦齿厚的测量。测量弦齿厚可用齿厚游标卡尺或光学齿厚卡尺，如图 2-16 所示。齿厚游标卡尺由水平、垂直两尺组成。测量时将垂直尺调整到相应弦齿高的位置，即分度圆弦齿高或固定弦齿高，再用水平尺测量分度圆弦齿厚或固定弦齿厚。

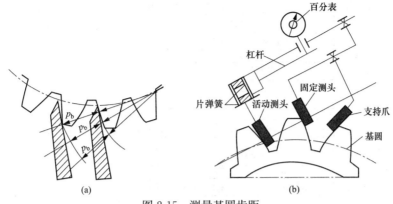

图 2-15　测量基圆齿距

（a）用标准圆棒测量；（b）用基圆齿距仪测量

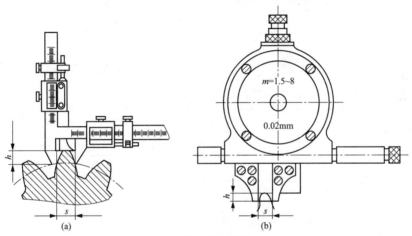

图 2-16　齿厚测量

（a）齿厚游标卡尺测量；（b）光学齿厚卡尺测量

为了减少被测齿轮齿顶圆偏差对测量结果的影响，应在分度圆弦齿高或固定弦齿高的表值基础上加上齿顶圆半径偏差值。齿顶圆半径偏差值为实测值与公称值之差。

2. 直齿圆柱齿轮测绘程序

综合以上内容，可以把直齿圆柱齿轮测绘程序归纳为如图 2-17 所示内容。

3. 测绘举例

测得一对国产齿轮的几何参数如下：齿数 $z_1=32$，$z_2=56$，压力角 $\alpha=20°$，齿顶圆直径 $d'_{a1}=68$mm，$d'_{a2}=116$mm，小齿轮公法线长度 $W'_4=21.55$mm，大齿轮公法线长度 $W'_7=39.94$mm，实测中心距 $a'=88$mm。试确定其基本参数。

解：（1）确定模数 m。由于是国产齿轮，可以初步确定压力角 $\alpha=20°$，齿顶高系数 $h_a^*=1$，齿顶隙 $c^*=0.25$。由中心距求模数为

$$m=\frac{2a''}{z_1+z_2}=\frac{2\times88}{32+56}=2\text{mm}$$

查标准模数系列表，确定模数 $m=2$mm。

（2）确定是否为变位齿轮。查表并计算得两齿轮的非变位齿轮公法线长度为

$$W_4=21.561\text{mm}$$

$$W_7=39.946\text{mm}$$

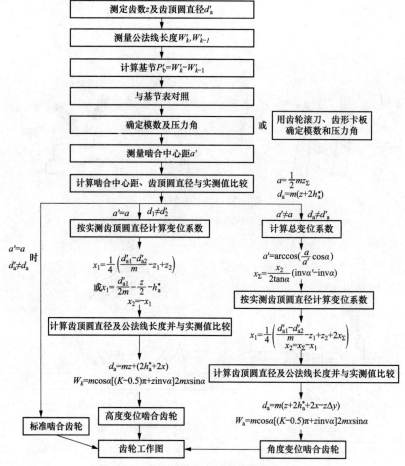

图 2-17 直齿圆柱齿轮测绘程序

与实测值 $W_4'=21.55mm$，$W_7'=39.94mm$ 比较相差不大，确定为非变位齿轮。

（3）校核齿顶圆直径。有

$$d_{a1} = m(z_1 + 2h_a^*) = 2 \times (32 + 2 \times 1) = 68mm$$

$$d_{a2} = m(z_2 + 2h_a^*) = 2 \times (56 + 2 \times 1) = 116mm$$

由于计算值 d_{a1} 和 d_{a2} 与实测 $d_1'=68mm$，$d_2'=116mm$ 相符，说明初定的齿轮基本参数正确，故确定齿轮基本参数为 $m=2mm$，$h_a^*=1$，$c^*=0.25$，$\alpha=20°$。

（4）几何尺寸计算。

1）齿顶圆直径。有

$$d_{a1} = m(z_1 + 2h_a^*) = 2 \times (32 + 2 \times 1) = 68mm$$

$$d_{a2} = m(z_2 + 2h_a^*) = 2 \times (56 + 2 \times 1) = 116mm$$

2）分度圆直径。有

$$d_1 = z_1 m = 32 \times 2 = 64mm$$

$$d_2 = z_2 m = 56 \times 2 = 112mm$$

3）齿全高。有

$$h = m(2h_a^* + c^*) = 2 \times (2 \times 1 + 0.25) = 4.5mm$$

4）公法线长度。由计算或查表得齿轮公法线长度为

$$W_4 = 21.561mm$$

$$W_7 = 39.946\text{mm}$$

5）中心距。有

$$a = \frac{m(z_1 + z_2)}{2} = \frac{2 \times (32 + 56)}{2} = 88\text{mm}$$

其他尺寸计算略。

三、壳体类零件的测绘

（一）壳体零件的图形表达

由于壳体零件的形状比较复杂，因此一般都需要较多视图才能表达清楚，通常要用 3 个以上的基本视图。另外许多壳体零件还需配备剖视图、剖面图及局部视图、局部放大图、斜视图等，一般究竟采用哪些视图，则要视情况而定。

壳体零件的内部形状通常采用剖视图和剖面图来表达。但由于壳体零件的外形也相当复杂，因此表达时，也要画出零件的外部视图。在画剖视图时，多采用全剖视图、局部剖视图和斜剖视图，而剖视图中再取剖视的表达方式也比其他类型的零件应用得多。

1. 主视图的选择

壳体零件的主视图选择，一般按零件的工作位置以及能较多地反映其各组成部分的形状特征和相对位置关系的原则来确定。

主视图的安装位置，应尽量与壳体零件在机器或部件上的工作位置一致。壳体零件由于常常需要多道加工工序才能完成，其加工位置经常变化，因而很难按加工位置来确定主视图的安放位置。按工作位置来选择主视图，还有助于绘制装配图。

2. 其他视图的选择

选择其他视图时，应围绕主视图来进行。主视图确定后，根据形状分析法，对壳体零件各组成部分逐一分析，考虑需要几个视图，以及采用什么方法才能把它们的形状和相对位置关系表达出来。测绘时应边分析、边考虑、边补充，灵活应用各种表达方法，力求做到视图数量最少。

（二）壳体零件测绘实例

下面以某钢铁厂送料机构的齿轮变速箱箱体为例，综合介绍壳体零件测绘的全过程。

1. 了解和分析壳体零件

绘制时，首先要了解和分析壳体零件的结构特点、用途、与其他零件的关系、所用材料和加工方法等。检查和判断壳体零件是否失效，其尺寸和形状是否产生变化。

齿轮变速箱箱体内共有 3 根轴，其中输入轴为蜗杆轴，输出轴为圆锥齿轮轴，与蜗杆啮合的中间轴为蜗轮轴。通过蜗杆与蜗轮啮合将动力传递给中间轴，再经过圆锥齿轮的啮合传动来实现送料机构的变速目的。可以将变速箱箱体分解成 3 部分。

（1）支撑部分。基本上以圆筒体结构形式表现在箱壁的凸台上。在伸出箱壁的所有凸台上，均设有安装端盖的螺孔。

（2）安装部分。即箱体的底板，在底板上设有螺栓安装孔。由于底板面积较大，为使其与安装基面接触良好并减少加工面积，地面设有凹坑。

（3）连接部分。主要表面为变速箱箱体内部呈方框形的结构，在箱壁上设有安装箱的螺孔等。

2. 确定表达方案

（1）主视图的选择。根据以上分析，箱体的主视图应按其工作位置及形状特征确定。因此主视图采用了局部剖视，见图 2-18 中的 $A—A$ 剖视。在主视图上，展示了输入轴轴孔 $\phi35$ 和 $\phi40$、输出轴轴孔 $\phi48$，以及与蜗杆啮合的蜗轮轴轴孔三者之间的相对位置及各组成部分的连接关系。

（2）其他视图的选择。

1）为了表达左侧箱壁上两个相连凸台的形状，反映输入轴与输出轴之间的相对位置关系，选用了一个左视图。在左视图上，采用局部剖视来表达箱体顶面的 4×M5 安装螺孔和箱体后面凸台上的 M8 螺孔，这样既可避免虚线太多，又便于标注尺寸。

2）在俯视图上反映了箱体外形和内腔形状，4 个底板安装孔及箱体、4 个安装螺孔相互之间的位置关系。B-B 阶梯剖，反映了蜗轮轴孔的形状和另外两根轴孔的相对位置，以及蜗轮轴孔所在凸台的形状和安装端盖的蜗孔等。这样仅用 4 个视图就全面表达了该箱体的形状。

（3）画零件草图。根据选定的视图表达方案，徒手绘制箱体草图，如图 2-18 所示。

（4）画尺寸界线和尺寸线。根据前面所述方法，将零件上所需标注的所有尺寸，画出全部尺寸界线和尺寸线。

（5）测量尺寸并标注在草图上。

1）测出全部尺寸并标注在零件草图上。如可用钢直尺直接测量箱体的长、宽、高等外形尺寸。分别测得长度方向的尺寸有箱壁间距为 114mm，箱体两侧和底板凹坑尺寸 136mm，总长 180mm；宽度方向的尺寸有箱壁间距和底板凹坑尺寸 104mm，箱体两侧尺寸 120mm，总宽 135mm；高度方向的尺寸有底板高 12mm，总高 145mm 等。这些尺寸一般为未注公差的尺寸，直接注出整数尺寸即可。

2）用游标卡尺及内径千分尺测量 3 根轴的轴孔直径，其中输入轴孔为 $\phi34.994$ 和 $\phi39.994$，蜗轮轴孔为 $\phi34.994$ 和 $\phi39.994$，输出轴孔径为 $\phi48.012$；用平台、检验芯轴和高度游标卡尺测得 $\phi48.012$，孔在高度方向的定位尺寸为 67，与 $\phi34.994$ 孔的中心距在高度方向为 43.75，宽度方向中心距为 39.1，宽度方向的定位尺寸为 81；用内、外长钳和直尺测得地板安装孔径为 $\phi20$ 和 $\phi10.5$，孔间距在长度方向为 156，宽度方向为 96；各螺孔直径和深度在测量后标注在草图上。

3）铸造圆角半径用圆角规测出后，标注在草图上。

（6）圆整尺寸（略）。

（7）编写技术要求。

1）公差配合及表面粗糙度。为保证箱体孔与轴承外圈的配合精度，按轴承选用的轴承公差的要求查表确定为 $\phi35K7^{+0.007}_{-0.018}$，$\phi40K7^{+0.007}_{-0.018}$ 和 $\phi48H7^{+0.025}_{0}$。为保证传动轴正常运转，轴孔中心距公差经查表确定为 43.75 ± 0.025。3 根轴上共 5 个轴孔，其表面粗糙度均为 $Ra6.3$，其余各面的表面粗糙度见图 2-19。

2）形位公差。5 个轴孔的圆柱度公差按 7 级查表确定，其公差值为 0.007；各个轴孔对其公共轴线的同轴度公差也按 7 级查表为 $\phi0.020$（同轴度测量难时常转换成跳动）；输入轴轴孔 $\phi35$ 和 $\phi40$ 的公共轴线与输出轴轴孔 $\phi48$ 的轴线平行度公差按 7 级查表定为 0.050；蜗轮轴孔 $\phi35$ 和 $\phi40$ 的公共轴线与输出轴轴孔 $\phi48$ 的轴线垂直度公差按 7 级查表定为 0.040，底面的平面度公差确定为 0.1，输出轴轴孔 $\phi48$ 对底面的平行度公差按 7 级查表为 0.050。

（8）填写标题栏和技术要求，完成草图。

（9）根据草图绘制壳体零件图。草图绘制完成后，还要对草图进行全面检查和校核。对测量所得尺寸，尤其是失效部位的尺寸，要根据国家有关技术标准、壳体零件的使用要求、装配关系等具体情况综合确定。经过检查、校核和修改后，即可绘制壳体零件图。变速箱箱体零件图如图 2-24 所示。

四、自动生产线零部件测绘举例

图 2-20 所示为包装机械的一条典型自动生产线装配图。通过前述的 3 类零件测绘方法，分别测绘设计了 3 个典型零件，其中轴类零件如图 2-21 所示，轮齿类零件如图 2-22 所示，壳体类零件如图 2-23 所示。

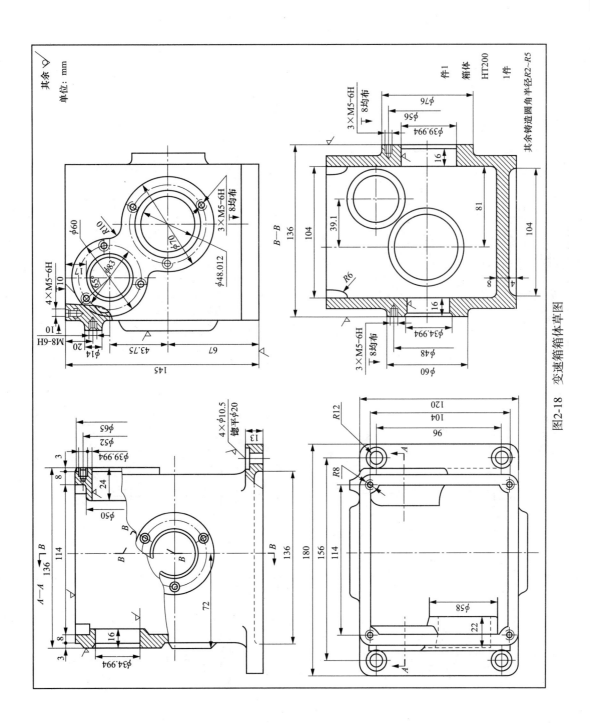

图2-18 变速箱箱体草图

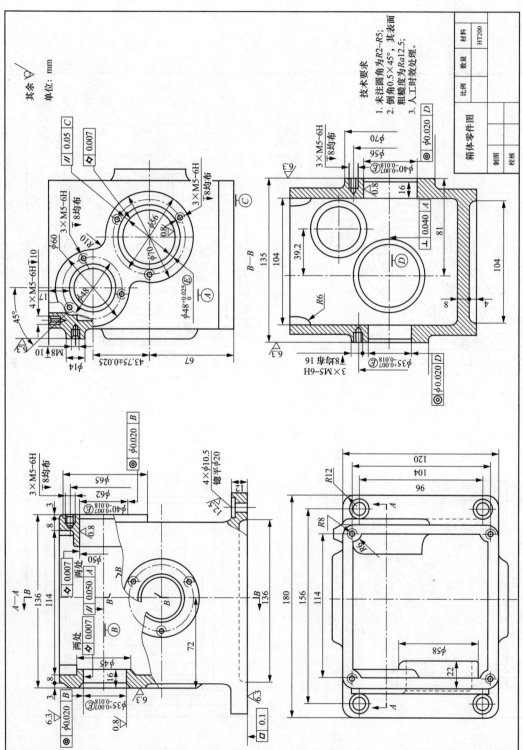

图2-19 变速箱箱体零件图

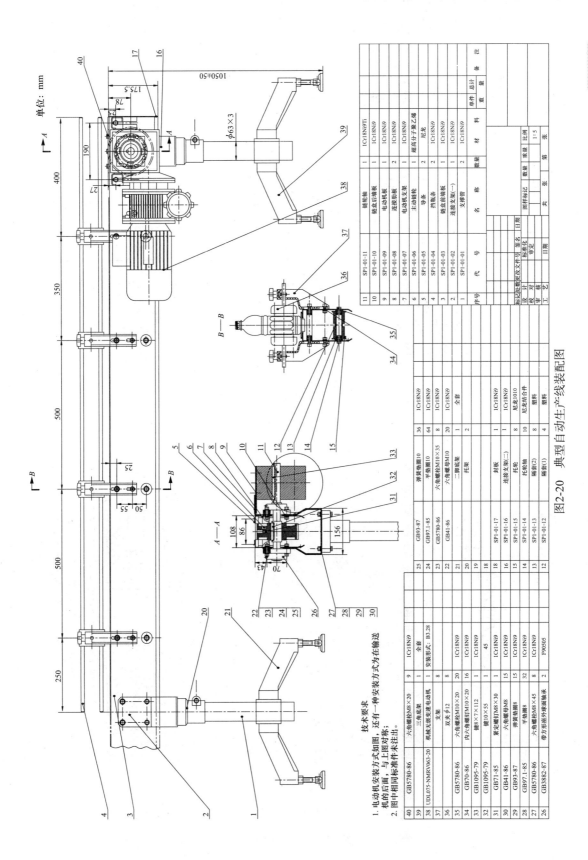

单位：mm

技术要求

1. 电动机安装方式如图，还有一种安装方式为在输送机的后面，与上图对称；
2. 图中相同标准件未注出。

图2-20 典型自动生产线装装配图

序号	代号	名称	数量	材料	备注
11	SP1-01-11	链轮轴	1	1Cr18Ni9Ti	
10	SP1-01-10	链盒后端板	1	1Cr18Ni9	
9	SP1-01-09	电动机板	1	1Cr18Ni9	
8	SP1-01-08	连接肋板	2	1Cr18Ni9	
7	SP1-01-07	电动机支架	1	1Cr18Ni9	
6	SP1-01-06	主动链轮	2	蜡筒高分子聚乙烯	
5	SP1-01-05	导条	2	尼龙	
4	SP1-01-04	挡瓶条	2	1Cr18Ni9	
3	SP1-01-03	链盒前端板	1	1Cr18Ni9	
2	SP1-01-02	连接支架(一)	2	1Cr18Ni9	
1	SP1-01-01	支撑管	2	1Cr18Ni9	

25	GB93-87	弹簧垫圈10	36	1Cr18Ni9	
24	GB97.1-85	平垫圈10	64	1Cr18Ni9	
23	GB5780-86	六角螺栓M10×35	8	1Cr18Ni9	
22	GB41-86	六角螺母M10	20	全套	
21		三脚底架	2		
20	SP1-01-20	托架		1Cr18Ni9	
19	SP1-01-19	封板	1	1Cr18Ni9	
18	SP1-01-17	连接支架(二)	1	1Cr18Ni9	
16	SP1-01-16	连接支架	8	尼龙1010	
15	SP1-01-15	托轮	10	尼龙混合合件	
14	SP1-01-14	托轮轴	8	塑料	
13	SP1-01-13	隔套(2)	8	塑料	
12	SP1-01-12	隔套(1)	4	P90505	

40	GB5780-86	六角螺栓M8×20	9	1Cr18Ni9	
39		三角底架	1	全套	
38	UDL075-NMRV063-20	机械无级变速电动机	1	安装形式：B3.28	
37		双夹φ12	8		
36	GB5780-86	六角螺栓M10×20	20	1Cr18Ni9	
35	GB70-86	内六角螺钉M10×20	16	1Cr18Ni9	
34		键8×7×112	1	1Cr18Ni9	
33	GB1095-79	键10×55	1	45	
32	GB1095-79				
31	GB71-85	紧定螺钉M8×30	1	1Cr18Ni9	
30	GB41-86	六角螺母M8	15	1Cr18Ni9	
29	GB93-87	弹簧垫圈8	32	1Cr18Ni9	
28	GB97.1-85	平垫圈8	8	1Cr18Ni9	
27	GB5780-86	六角螺栓M8×45	8	1Cr18Ni9	
26	GB3882-87	带方形座外球面轴承	2	P90505	

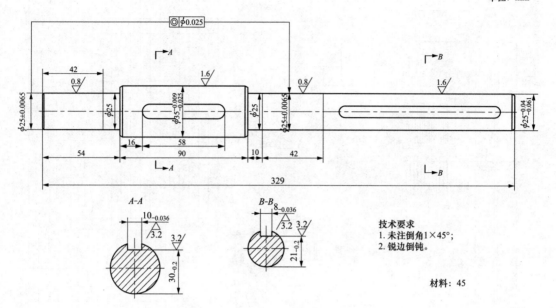

技术要求
1. 未注倒角1×45°；
2. 锐边倒钝。

材料：45

图 2-21 轴类零件

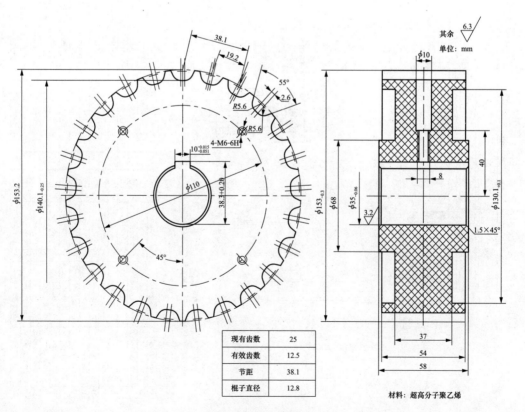

现有齿数	25
有效齿数	12.5
节距	38.1
棍子直径	12.8

材料：超高分子聚乙烯

图 2-22 轮齿类零件

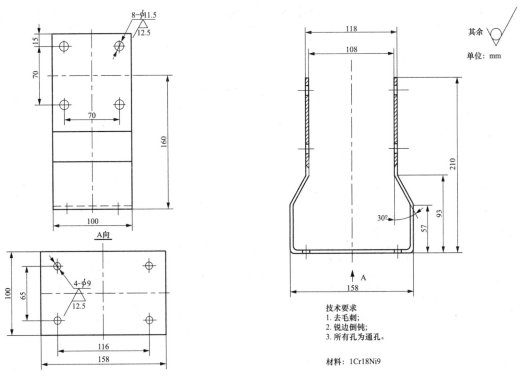

图 2-23　壳体类零件

第三节　自动生产线典型零件的加工

本节主要介绍对测绘设计后的零件进行单件生产的零件加工工艺分析。

一、轴套类零件加工工艺分析

图 2-24 所示为某减速箱传动轴工作图样。表 2-3 为该传动轴加工工艺过程。由于是维修设计制造，肯定为单件小批生产。材料为 45 热轧圆钢。零件需调质热处理。

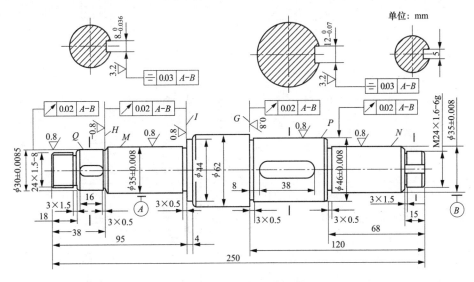

图 2-24　传动轴工作图样

表 2-3 传动轴加工工艺过程

工序号	工种	工序内容	加工简图（单位：mm）	设备
1	下料	$\phi60\times265$		
2	车	三爪卡盘夹持工件，车端面见平，钻中心孔，用尾架顶尖顶在，粗车 3 个台阶，直径、长度均留余量 2mm		
		调头，三爪卡盘夹持工件另一端，车端面保证总长 259mm，钻中心孔，用尾架顶尖顶住，粗车另外 4 个台阶，直径、长度均留余量 2mm		
3	热	调质处理 HRC24～38		
4	钳	修研两端中心孔		车床
5	车	双顶尖装夹；半精车 3 个台阶，螺纹大径车到 $\phi24=8:\frac{1}{2}$，其余两个台阶直径上留余量 0.5mm，车槽 3 个，倒角 3 个		
		调头，双顶尖装夹，半精车余下的五个台阶，$\phi44$ 及 $\phi52$ 台阶车到图纸规定的尺寸。螺纹大径车到 $\phi24=8:\frac{1}{2}$，其余两个台阶直径上留余量 0.5mm，车槽 3 个，倒角 4 个		
6	车	双顶尖装夹，车一端螺纹 M24×1.5－6g，调头，双顶尖装夹，另一端螺纹 M24×1.5－6g		

工序号	工种	工序内容	加工简图（单位：mm）	设备
7	钳	划键槽及一个止动垫圈槽加工线		
8	铣	铣两个键槽及一个止动垫圈槽，键槽深度比图纸规定尺寸多铣 0.25mm，作为磨削的余量		键槽铣床或立铣床
9	钳	修研两端中心孔		车床
10	磨	磨外圆 Q 和 M，并用砂轮端面靠磨台 H 和 I。调头，磨外圆 N 和 P，靠磨台肩 G		外圆磨床
11	检	检验		

（一）结构及技术条件分析

该轴为没有中心通孔的多阶梯轴。根据该零件工作图，其轴颈 M、N，外圆 P、Q 及轴肩 G、H、I 有较高的尺寸精度和形状位置精度，并有较小的表面粗糙度值，该轴有调质热处理要求。

（二）加工工艺过程分析

1. 确定主要表面加工方法和加工方案

传动轴大多是回转表面，主要是采用车削和外圆磨削。由于该轴主要表面 M、N、P、Q 的公差等级较高（IT6），表面粗糙度值较小（$Ra0.8\mu m$），最终加工应采用磨削。

2. 划分加工阶段

该轴加工划分为 3 个加工阶段，即粗车（粗车外圆、钻中心孔），半精车（半精车各处外圆、台肩和修研中心孔等），粗精磨各处外圆。各加工阶段大致以热处理为界。

3. 选择定位基准

轴类零件的定位基面，最常用的是两中心孔。因为轴类零件各外圆表面、螺纹表面的同轴度

第二章

及端面对轴线的垂直度是相互位置精度的主要项目，而这些表面的设计基准一般都是轴的中心线，采用两中心孔定位就能符合基准重合原则。而且由于多数工序都采用中心孔作为定位基面，能最大限度地加工出多个外圆和端面，这也符合基准统一原则。但有下列特殊情况。

（1）粗加工外圆时，为提高工件刚度，需采用轴外圆表面为定位基面，或以外圆和中心孔同作定位基面，即一夹一顶。

（2）当轴为通孔零件时，在加工过程中，作为定位基面的中心孔因钻出通孔而消失。为了在通孔加工后还能用中心孔作为定位基面，工艺上常采用3种方法。

1）当中心通孔直径较小时，可直接在孔口倒出宽度不大于2mm的60°内锥面来代替中心孔。

2）当轴有圆柱孔时，可采用图2-25（a）所示的锥堵，取1∶500锥度；当轴孔锥度较小时，取锥堵锥度与工件两端定位孔锥度相同。

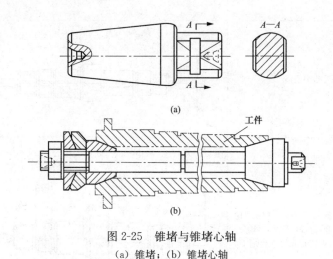

图 2-25　锥堵与锥堵心轴

（a）锥堵；（b）锥堵心轴

3）当轴通孔的锥度较大时，可采用带锥堵的心轴，简称锥堵心轴，如图2-25（b）所示。使用锥堵或锥堵心轴时应注意，一般中途不得更换或拆卸，直到精加工完各处加工面，不再使用中心孔时方能拆卸。

4．热处理工序的安排

该传动轴需进行调质处理。它应放在粗加工后，半精加工前进行。如采用锻件毛坯，必须首先安排退火或正火处理。该传动轴毛坯为热轧钢，可不必进行正火处理。

5．加工顺序安排

除了应遵循加工顺序安排的一般原则，如先粗后精、先主后次等，还应注意以下几点。

（1）外圆表面加工顺序应为，先加工大直径外圆，然后再加工小直径外圆，以免一开始就降低了工件的刚度。

（2）轴上的花键、键槽等表面的加工应在外圆精车或粗磨之后，精磨外圆之前。轴上矩形花键的加工，通常采用铣削和磨削加工，产量大时常用花键滚刀在花键铣床上加工。以外径定心的花键轴，通常只磨削外径，而内径铣出后不必进行磨削，但如经过淬火而使花键扭曲变形过大时，也要对侧面进行磨削加工。以内径定心的花键，其内径和键侧均需进行磨削加工。

（3）轴上的螺纹一般有较高的精度，如安排在局部淬火之前进行加工，则淬火后产生的变形会影响螺纹的精度。因此螺纹加工宜安排在工件局部淬火之后进行。

二、轮齿类零件加工工艺分析

(一) 普通精度齿轮工艺过程分析

图 2-26 所示为双联齿轮，材料为 40Cr，精度为 7-6-6 级，其加工工艺要求见表 2-4，加工要求见表 2-5。

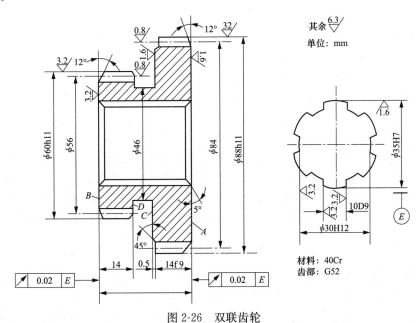

图 2-26　双联齿轮

表 2-4　　　　　　　　　　　　双联齿轮加工要求

齿号	Ⅰ	Ⅱ	齿号	Ⅰ	Ⅱ
模数	2	2	基节偏差	±0.016	±0.016
齿数	28	42	齿形公差	0.017	0.018
精度等级	7GK	7JL	齿向公差	0.017	0.017
公法线长度变动量	0.039	0.024	公法线平均长度	$21.36\binom{0}{-0.05}$	$27.6\binom{0}{-0.05}$
齿圈径向跳动	0.050	0.042	跨齿数	4	5

表 2-5　　　　　　　　　　　　双联齿轮加工工艺过程

序号	工序内容	定位基准
1	毛坯锻造 正火 粗车外圆及端面，留余量 1.5～2mm，钻镗花键底孔至尺寸 $\phi30H12$	外圆及端面
2	拉花键孔	$\phi30H12$ 孔及 A 面
3	钳工去毛刺	花键孔及 A 面
4	上芯轴，精车外圆、端面及槽至要求	
5	检验	
6	滚齿 ($z=42$)，留剃余量 0.07～0.10mm	花键孔及 B 面
7	插齿 ($z=28$)，留剃余量 0.04～0.06mm	花键孔及 A 面
8	倒角 (Ⅰ、Ⅱ齿 12°牙角)	花键孔及端面

续表

序号	工序内容	定位基准
9	钳工去毛刺	
10	剃齿（$z=42$），公法线长度至尺寸上限	
11	剃齿（$z=28$），采用螺旋角度为5°的剃齿刀，剃齿后公法线长度至尺寸上限	花键孔及 A 面
12	齿部高频淬火：G52	
13	推孔	
14	珩齿	
15	总检入库	

从表中可见，齿轮加工工艺过程大致要经过如下几个阶段：毛坯热处理、齿坯加工、齿形加工、齿端加工、齿面热处理、精基准修正及齿形精加工等。

1. 加工的第一阶段

加工的第一阶段是齿坯最初进入机械加工的阶段。由于齿轮的传动精度主要决定于齿形精度和齿距分布均匀性，而这与切齿时采用的定位基准（孔和端面）的精度有着直接的关系，所以，这个阶段主要是为下一阶段加工齿形准备精基准，使齿的内孔和端面的精度基本达到规定的技术要求。在这个阶段中除了加工出基准外，对于齿形以外的次要表面的加工，也应尽量在这一阶段的后期加以完成。

2. 加工的第二阶段

第二阶段是齿形的加工。对于不需要淬火的齿轮，一般来说这个阶段也就是齿轮的最后加工阶段，经过这个阶段就应当加工出完全符合图样要求的齿轮来。对于需要淬硬的齿轮，必须在这个阶段中加工出能满足齿形的最后精加工所要求的齿形精度，所以这个阶段的加工是保证齿轮加工精度的关键阶段。应予以特别注意。

3. 加工的第三阶段

加工的第三阶段是热处理阶段。在这个阶段中主要对齿面的淬火处理，使齿面达到规定的硬度要求。

4. 加工的最后阶段

加工的最后阶段是齿形的精加工阶段。这个阶段的目的，在于修正齿轮经过淬火后所引起的齿形变形，进一步提高齿形精度和降低表面粗糙度，使之达到最终的精度要求。在这个阶段中首先应对定位基准面（孔和端面）进行修整，因淬火以后齿轮的内孔和端面均会产生变形，如果在淬火后直接采用这样的孔和端面作为基准进行齿形精加工，是很难达到齿轮精度的要求的。以修整过的基准面定位进行齿形精加工，可以使定位准确可靠，余量分布也比较均匀，以便达到精加工的目的。

（二）定位基准的确定

定位基准的精度对齿形加工精度有直接的影响。轴类齿轮的齿形加工一般选择顶尖孔定位，某些大模数的轴类齿轮多选择齿轮轴颈和一端面定位。盘套类齿轮的齿形加工常采用两种定位基准。

1. 内孔和端面定位

选择既是设计基准又是测量和装配基准的内孔作为定位基准，既符合"基准重合"原则，又能使齿形加工等工序基准统一，只要严格控制内孔精度，在专用芯轴上定位时不需要找正。故生产率高，广泛用于成批生产中。

2. 外圆和端面定位

齿坯内孔在通用芯轴上安装，用找正外圆来决定孔中心位置，故要求齿坯外圆对内孔的径向跳动要小。因找正效率低，一般用于单件小批生产。

（三）齿端加工

齿端加工形式如图 2-27 所示，齿轮的齿端加工有倒圆、倒尖、倒棱和去毛刺等。倒圆、倒尖后的齿轮，沿轴向滑动时容易进入啮合。倒棱可去除齿端的锐边，这些锐边经渗碳淬火后很脆，在齿轮传动中易崩裂。

用铣刀进行齿端倒圆，齿端倒圆加工示意如图 2-28 所示。倒圆时，铣刀在高速旋转的同时沿圆弧做往复摆动（每加工一齿往复摆动一次）。加工完一个齿后工件沿径向退出，分度后再送进加工下一个齿端。

齿端加工必须安排在齿轮淬火之前，通常多在滚（插）齿之后。

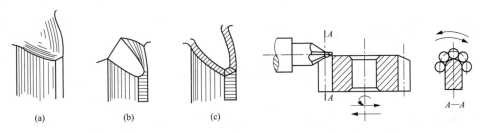

图 2-27　齿端加工形式　　　　　　图 2-28　齿端倒圆加工示意

（a）倒圆；（b）倒尖；（c）倒棱

（四）精基准修正

齿轮淬火后基准孔产生变形，为保证齿形精加工质量，对基准孔必须给予修正。

对外径定心的花键孔齿轮，通常用花键推刀修正。推孔时要防止歪斜，有的工厂采用加长推刀前引导来防止歪斜，已取得较好效果。

对圆柱孔齿轮的修正，可采用推孔或磨孔，推孔生产率高，常用于未淬硬齿轮；磨孔精度高，但生产率低，对于整体淬火后内孔变形大硬度高的齿轮，或内孔较大、厚度较薄的齿轮，则以磨孔为宜。

磨孔时一般以齿轮分度圆定心，如图 2-29 所示，这样可使磨孔后的齿圈径向跳动较小，对以后磨齿或珩齿有利。为提高生产率，有的工厂以金刚镗代替磨孔也取得了较好的效果。

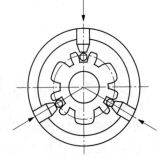

图 2-29　齿轮分度圆定心示意

三、壳体类零件加工工艺分析

变速箱箱体零件图见图 2-19，表 2-6 为该变速箱单件小批量生产的工艺过程。

表 2-6　　　　　　　　　　变速箱单件小批生产工艺过程

序号	工序内容	定位基准
10	铸造	
20	时效	
30	划线：考虑纵向孔 $\phi 35^{-0.007}_{-0.018}$ 加工余量均匀，划底面、横向孔和纵向孔两侧面的加工线	

序号	工序内容	定位基准
40	粗、精铣底面	以划线找正
50	粗、精铣顶面	底面、纵、横向孔侧面
60	钻、锪底面 $4 \times \phi 10.5$ 锪平 $\phi 20$	底面、纵、横向孔侧面
70	粗、精加工纵向孔	底面、纵、横向孔侧面
80	粗、精加工横向孔	底面、纵、横向孔侧面
90	加工各螺纹孔	
100	清洗去毛刺	
110	检验	

注　以上所述的纵向孔是主视图中下方的孔，横向孔是上方的两孔。

第四节　自动生产线典型零部件的装配

一、概述

按照规定的技术要求，将检验合格的零件结合成组件，称为组装；由若干个组件和零件结合成部件，称为部装；最后由所有的零件和部件结合成整台机器的工艺过程，称为总装。组装、部装和总装也统称为装配。

机器的装配是整个机器制造工艺过程中的最后一个环节。保证装配精度是保证机器质量的关键。因此，零件的加工精度是保证装配精度的基础，但装配精度取决于装配的工艺和技术。

有时为了降低制造成本，也可以通过装配工艺措施来保证机器的装配精度要求，适当降低零件加工精度，以减少加工费用。因此，机器的装配也是机器制造过程中影响产品成本、质量、生产率和生产周期的重要环节。

（一）机器的组成及零、部件的连接方式

1. 机器的组成

按照装配工艺的观点，机器可分为零件、合件、组件及部件。合件指的是偶合件，是成对使用的零件；在行业标准中将合件、组件也都统称为部件。按其装配的从属关系分：将直接进入总装配的部件称为部件；进入部件装配的部件称为1级部件；进入1级部件装配的部件称为2级部件；2级以下的部件则称为分部件。

2. 零、部件间的连接方式

零、部件之间的连接一般可分为固定连接和活动连接两大类。

（1）固定连接。固定连接的特点是：能保证装配后零、部件之间的相互位置关系不变。固定连接又可分为固定可拆卸连接与固定不可拆卸连接。

1）固定可拆卸连接。特点：在装配后可以很容易拆卸而不致损坏任何零、部件，拆卸后仍可以重新装配在一起。常用的固定可拆卸连接有螺纹连接、键连接、销连接等结构形式。

2）固定不可拆卸连接。特点：在装配后一般不再拆卸，如果要拆卸，就会损坏其中的某些零、部件。常用的固定不可拆卸连接有焊接、铆接、胶接等工艺方法。

（2）活动连接。活动连接的特点是：在装配后零、部件之间具有一定的相对运动关系。活动连接也可分为活动可拆卸连接与活动不可拆卸连接。

1）活动可拆卸连接。常见的有圆柱面（铰链）、球面、螺纹副等结构形式。

2）活动不可拆卸连接。常用铆接、滚压等工艺方法来实现。常见有滚动轴承、注油塞等的装配。

（二）装配精度

装配精度一般包括以下 3 个方面：

（1）各部件的相互位置精度。如距离精度、同轴度、平行度、垂直度等。如：车床前后两顶尖对床身导轨的等高度即为相互位置精度。

（2）各运动部件之间的相对运动精度。如直线运动精度、圆周运动精度、传动精度等。如：在滚齿机上加工齿轮时，滚刀与工件的回转运动应保持严格的速比关系，若传动链的各个环节，如传动齿轮和蜗轮副，特别是蜗轮副，产生了运动误差，将会影响被切齿轮的加工精度。

（3）配合表面之间的配合精度和接触质量。配合精度和接触质量是指两配合表面、接触表面和连接表面达到规定的接触面积和接触点分布的情况。它影响部件的接触刚度和配合质量的稳定性。配合精度和接触质量与制造有关，也与装配有关。选择合适的装配工艺才能保证和达到配合精度和接触质量。

一般来说，机器的装配精度要求高，则零件的加工精度要求也高。但是，如果根据生产实际情况，制定出合理的装配工艺，也可以由加工精度较低的零件装配出装配精度较高的机器。

总之，装配精度的保证必须从机器的结构设计、零件的加工质量、装配方法和检验等方面来综合加以考虑。

二、典型零部件的装配

（一）螺纹连接装配

螺纹连接装配时应满足的要求如下。

（1）螺栓杆部不产生弯曲变形，头部、螺母底面应与连联接件接触良好。

（2）被连接件应均匀受压，互相紧密贴合。连接牢固。

（3）一般应根据被连接件形状、螺栓的分布情况，按一定顺序逐次（一般为 2～3 次）拧紧螺母。如有定位销，最好先从定位销附近开始。图 2-30 所示为螺母拧紧顺序示例，其中编号为拧紧的顺序。

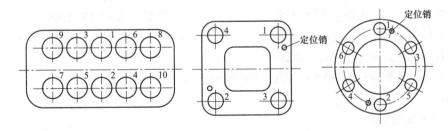

图 2-30　螺母拧紧顺序示例

螺纹连接可分为一般紧固螺纹连接和规定预紧力的螺纹连接。前者无预紧力要求，连接时可采用普通扳手、风动或电动扳手拧紧螺母；后者有预紧力要求，连接时可采用定扭矩扳手等方法拧紧螺母。

（二）键连接的装配

键的连接可分为松键连接、紧键连接和花键连接 3 种，其中松键连接又可分为平键连接、半圆键连接和导向平键连接，如图 2-31 所示。

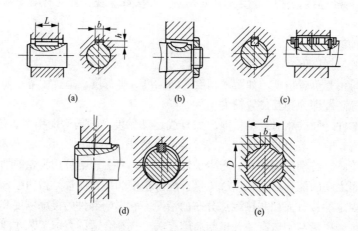

图 2-31　键的连接形式
（a）平键连接；（b）半圆键连接；（c）导向平键连接；（d）紧键连接；（e）花键连接

1. 松键连接的装配

松键连接应用最广泛，分为普通平键连接、半圆键连接、导向键连接，分别见图 2-31（a）、图 2-31（b）和图 2-31（c）。

松键连接的特点是只承受转矩而不能承受轴向力。其装配要点如下。

（1）消除键和键槽毛刺，以防影响配合的可靠性。

（2）对重要的键，应检查键侧直线度、键槽对轴线的对称度和平行度。

（3）用键的头部与轴槽试配，保证其配合。然后锉配键长，在键长方向普通平键与轴槽留有约 0.1mm 的间隙，但导向平键不应有间隙。

（4）配合面上加机油后将键压入轴槽，应使键与槽底贴平。装入轮毂件后半圆键、普通平键、导向平键的上表面和毂槽的底面应留有间隙。

2. 紧键连接的装配

紧键连接主要指楔键连接，楔键连接分为普通楔键和钩头楔键连接两种。图 2-31（d）所示为普通楔键连接。键的上表面和轮毂槽的底面有 1∶100 的斜度，装配时要使键的上下工作面和轴槽、轮毂槽的底部贴紧，而两侧面应有间隙。键和轮毂槽的斜度一定要吻合。钩头键装入后，钩头和套件端面应留有一定距离，供拆卸用。

紧键连接装配要点是：装配时，用涂色法检查接触情况，若接触不好，可用锉刀或刮刀修整键槽底面。

3. 花键连接的装配

花键连接见图 2-31（e）。按工作方式，花键连接有静连接和动连接两种形式。

花键连接的装配要点是：花键的精度较高，装配前稍加修理就可进行装配。静连接的花键孔与花键轴有少量过盈，装配时可用铜棒轻轻敲入；动连接花键的套件在花键轴上应滑动自如，灵活无阻滞，转动套件时不应有明显的间隙。

（三）销连接的装配

销有圆柱销、圆锥销、开口销等种类，销及其作用如图 2-32 所示。圆柱销一般依靠过盈配合固定在孔中，因此对销孔尺寸、形状和表面粗糙度 Ra 值要求较高。被连接件的两孔应同时钻、铰，Ra 值不大于 $1.6\mu m$。装配时，销钉表面可涂机油，用铜棒轻轻敲入。圆柱销不宜多次装拆，否则会降低定位精度或连接的可靠性。

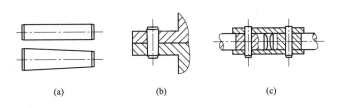

图 2-32　销及其作用

（a）圆柱销和圆锥销；（b）定位作用；（c）连接作用

　　圆锥销装配时，两连接件的销孔也应一起钻、铰。在钻、铰时按圆锥销小头直径选用钻头（圆锥销的规格用销小头直径和长度表示），应用相应锥度的铰刀。铰孔时用试装法控制孔径，以圆锥销能自由插入 $80\%\sim85\%$ 为宜。最后用手锤敲入，销钉的大头可稍露出，或与被连接件表面齐平。

　　销的装配要求如下。

　　（1）圆柱销按配合性质有间隙配合、过渡配合和过盈配合，使用时应按规定选用。

　　（2）销孔加工一般在相关零件调整好位置后，一起钻削、铰削，其表面粗糙度为 $Ra3.2\mu m\sim Ra1.6\mu m$。装配定位销时，在销子上涂机油，用铜棒垫在销子头部，把销子打入孔中，或用 C 形夹将销子压入。对于盲孔，销子装入前应磨出通气平面，让孔底空气能够排出。

　　（3）圆锥销装配时，锥孔铰削深度宜用圆锥销试配，以手推入圆锥销长度的 $80\%\sim85\%$ 为宜。圆锥销装紧后大端倒角部分应露出锥孔端面。

　　（4）开尾圆锥销打入孔中后，需将小端开口扳开，防止振动时脱出。

　　（5）销顶端的内、外螺纹，便于拆卸，装配时不得损坏。

　　（6）过盈配合的圆柱销，一经拆卸就应更换，不宜继续使用。

（四）过盈连接装配

　　过盈连接一般属于不可拆的固定连接；近年来由于液压套合法的应用，其可拆性日益增加。连接前，零件应清洗洁净，检查有关尺寸公差，必要时测出实际过盈量，分组选配。

　　过盈连接主要有压入配合法、热胀配合法、冷缩配合法。

　　（1）压入配合法。通常采用冲击压入，即用手锤或重物冲击；或工具压入，即用压力机压入，即采用螺旋式、杠杆、气动或液压机压入。

　　（2）热胀配合法。通常采用火焰、介质、电阻或感应等加热方法将包容件加热再自由套入被包容零件中。

　　（3）冷缩配合法。通常采用干冰、低温箱、液氮等冷缩方法将包容件冷缩再自由装入被包容零件中。

（五）管道连接装配

1. 管道连接的类型

　　管道由管、管接头、法兰、密封件等组成。常用的管道连接形式如图 2-33 所示。

　　图 2-33（a）为焊接式管接头，将管子与管接头对中后焊接；图 2-33（b）为薄壁扩口式管接头，将管口扩张，压在接头体的锥面上，并用螺母拧紧；图 2-33（c）为卡套式接头，拧紧螺母时，由于接头体尾部锥面作用，使卡套端部变形，其尖刃口嵌入管子外壁表面，紧紧卡住管子；

图 2-33（d）为高压软管接头，装配时先将管套套在软管上，然后将接头体缓缓拧入管内，将软管紧压在管套的内壁上；图 2-33（e）为高压锥面螺纹法兰接头，用透镜式垫圈与管锥面形成环形接触面而密封。

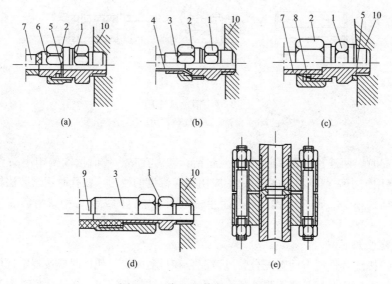

图 2-33　常用的管道连接形式

（a）焊接式管接头；（b）薄壁扩口式管接头；（c）卡套式管接头；（d）高压软管接头；
（e）高压锥面螺纹法兰接头

1—接头体；2—螺母；3—管套；4—扩口薄壁管；5—密封垫圈；6—管接头；7—钢管；
8—卡套；9—橡胶软管；10—液压元件

2. 管道连接装配技术要求

（1）管子的规格必须根据工作压力和使用场合进行选择。应有足够的强度，内壁光滑、清洁，无砂眼、锈蚀等缺陷。

（2）切断管子时，断面应与轴线垂直。弯曲管子时，不要把管子弯扁。

（3）整个管道要尽量短，转弯次数少。较长管道应有支撑和管夹固定，以免振动。同时，要考虑有伸缩的余地。系统中任何一段管道或元件应能单独拆装。

（4）全部管道安装定位后，应进行耐压强度试验和密封性试验。对于液压系统的管路系统还应进行二次安装，即对拆下的管道经清洗后再安装，以防止污物进入管道。

（六）带传动装配

V 带传动、平带传动等带传动形式都是依靠带和带轮之间的摩擦力来传递动力的。为保证其工作时具有适当的张紧力，防止打滑，减小磨损，确保传动平稳，装配时必须按带传动机构的装配技术要求进行，具体技术要求如下。

（1）带轮对带轮轴的径向圆跳动量应为 $(0.0025 \sim 0.0005)D$，端面圆跳动量应为 $(0.0005 \sim 0.001)D$（D 为带轮直径）。

（2）两轮的中间平面应重合，其倾斜角一般不大于 $10°$，倾角过大会导致带磨损不均匀。

（3）带轮工作表面粗糙度要适当，一般为 $Ra3.2\mu m$。表面粗糙度太细带容易打滑；过于粗糙则带磨损加快。

（4）对于 V 带传动，带轮包角不小于 $120°$。

（5）带的张紧力要适当。张紧力太小，不能传递一定的功率；张紧力太大，则轴易变曲，轴承和带都容易磨损并降低效率。张紧力通过调整张紧装置获得。对于 V 带传动,合适的张紧力也可根据经验来判断,以用大拇指在 V 带切边中间处能按下 15mm 左右为宜。

(6) 带轮孔与轴的配合通常采用 H7/k6 过渡配合。

(七) 链传动装配

为保证链传动工作平稳、减少磨损、防止脱链和减小噪声,装配时必须按照以下要求进行。

(1) 链轮两轴线必须平行。否则将加剧磨损、降低传动平稳性并增大噪声。

(2) 两链轮的偏移量小于规定值。中心距小于 500mm 时,允许偏移量为 1mm;中心距大于 500mm 时,允许偏移量为 2mm。

(3) 链轮径向、端面圆跳动量小于规定值。链轮直径小于 100mm 时,允许跳动量为 0.3mm;链轮直径为 100～200mm 时,允许跳动为 0.5mm;链轮直径为 200～300mm 时,允许跳动量为 0.8mm。

(4) 链的下垂度适当。下垂度为 f/L,f 为下垂量(单位为 mm),L 为中心距(单位为 mm)。允许下垂度一般为 2%,目的是减少链传动的振动和脱链故障。

(5) 链轮孔和轴的配合通常采用 H7/k6 过渡配合。

(6) 链接头卡子开口方向和链运动方向相反,避免脱链事故。

(八) 圆柱齿轮传动的装配

齿轮传动的装配工作包括:将齿轮装在传动轴上,将传动轴装进齿轮箱体,保证齿轮副正常啮合。装配后的基本要求:保证正确的传动比,达到规定的运动精度;齿轮齿面达到规定的接触精度;齿轮副齿轮之间的啮合侧隙应符合规定要求。

渐开线圆柱齿轮传动多用于传动精度要求高的场合。如果装配后出现不允许的齿圈径向跳动,就会产生较大的运动误差。因此,首先要将齿轮正确地安装到轴颈上,不允许出现偏心和歪斜。图 2-34 所示的方法可用来检查齿圈的径向跳动和端面跳动(所用的测量端面应与装配基面平行或直接测量装配基面)。对于运动精度要求较高的齿轮传动,在装配一对传动比为 1 或整数的齿轮时,可采用圆周定向装配,使误差得到一定程度的补偿,以提高传动精度。如一对齿

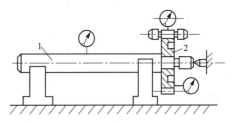

图 2-34 检查齿圈的径向跳动和端面跳动的方法
1—心轴;2—被检齿轮

数均为 22 的齿轮,由于其齿面是在同一台机床上加工的,故其周节累积误差的分布几乎相同。单个齿轮的周节累积误差曲线如图 2-35 所示。假定在齿轮装入轴向的齿圈径向跳动与加工后的相同,则可将一齿轮的零号齿与另一齿轮的 11 号齿对合装配。这样,齿轮传动的运动误差将大为降低。装配后齿轮传动的长周期误差曲线如图 2-36 所示。如果齿轮与花键轴连接,则尽量分别将两齿轮周节累积误差曲线中的峰谷靠近来安装齿轮;如果用单键连接,就需要进行选配。在单件小批生产中,只能在定向装配好之后,再加工出键槽。定向装配后,必须在轴与齿轮上打上径向标记,以便正确地装卸。

齿轮传动的接触精度是以齿面接触斑痕的位置和大小来判断的,它与运动精度有一定的关系,即运动精度低的齿轮传动,其接触精度也不高。因此,在装配齿轮副时,常需检查齿面的接触斑痕,以考核其装配是否正确。图 2-37 所示为渐开线圆柱齿轮副装配后常见的接触斑痕分布情况。其中图 2-37 (b) 和图 2-37 (c) 分别为同向偏接触和异向偏接触,说明两齿轮的轴线不平行,可在中心距超过规定值,一般装配无法纠正。图 2-37 (e) 为沿齿向游离接触,齿圈上各齿面的接触斑痕由一端逐渐移至另一端,说明齿轮端面(基面)与回转轴线不垂直,可卸下齿轮,

修整端面，予以纠正。另外，还可能出现沿齿高游离接触，说明齿圈径向跳动过大，可卸下齿轮重新正确安装。

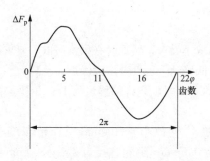

图 2-35 单个齿轮的周节累积误差曲线

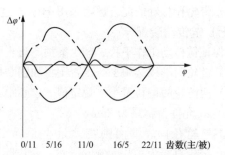

图 2-36 齿轮传动的长周期误差曲线

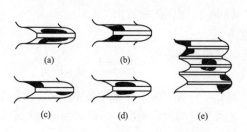

图 2-37 渐开线圆柱齿轮接触斑痕

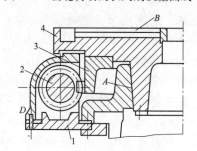

图 2-38 可调精密蜗杆传动部件
1—蜗杆座；2—螺杆；3—蜗轮；4 工作台

装配圆柱齿轮时，齿轮副的啮合侧隙是由各种有关零件的加工误差决定的，一般装配无法调整。侧隙大小的检查方法有以下两种。

（1）用铅丝检查。在齿面的两端正平行放置两条铅丝，铅丝的直径不宜超过最小侧隙的 3 倍。转动齿轮挤压铅丝，测量铅丝最薄处的厚度，即为侧隙的尺寸。

（2）用百分表检查。将百分表测头同一齿轮面沿齿圈切向接触，另一齿轮固定不动，手动摇摆可动齿轮，从一侧接触转到另一侧接触，百分表上的读数差值即为侧隙的尺寸。

（九）普通圆柱蜗杆蜗轮传动的装配

下面以分度机构上用的普通圆柱蜗杆蜗轮传动为例介绍其装配，对于这种传动的装配，不但要保证规定的接触精度，而且还要保证较小的啮合侧隙（一般为 0.03～0.06mm）。

图 2-38 所示为用于滚齿机上的可调精密蜗杆传动部件。装配时，先配刮圆盘与工作台结合面 A，研点 6～20/25×25mm^2；再刮研工作台，使回转中心线的垂直度符合要求。然后以 B 面为基准，连同圆盘一起，对蜗轮进行精加工。

蜗杆座基准面 D 可用专用研具刮研，研点应为 8～10/25×25mm^2。检验轴承孔中心线对基准面 D 的平行度，如图 2-39 所示，符合要求后装入蜗杆，配磨调整垫片（补偿环），以保证蜗杆轴线位于蜗轮的中央截面内。与此同时，径向调整蜗杆座，达到规定的接触斑点后，配钻铰蜗杆座与底座的定位销孔，装上定位销，拧紧螺钉。侧隙大小的检查，通常将百分表测头沿蜗轮齿圈切向接触于蜗轮齿面可工作台相应的凸面，固定蜗杆（有自锁能力的蜗杆不需固定），摇摆工作台（或蜗轮），百分表的读数差即为侧隙的大小。

蜗轮齿面上的接触斑点如图 2-40 所示。应在中部稍偏蜗杆旋出方向，见图 2-40（a），若出现图 2-40（b）、图 2-40（c）所示的接触情况，应配磨垫片。

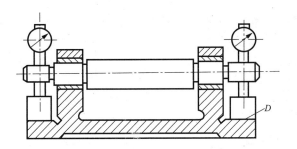

图 2-39　检验蜗杆座轴承孔中心线对基准面 D 的平行度

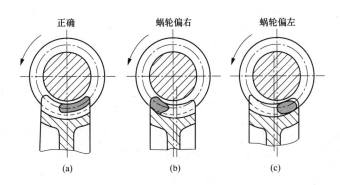

图 2-40　蜗轮齿面上的接触斑点
（a）正常接触；（b）偏左接触；（c）偏右接触

　　调整蜗杆位置使其达到正常接触。接触斑点长度，轻负荷时一般为齿宽的 $25\%\sim50\%$，不符合要求时，可适当调节蜗杆座径向位置。全负荷时接触斑点长度最好能达到齿宽的 90% 以上。

（十）联轴器的装配

　　联轴器按结构形式不同，可分为锥销套筒式、凸缘式、十字滑块式、弹性圆柱销式、万向联轴器等。

1. 弹性柱销联轴器的装配

　　弹性柱销联轴器及其装配如图 2-41 所示，其装配要点如下。

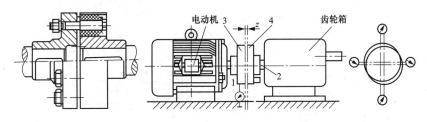

图 2-41　弹性柱销联轴器及其装配

　　（1）先在两轴上装入平键和半联轴器，并固定齿轮箱。按要求检查其径向圆跳动量和端面圆跳动量。

　　（2）将百分表固定在半联轴器上，使其测头触及另外半联轴器的外圆表面，找正两个半联轴节之间的同轴度。

　　（3）移动电动机，使半联轴器上的圆柱销少许进入另外半联轴器的销孔内。

　　（4）转动轴及半联轴器，并调整两半联轴器间隙使之沿圆周方向均匀分布，然后移动电动机，使两个半联轴器靠紧，固定电动机，再复检同轴度以达到要求。

2. 十字滑块联轴器的装配

十字滑块联轴器的装配要点如下。

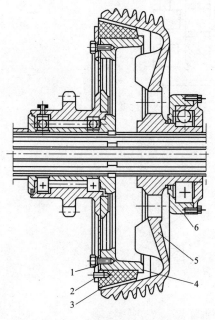

图 2-42 单摩擦锥盘离合器

1—连接圆盘；2—圆柱销；3—摩擦衬块；

4—外锥盘；5—内锥盘；6—加压环

（1）将两个半联轴器和键分别装在两根被连接的轴上。

（2）用尺检查联轴器外圆，在水平方向和垂直方向应均匀接触。

（3）两个半联轴器找正后，再安装十字滑块，并移动轴，使半联轴器和十字滑块间留有少量间隙，保证十字滑块在两半联轴器的槽内能自由滑动。

（十一）离合器的装配

1. 摩擦离合器

常见的摩擦离合器为单摩擦锥盘离合器，如图 2-42 所示。对于片式摩擦离合器，要解决摩擦离合器发热和磨损补偿问题，因此装配时应注意调整好摩擦面间的间隙。对于圆锥式摩擦离合器，要求用涂色法检查圆锥面接触状况，色斑应均匀分布在整个圆锥表面上。

2. 牙嵌离合器

牙嵌离合器由两个带端齿的半离合器组成，如图 2-43 所示。端齿有三角形、锯齿形、梯形和矩形等多种。

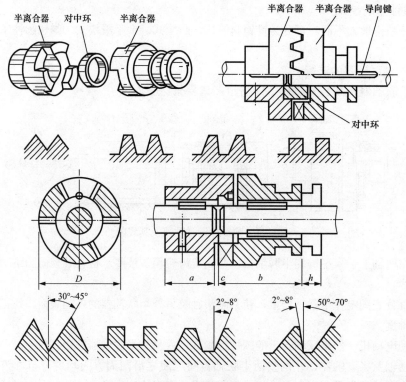

图 2-43 牙嵌离合器

3. 离合器的装配要求

接合、分离动作灵敏，能传递足够的转矩，工作平稳。装配时，把固定的一半离合器装在主动轴上，滑动的一半装在从动轴上。保证两半离合器的同轴度，可滑动的一半离合器在轴上滑动时应无阻滞现象，各个啮合齿的间隙相等。

（十二）滑动轴承装配

1. 滑动轴承的种类

（1）按相对滑动的摩擦状态分。滑动轴承按其相对滑动的摩擦状态不同，可分为液体摩擦轴承和非液体摩擦轴承两大类。

1）液体摩擦轴承。液体摩擦轴承运转时轴颈与轴承工作面间被油膜完全隔开，摩擦系数小，轴承承载能力大，抗冲击，旋转精度高，使用寿命长。液体摩擦轴承又分为动压液体摩擦轴承和静压液体摩擦轴承。

2）非液体摩擦轴承。非液体摩擦轴承包括干摩擦轴承、润滑脂轴承、含油轴承、尼龙轴承等。运转时轴和轴承的相对滑动工作面直接接触或部分被油膜隔开，摩擦系数大，旋转精度低，较易磨损。但结构简单，装拆方便，广泛应用于低速、轻载和精度要求不高的场合。

（2）按结构形状分。滑动轴承按结构形状不同又可分为整体式、剖分式等结构形式。

2. 滑动轴承的装配

滑动轴承的装配工作，要保证轴和轴承工作面之间获得均匀而适当的间隙、良好的位置精度和应有的表面粗糙度值，在启动和停止运转时有良好的接触精度，保证运转过程中结构稳定可靠。

（1）轴套式滑动轴承的装配。轴套式滑动轴承如图 2-44 所示。轴承和轴承座为过盈配合，可根据尺寸的大小和过盈量的大小，采取相应的装配方法。

尺寸和过盈量较小时，可用锤子加垫板敲入。尺寸和过盈量较大时，宜用压力机或螺旋拉具进行装配。压入时，轴套应涂润滑油，油槽和油孔应对正。为防止倾斜，可用导向环或导向芯轴导向。压入后，检查轴套和轴的直径，如果因变形不能达到配合间隙要求，可用铰削或刮削研磨的方法修整。在安装紧固螺钉或定位销时，应检查油孔和油槽是否错位。图 2-45 所示为轴套的定位形式。

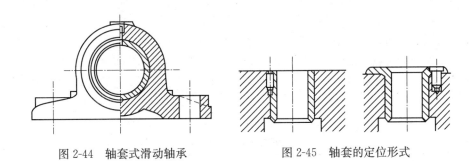

图 2-44 轴套式滑动轴承　　　　　图 2-45 轴套的定位形式

（2）剖分式滑动轴承的装配。剖分式滑动轴承的装配如图 2-46 所示。如图 2-46 所示，其装配工作的主要内容如下。

1）轴瓦与轴承体的装配。上、下轴瓦与轴承盖和轴承座的接触面积不得小于 40%～50%，用涂色法检查，着色要均布。如不符合要求，对厚壁轴瓦应以轴承座孔为基准，刮研轴瓦背部。同时应保证轴瓦台肩能紧靠轴承座孔的两端面，达到 H7/f7 配合要求，如果太紧，应刮轴瓦。

薄壁轴瓦的背面不能修刮，只能进行选配。为达到配合的紧固性，厚壁轴瓦或薄壁轴瓦的剖分面都要比轴承座的剖分面高出 0.05～0.1mm，轴瓦配合情况见图 2-46（b）。轴瓦装入时，为了避免敲毛剖分面，可在剖分面上垫木板，用锤子轻轻敲入，见图 2-46（c）。

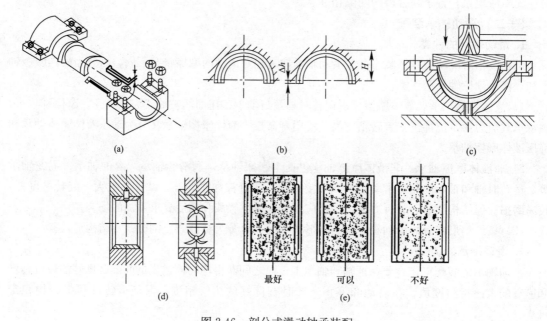

(a)   (b)   (c)

(d)   (e)

最好   可以   不好

图 2-46　剖分式滑动轴承装配
（a）剖分式滑动轴承；（b）轴瓦配合情况；（c）轴瓦装配；（d）定位；（e）研点

2）轴瓦的定位。用定位销和轴瓦上的凸肩来防止轴瓦在轴承座内作圆周方向转动和轴向移动，见图 2-46（d）。

3）轴瓦的粗刮。上、下轴瓦粗刮时，可用工艺轴进行研点。其直径要比主轴直径小 0.03～0.05mm。上、下轴瓦分别刮削。当轴瓦表面出现均匀研点时，粗刮结束。

4）轴瓦的精刮。粗刮后，在上、下轴瓦剖分面间配以适当的调整垫片，装上主轴合研，进行精刮。精刮时，在每次装好轴承盖后，稍微紧一紧螺母，再用锤子在轴承盖的顶部均匀的敲击几下，使轴瓦盖更好地定位，然后再紧固所有螺母。紧固螺母时，要转动主轴，检查其松紧程度。主轴的松紧可以随着刮削的次数，用改变垫片尺寸的方法来调节。螺母紧固后，主轴能够轻松的转动且无间隙，研点达到要求，精刮即结束。合格轴瓦的研点分布情况见图 2-46（e）。刮研合格的轴瓦，配合表面接触要均匀，轴瓦的两端接触点要实，中部 1/3 长度上接触稍虚，且一般应满足表 2-7 中的要求。

表 2-7	合格轴瓦的研点要求	
高精度设备	直径≤120mm	20 点/(25×25)mm²
	直径>120mm	16 点/(25×25)mm²
精密设备	直径≤120mm	16 点/(25×25)mm²
	直径>120mm	12 点/(25×25)mm²
普通设备	直径≤120mm	12 点/(25×25)mm²
	直径>120mm	10 点/(25×25)mm²

5）清洗轴瓦将轴瓦清洗后重新装入。

6）轴承间隙动压液体摩擦轴承与主轴的配合间隙可参考国家标准数据。

（十三）滚动轴承的装配

滚动轴承在各种机械中使用非常广泛，在装配过程中应根据轴承的类型和配合确定装配方法和装配顺序。

向心球轴承是属于不可分离型轴承，采用压力法装入机件，不允许通过滚动体传递压力。若轴承内圈与轴颈配合较紧，外圈与壳体孔配合较松，则先将轴承压入轴颈，如图 2-47（a）所示；然后，连同轴一起装入壳体中。若外圈与壳体孔配合较紧，则先将轴承压入壳体孔中，如图 2-47（b）所示。轴装入壳体中，两端要装两个向心球轴承时，一个轴承装好后，装第二个轴承时，由于轴已装入壳体内部，可以采用如图 2-47（c）所示的方法装入。还可以采用轴承内圈热胀法、外圈冷缩法或壳体加热法以及轴颈冷缩法装配，其加热温度一般在 60～100℃ 范围内的油中热胀，其冷却温度不得低于 -80℃。

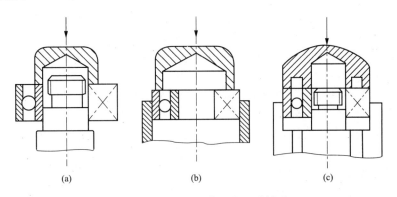

(a)　　　　　　　　　(b)　　　　　　　　　(c)

图 2-47　用压入法装配向心球轴承

圆锥滚子轴承和推力轴承的内外圈是分开安装的。圆锥滚子轴承的径向间隙 e 与轴向间隙 c 有一定的关系，即 $e=ctg\beta$，其中 β 为轴承外圈滚道母线对轴线的夹角，一般为 11°～16°。因此，调整轴向间隙也即调整了径向间隙。推力轴承不存在径向间隙的问题，只需要调整轴向间隙。这两种轴承的轴向间隙通常采用垫片或防松螺母来调整，图 2-48 所示为采用垫片调整轴向间隙的例子。调整时，光将端盖在不用垫片的条件下用螺钉紧固于壳体上。对于图 2-48（a）所示的结构，左端盖垫必推动的轴承外圈右移，直至完全将轴承的径向间隙消除为止。这时测量端盖与壳体端面之间的缝隙 a_1（最好在互成 120° 的 3 点处测量，取其平均值）。轴向间隙 c 则由 $e=c\tan\beta$，求得。根据所需径向间隙 e，即可求得垫片厚度 $a=a_1+c$。对于图 2-48（b）结构，端盖 1 贴紧超额壳体 2，可来回推拉轴，测得轴承与端盖之间的轴向间隙。根据允许的轴向间隙大小可得到调整垫片的厚度 a。图 2-49 所示为用防松螺母调整轴向间隙的例子。先拧紧螺母至将间隙完全消除为止，再拧松螺母，退回 $2c$ 的距离，然后将螺母锁住。

（十四）密封装置的装配

1. 概述

（1）密封装置的作用。机电设备的密封是保证机电设备的安全连续运转的重要环节。

1）防止润滑油、润滑脂从零件接合面的间隙中泄漏出来。

2）防止外界的脏物、尘土、水和有害气体等侵入零件内。

3）防止液压传动的介质、气压传动的介质、压缩空气、水和蒸汽等泄漏，防止液压传动系统吸入空气。

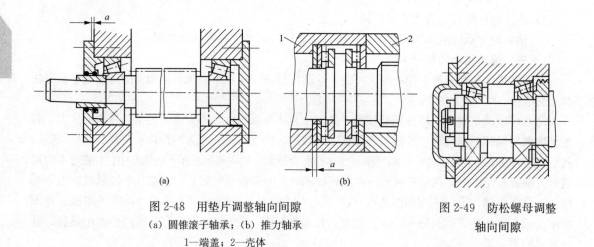

图 2-48　用垫片调整轴向间隙　　　　图 2-49　防松螺母调整
(a) 圆锥滚子轴承；(b) 推力轴承　　　　　　　轴向间隙
1—端盖；2—壳体

(2) 密封装置的类型。

1) 固定连接的密封，又称为静密封，是两个相对固定的零件之间的密封。如箱体结合面的密封、法兰盘的密封等。

2) 活动连接的密封，又称为动密封，是两个有相对运动的零件之间的密封。如液压缸的活塞与机体之间的密封、轴头油密封等。

(3) 选择密封装置考虑的因素。选择密封装置时，需考虑介质种类（油、脂）、工作压力、工作温度、工作速度、外界环境等工作条件，还有设备的结构、精度等。

2. 固定连接的密封

(1) 密合密封。由于配合的要求，在结合面之间不允许加垫料或密封漆胶时，常依靠零件的加工精度和表面粗糙度密合进行密封。这时，除了需要磨床精密加工外，还需要进行研磨和研刮，其技术要求是有良好的接触和进行不密封检测。

必要时，在两个贴合的表面的背面施加一定的压力，挤出贴合面间的空气，使贴合面间形成真空，从而起到密封的作用。

(2) 漆胶密封。为保证零件正确结合，在结合面处不允许有间隙时，一般不加衬垫，可以用油漆或密封胶进行密封。随着技术的发展，对密封提出了更高的要求，近年来出现了将高分子液体密封垫料或密封胶用于各种连接部位上，如各种平面、法兰连接、管螺纹连接、承插连接等。这种方法具有防漏、耐温、耐压、耐介质等性能，而且有效率高、成本低、操作简单等优点，可用于各种不同工作条件下的密封。

使用漆胶密封时的注意事项如下。

1) 做好结合面的清洁，去除油污、水分、锈斑或其他污物，便于密封材料能填满微小凹坑，达到紧密结合的目的。

2) 涂敷一般用毛刷，若黏度太大时，可用溶剂稀释。

3) 密封材料有溶剂，需经一段时间干燥，才能紧固连接。干燥时间与涂敷厚度、环境温度有关，一般为 3~7min。

4) 间隙较小时，胶膜越薄，越能产生单分子效应，增加凝附力，提高密封性能。间隙较大时（大于 0.1mm），可与固体衬垫结合使用。

(3) 衬垫密封。承受工作负荷的法兰连接，为了保证连接的密封性，一般要在结合面间加入较软的衬垫。

1）衬垫的材料。衬垫的材料有纸垫、厚纸板垫、橡胶垫、石棉橡胶垫、石棉金属橡胶垫、紫铜垫、铝垫、软钢垫片等。

2）使用衬垫密封的注意事项。

- 衬垫材料的选用：根据密封介质和工作条件。
- 装配时，衬垫的材料和厚度必须按图纸要求选定，不得任意改变，并进行正确的预紧。
- 拆卸结合面后，如发现衬垫失去了弹性或已破裂，要及时更换。

3. 活动连接的密封

（1）填料密封的装配。填料密封是在轴和壳体之间缠绕软填料，然后通过压盖将填料压紧，利用填料的变形来起到密封的作用，如图 2-50 所示。装配时要注意如下事项。

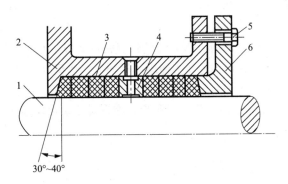

图 2-50　填料密封

1—主轴；2—壳体；3—软填料；4—孔环；5—螺钉；6—压盖

1）软填料可以是一圈一圈分离开的，各圈在轴上不要强行张开，以免产生局部扭曲或断裂。相邻两圈的切口应错开 90°以上。软填料也可以做成整条，在轴上缠绕成螺旋形。

2）当壳体为整体圆筒形时，可用专用工具把软填料推入孔内。

3）用压盖压紧软填料时，为了使压力沿轴向分布尽可能均匀，以保证密封性能和均匀磨损，装配时应由内到外逐步压紧。

4）压盖螺栓至少要有两颗，而且必须轮流逐步拧紧，以保证圆周力均匀。同时用手转动主轴，检查其接触的松紧程度。要避免压紧后再行松开。填料密封允许极少量泄漏，不应为达到完全不泄漏而压得太紧，以免摩擦功率消耗太大和发热烧坏。

（2）皮碗密封的装配。皮碗密封也称油封，是用于旋转轴或壳体孔的一种密封装置，其结构及装配导向套如图 2-51 所示。皮碗密封的结构可分为骨架式与无骨架式两种。装配时，应防止唇部受伤，同时使拉紧弹簧有合适的拉紧力。装配时应注意如下事项。

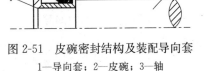

1）检查油封孔和轴的尺寸、轴的表面粗糙度等是否符合要求，密封唇部是否有损伤。在唇部和轴上涂以润滑油。

2）用压入装配时，要注意使皮碗与壳体孔对准，不可偏斜。孔边倒角宜大一些，在皮碗外圈或壳体孔涂少量润滑油。

图 2-51　皮碗密封结构及装配导向套

1—导向套；2—皮碗；3—轴

3）皮碗装配方向应该使介质工作时能把密封唇部紧压在轴上，不能反装。如果仅用作防尘，则应使密封唇部背向轴承。如果需要同时解决两个方向的密封，则可采用两个皮碗相向安装的结构或选用双主皮碗。

4）轴端有键槽、螺钉孔、台阶等时，为防止没封唇部装配时受伤，可采用导向套装置。

（3）密封圈密封的装配。

1）O形密封圈的装配注意事项。

• O形密封圈在装配前须涂润滑脂。

• 装配时，应使压制O形圈时产生的飞边避开密封面，但不能产生扭曲。

• O形密封圈需要越过螺纹、键槽或锐边、尖角部位时应采用导向套。

• 应按图纸或有关设计资料检查O形圈截面是否有合适的压缩变形。一般橡胶密封圈用于固定密封或法兰密封时，其变形约为橡胶圆条直径的25%；用于运动密封时，其变形约为橡胶圆条直径的15%。

2）V形、U形、Y形密封圈的装配。除以上要求外，若V形、U形、Y形密封圈为重叠使用，应使各圈之间相互压紧，并使其开口方向朝向压力较大的一侧。

（4）机械密封的装配。图2-52所示为典型的机械密封装置。静环4装在压盖3中静止不动，动环6随着轴一起转动。工作介质的静压力作用在静环上，弹簧力作用在动环上，使动环紧贴着静环转动，起到密封的作用。这种装置可在高压、高真空、高温、高速、大轴径以及密封气体、液化气体等工作条件下很好地工作。具有寿命长、磨损量小、泄漏量小、安全、动力消耗小等优点。

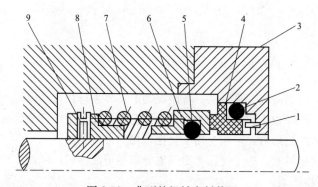

图2-52　典型的机械密封装置

1—防转销；2、5—密封圈；3—压盖；4—静环；6—动环；7—弹簧；8—弹簧座；9—固定螺钉

装配时应注意如下事项。

1）动、静环与其相结合的元件间，不得发生连续的相对转动，不得有泄漏。

2）必须使动、静环具有一定的浮动性，以便在运转过程中能够适应影响动、静环端面接触的各种偏差，要有足够的弹簧力来保证密封的性能。浮动性取决于密封圈的准确装配、密封圈接触的主轴或轴套的表面粗糙度、动环与轴的径向间隙，以及动、静环接触面上的摩擦力的大小等。

3）要使主轴的轴向间隙、径向跳动和压盖与主轴或轴套的垂直度在规定的范围内，否则将导致泄漏。

4）在装配过程中保持清洁，应在动、静环端面上涂一层清洁的润滑油。

5）在装配过程中，不允许用工具直接敲击密封元件。

（十五）转子的静平衡和动平衡

1. 概述

转子质量对旋转中心平衡，才能平稳地转动。转子质量不平衡时，转子重心与旋转中心发生偏移不平衡的质量产生离心力和力偶，周期变化其方向。如果不给以平衡，将引起机器工作时的剧烈振动，使零件的寿命和机器的工作精度大大降低。转子质量不平衡是引起机械设备振动的主要原因之一。

机电设备中的转子有带轮、齿轮、飞轮、砂轮（主要为轮盘类零件）、曲轴、叶轮等。

产生转子质量不平衡的原因有：旋转零件加工制造有误差（圆度误差、圆柱度误差）；旋转零件材料质量不均匀（内部组织密度不均，如铸造气孔、夹渣等）；旋转零件与轴的安装有偏差（造成轴心线不重合）；旋转零件上的元件移动（电动机转子绕线移动）等。

转子由于偏重而产生的不平衡主要有静不平衡和动不平衡如图 2-53 所示。

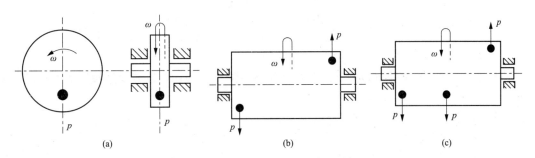

图 2-53　转子不平衡的种类
（a）静不平衡；（b）动不平衡；（c）既有静不平衡又有动不平衡

（1）静不平衡。转子在径向位置上有偏重时，叫静不平衡。转子不平衡的质量能综合成为一个点，转动零件在旋转时只产生一个离心力。一般常出现在厚度与直径比（B/D）较小的转动零件上（轮、盘类零件）。由于离心力而使轴产生向偏重方向的弯曲，并使机器产生振动。

（2）动不平衡。转子在静止状态下是平衡的，也就是转子不平衡的质量，能综合成为两个大小相等、方向相反、不在同一轴向剖面上的点。这种动不平衡的零件，在旋转时就会出现一个不平衡力偶。这个力偶不能在静力状态下确定，只能在转动状态下确定。

（3）静动不平衡。大多数情况下，零件或部件既有静不平衡，又有动不平衡，称为静动不平衡，静动不平衡常产生在长度和直径较大的零件或部件上。

（4）找平衡。对零件或部件找平衡，就是对旋转零件或部件作消除不平衡的工作。也就是要精确地测出不平衡质量所在的方位和大小，然后设法用质量来配平。

零件或部件的转速愈高，质量愈大，直径愈大，长径比（零件长度与直径之比）愈大，以及机器的工作精度愈高，则平衡的精确度要求愈高。

通常凡是需要找动平衡的转动件，最好预先找好静平衡，然后再找动平衡。反之，凡是已经找好动平衡的转动件，就不需要再找静平衡，因为动平衡的精度比静平衡的精度高。

2. 静平衡

在静止状态下测出转动件不平衡质量所在的方位和大小的找平衡方法称为静平衡。目的是消除零件在径向位置上的偏重。

静平衡原理：根据偏重总是停留在铅垂方向的最低位置的原理，在棱形、圆柱形、滚轮等平衡架上测定偏重的方向和大小静平衡装置如图 2-54 所示。

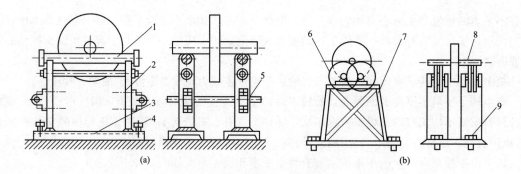

图 2-54 静平衡装置

（a）平行导轨平衡装置；（b）滚动托架装置

1—导轨；2、7—支架；3—底座；4、9—调节螺钉；5—连接杆；6—圆盘；8—转子

平衡架必须置于水平位置，并且具有光滑和坚硬的工作表面，以减少摩擦阻力，提高平衡精度。

静平衡的实验方法有装平衡杆和装平衡块两种。

静平衡的具体步骤如下。

1）将零件或部件放在水平的静平衡装置上，来回滚几次，使转子轴的表面能与平衡架的滚道相吻合。

2）将零件或部件缓慢转动，待静止后在零件的正下方做一记号（如 S）。

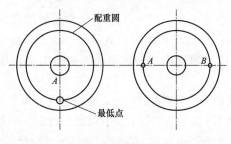

图 2-55 静平衡

3）重复转动零件或部件若干次，如 S 始终处于最下方，就说明零件或部件有偏重，其方向指向记号处。

4）确定配重圆，配置平衡块，如图 2-55 所示。

5）调整平衡块的位置，使平衡力矩等于重心偏移而形成的力矩。平衡块的质量由试验确定。配上平衡块后，转子不向任何一个方向滚动，此时的平衡块质量即为配重。

6）将转子缔结转动 60°、120°、180°、240°、360°，确定转子在所有这些位置上都能处于相同的平衡状态。如果不能达到相同的平衡状态，则重复以上操作，直到使转子在任何位置都能停止时为止。

3. 动平衡

在转动状态下测定转动件不平衡质量所在的方位，以及确定平衡质量应加的位置及大小的找平衡方法称为动平衡。动平衡适用于各种圆柱状和圆锥状转子的找平衡。

（1）动平衡装置。进行动平衡的装置有动平衡台和动平衡试验机两类。动平衡台有机械振动系统，但一般没有测相装置，平衡时，只测量支撑的振幅，不能直接测量出不平衡质量的大小和相位。它的结构较简单，但需多次启动，费时多，生产率低，多用于单件小批量生产。动平衡试验机结构复杂，一次启动就能测量出不平衡质量的大小和相位。既可用于单件小批量生产，也可用于批量生产。在机电设备维修中常采用动平衡台。

动平衡台按其支撑的共振元件分为摇摆式和弹性支撑式。由于弹性支承式工作范围大，而且共振转速可以通过支承的橡胶垫的厚度进行调整，因而应用较多。图 2-56 所示为弹性支承式平衡台。

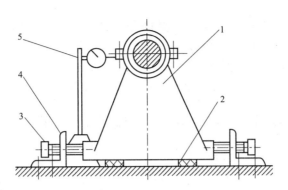

图 2-56　弹性支承式平衡台
1—转子轴承座；2—橡皮；3—固定螺钉；4—固定螺钉支架；5—千分表

　　检查机器振动用的振动计有许多种，如果没有购置的振动计，可以自制简易的振动计。最简单的振动计是用千分表测量机器的振幅。千分表这时固定在千分表架上，表架固定在与振动机器隔离的支架上，并将千分表的测杆与测量部位接触，即可进行测量。这种方法可以测量任何方向的振动。缺点是支架与振动不易隔离，准确性较差。

　　（2）动平衡的基本方法。找动平衡的方法有试重周转法、标线法和利用动平衡机找动平衡等方法。这里仅介绍在平衡台上进行动平衡的试重周转法，如图 2-57 所示。

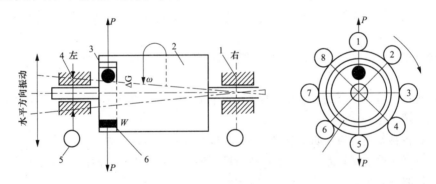

图 2-57　用试重周转法找动平衡
1—固定轴承；2—转子；3—不平衡质量；4—振动轴承；5—振动计（或千分表）；6—试验铁块

　　用试重周转法找动平衡时，首先要用振动计或千分表测量转动件两端轴承的初振幅，然后从初振幅最大的一端开始找平衡，其步骤如下。

　　1）确定不平衡质量所在的方位及平衡质量应加的位置。

　　a. 如图 2-57 所示，左端的初振幅最大。在转动件的左端面上，确定放置配重块的圆，并把该圆分成八等分，标出顺序号。

　　b. 将配重块固定在分点 1 上，开始转动工件使其达到工作速度、将左端的轴承放松，允许它在水平方向振动。而右端的轴承必须固定牢固，不允许振动。用振动计测量左端轴承振幅。将配重块固定在其余各点上，并分别测量相应的轴承振动的振幅。

　　c. 将所测得的 8 个振幅值记录在相应的表格内，用曲线将各点连起来，曲线的最高点即为最大振幅点，曲线的最低点即为最小振幅点。

　　2）确定平衡质量的大小。平衡质量的大小用试测法确定。测定时，先将不同质量的配重块放在最小振幅处，并一次的测量振幅，比较配重块加上时振幅的变化，以振幅最小时配重块的质量为平衡质量。转动件的左端平衡后，将左端的平衡质量固定好，并将左端的轴承固定好。然后开动机器转动工件使其达到工作速度。放开右端的轴承，用类似的方法求出右端振幅最小时配重块的质量。如果右端直接加上配重块的质量，当松开左端轴承时，就会破坏左端的平衡，因此，在右端加上配重块的质量时，还必须给左端附加一个新的平衡质量，才能获得完全平衡。

第五节　自动生产线机械部件总装后调试

机电设备机械部件总装后调试是机械部件安装中最后的，也是最重要的阶段。经过调试运行，机电设备可按要求正常地投入生产。在调试过程中，无论是设计、制造还是安装上存在的问题，都会暴露出来。必须仔细分析，才能找出根源，提出解决的办法。

由于机电设备种类和型号繁多，调试涉及的问题面较广，所以安装调试人员在调试之前要认真熟悉有关技术资料，掌握设备的结构性能和安全操作规程，才能搞好调试工作。

一、调试前的检查

（1）机电设备周围应全部清扫干净。

（2）机电设备上不得放有任何工具、材料及其他妨碍设备运转的东西。

（3）机电设备各部分的装配零件必须完整无缺，各种仪表都要经过试验，所有螺钉、销钉之类的紧固件都要拧紧并固定好。

（4）所有减速器、齿轮箱、滑动面以及每个应当润滑的润滑点，都要按照产品说明书，保质保量地加上润滑油。

（5）检查水冷、液压、气动系统的管路、阀门等，该开的是否已经打开，该关的是否已经关闭。

（6）在设备运转前，应先开动液压泵将润滑油循环一次，以检查整个润滑系统是否畅通，各润滑点的润滑情况是否良好。

（7）检查各种安全设施（如安全罩、栏杆、围绳等）是否都已安设妥当。

（8）只有确认设备完好无缺，才允许进行试运转，并且在设备启动前还要做好紧急停止的准备，确保调试时的安全。

二、调试的步骤

调试的步骤一般是：应符合先试辅助系统后试主机、先试单机后联动试车、先空载试车后带负荷试车的原则，其具体步骤如下。

（1）辅助系统调试。辅助系统包括机组或单机的润滑系统、水冷风冷系统。只有在辅助系统试运转正常的条件下，才允许对主机或机组进行试运转。辅助系统试运转时，也必须先空载试车后带负荷试车。

（2）机组动力设备空载调试。单机或机组的电动机必须首先单独进行空试。液压传动设备的液压系统的空载调试，必须先对管路系统试压合格后，才能进行空载调试。

（3）单机空载调试。在前述调试合格后，进行单机空载调试。单机空载调试的目的是为了初步考查每台设备的设计、制造及安装质量有无问题和隐患，以便及时处理。

（4）单机空载调试前，首先清理现场，检查地脚螺栓是否紧固，检查非压力循环润滑的润滑点、油池是否加足了规定牌号的润滑油或润滑脂，电气系统的仪表、过荷保护装置及其他保护装置是否灵敏可靠。接着进行人工盘车（即用人力扳动机械的回转部分转动一至数周），当确信没有机械卡阻和异常响声后，先瞬时启动一下（点动），如有问题立即停止检查，如果没有问题就可进行空载调试。

三、机电设备的试运转检验

检验机电设备试运转情况时，可查看试运转的记录，亦可进行试车检查。

机电设备无负荷试运转时，最高速试运转时间不得少于 2h，并且要达到以下要求。

（1）机电设备运转平稳，无异常声响和爬行现象。

（2）滚动轴承温度不超过 70℃，温升不超过 40℃，滑动轴承温度不超过 60℃，温升不超过 35℃，丝杠螺母温度不超过 45℃，温升不超过 35℃。

（3）液压和润滑系统的压力、流量符合规定，机床各部分润滑良好。

（4）自动控制的挡铁和限位开关等必须操作灵活，动作准确、可靠。

（5）联动、保险、制动和换向装置及自动夹紧机构、安全防护装置必须可靠，快速移动机构必须正常。

四、机电设备的带负荷正常运转试验

负荷试验是检验机电设备在负荷状态下运转时的工作性能及可靠性，即生产能力、承载能力及其运转状态，包括速度的变化、设备的振动、噪声、润滑、密封等。

1. 机电设备传动系统的扭矩试验

试验时，在小于或等于机电设备及计算转速的范围内选一适当转速，使机电设备的传动机构达到规定的扭矩，检验机电设备传动系统各元件和变速机构是否可靠以及机电设备是否平稳、运动是否准确。

2. 机电设备传动系统达到最大功率的试验

选择适当的运转模式，逐步增加机电设备的运转速度，使机电设备达到最大功率（一般为电动机的额定功率）。检验机电设备结构的稳定性以及电气等系统是否可靠。

3. 抗振性试验

根据机电设备的类型，选择适当的生产方式、试件、批量试验、全速运转、满负荷运转进行试验，检验机电设备的稳定性。

第三章

自动生产线电气设备的安装、调试与维护

本章主要介绍普通逻辑量电气控制系统的软硬件设计。从生产工艺到控制流程，从控制流程到硬件设计，从硬件设计到软件设计，从软件设计到调试，从调试到维护及维修。一个优秀的电气设备维修人员不仅仅要懂维护，而且还得明白整个流程及原理，只有这样才能有的放矢，对于电气设备故障才能从根本上找到问题，并能迅速维修，保障机器的正常运行。

如今是通信设备向物联网整合发展的阶段，为了适应未来电气设备维修工程师的工作，本章也介绍了部分控制系统的通信，为越来越多的具备物联网特质的设备维护工程师打下一定理论基础。

第一节 控制流程图

所有设备都有自己的生产工艺，而对于电气人员来说，就是如何把这些设备的生产工艺用自己熟悉的控制流程图表示出来，而这个流程图是硬件设计和软件设计的基础性文件。控制流程图的表示方法仅基于设计人员以及维修人员能够看懂的前提，并没有特别的规定。

【案例 3-1】 金属板收料机构

金属板收料机构如图 3-1 所示。

1. 控制要求

按下启动按钮 X001 后，系统启动，电动机 1 启动，并带动金属板往下掉，当金属板掉下后，光电感应器 X0 就会感应到并计数，当金属板累计 10 块后，电动机 1 停止，电动机 2 转动 5s 后停止，电动机 1 继续带动金属板往下掉，依次循环动作。当按下停止按钮 X002 后，系统停止。

2. 分析

（1）整个系统分为启动与停止。

（2）启动后，电动机 1 先动作，并通过光电传感器 X0 对金属板计数。

（3）计数满后电动机 2 启动，电动机 1 停止，此过程为 5s。

（4）5s 后，应对计数器复位，电动机 2 停止，电动机 1 启动，开始新一轮的动作。

根据控制动作，画出的金属板收料机构流程图如图 3-2 所示。

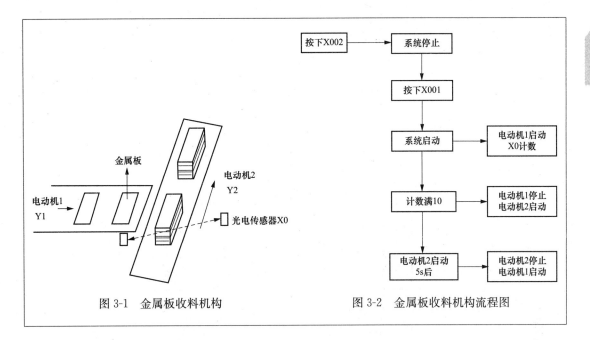

图 3-1 金属板收料机构 　　　　 图 3-2 金属板收料机构流程图

【案例 3-2】小车的来回动作控制

送料小车示意图如图 3-3 所示。

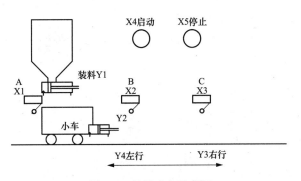

图 3-3 送料小车示意图

1. 控制要求

有一送料小车，初始位置在 A 点，按下启动按钮，在 A 点装料，装料时间 5s，装完料后驶向 B 点卸料，卸料时间是 7s，卸完后又返回 A 点装料，装完后驶向 C 点卸料，按如此规律分别给 B、C 两点送料，循环进行。当按下停止按钮时，一定要送完一个周期后停在 A 点。

图 3-3 中，输入输出信号如下（图中已经给出）：原点位置 X1；B 点位置 X2；C 点位置 X3；启动按钮 X4；停止按钮 X5；装料输出信号 Y1；卸料输出信号 Y2。

2. 分析

图 3-3 中，在第一次小车装完料后，经过 B 点时要停止，并开始卸料。

在第二次小车装完料后，要去 C 点卸料，但是途中也会经过 B 点，但此时不应卸料，应该继续向前运动，直到 C 点才开始卸料。根据要求，画出的送料小车流程图如图 3-4 所示。

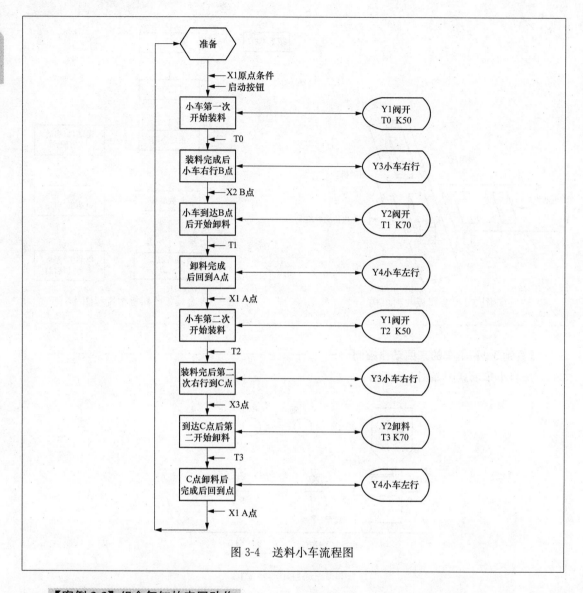

图 3-4　送料小车流程图

【案例 3-3】组合气缸的来回动作

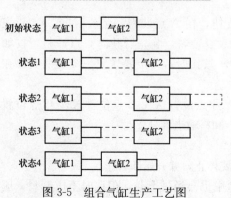

图 3-5　组合气缸生产工艺图

组合气缸生产工艺图如图 3-5 所示。

1. 控制要求

初始状态时，气缸 1 及气缸 2 都处于缩回状态。

在初始状态，当按下启动按钮，进入状态 1。

状态 1：气缸 1 伸出，伸出到位后，停 2s 后，然后进入状态 2。

状态 2：气缸 2 也伸出，伸出到位后，停 2s 后，然后进入状态 3。

状态 3：气缸 2 缩回，缩到位后，停 2s，然后进入状态 4。

状态 4：气缸 1 缩回，缩到位后，停 2s，然后又开始进行状态 1，如此循环动作。

2. 分析

在气缸动作过程中，若按下停止按钮，气缸完成一个动作周期，回到初始状态后，才能停止。

根据要求，画出的组合气缸生产流程图如图 3-6 所示。

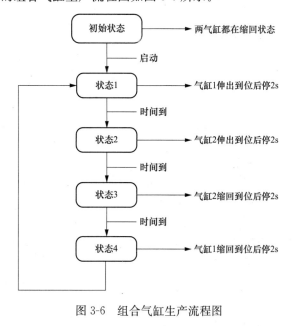

图 3-6　组合气缸生产流程图

【案例 3-4】自动生产线

一、基本组成及功能描述

1. 立体仓库系统

（1）入库。功能描述：感知到零部件入库输送线入库位上有货箱后，启动条形码扫描货箱类别，由堆垛机将货箱运送至立体仓库相应货位。

（2）出库。功能描述：输入各类货箱出库数量，检测 AGV 到站状态，将货箱送至 AGV 上，向 AGV 发送货箱类别指令。

2. AGV 运输系统

功能描述：两台 AGV 分别运送自动装配线和总装线上零部件，每次任务完成均返回装载位置，等待立体仓库的运送命令［1 为无线通信；2 为光电信号（I/O）通信］。

3. 车轮组件自动装配线（ZG 直线转辊式输送线）

功能描述：完成车轮组件的自动装配。

装配流程：车轮架轴芯自动上料\定位→车轮架装配定位、自动拧紧→车轮架翻转、车轮架（另一片）装配定位、自动拧紧→车轮自动上料装配→移动机器人取料→托盘回流。

4. SF 轴承压装自动装配线（差速链式输送线）

功能描述：完成 SF 轴承压装的自动装配。

装配流程：SF 轴承套自动上料定位、SF 轴承自动上料定位、预压、压入→轴承座组件压入检测、灯光报警→轴承座组件分拣（合格品/不合格品）→托盘回流。

5. 总装流水线（摩擦机动辊式、差速链式、动力辊式）

功能描述：完成电动助力购物车零部件的总装、整车调试。

装配流程：驱动轴组装（链轮、轴承座、驱动轴）→底座、驱动轴组件装配→电动机部件装配→电池装配→接线、充电插座装配→车轮、万向轮装配→底座盖板装配→车篮装配→按钮装配、接线→检测→包装、送入成品入库输送线。

6. 空中物料输送线（空中单轨式）

功能描述：空中输送自动线装配后的车轮组件、SF轴承座及立体仓库运送过来的其他零部件。

输送速度：5～20m/min，可调。

7. 零部件入库输送线（差速链式）

功能描述：实现从零件仓库到立体仓库入库位置的货箱输送。

8. 成品入库输送线（平皮带式）

功能描述：实现从总装线到成品库入库位置的购物车成品输送。

9. 拆装、调试训练线（3条——摩擦机动辊式、差速链式、动力辊式）

功能描述：3种形式的输送线加顶升旋转平台；主要用于机械拆装、维修、电控初步调试。

10. 信息显示系统

功能描述：1号显示屏滚动显示生产线介绍、系统组成图等；2号显示屏滚动显示生产线集中控制、生产节拍、本班生产总量、教学知识点等。

二、总体布局图

总体布局图如图3-7所示。

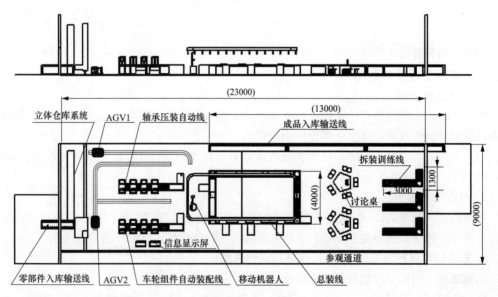

图3-7 总体布局图

三、自动生产线控制系统整体解决方案

该自动生产线虽然组装的东西并不是非常复杂，但是每条线均需一台PLC，总共需要数十台PLC，可模拟大型工业控制现场。在该线中，有基于PLC的各条物流流水线约数十套，有基于单片机的AGV小车，有基于运动控制的非标工业机器人多台，采用DCS与现场总线综合的整体解决方案，并采用组态技术实现远程监控。控制总体架构是基于三菱Q系列PLC的

CC-LINK 总线通信，将各个单元控制箱连接于 CC-LINK 网络和 NT-LINK 网络，上位机监控和控制整个流水线的运行。具体控制架构如图 3-8 所示。

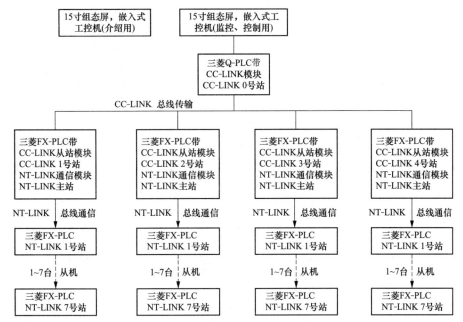

图 3-8　控制架构

现以 1 号生产线为例，画出控制工艺流程图，分别如图 3-9～图 3-11 所示。

上件工位停止器动作流程如图 3-9 所示。

顶升平移工位之前的停止器动作流程如图 3-10 所示。

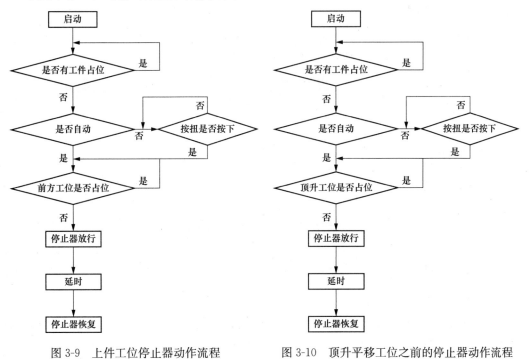

图 3-9　上件工位停止器动作流程　　　图 3-10　顶升平移工位之前的停止器动作流程

顶升平移动作流程如图 3-11 所示。

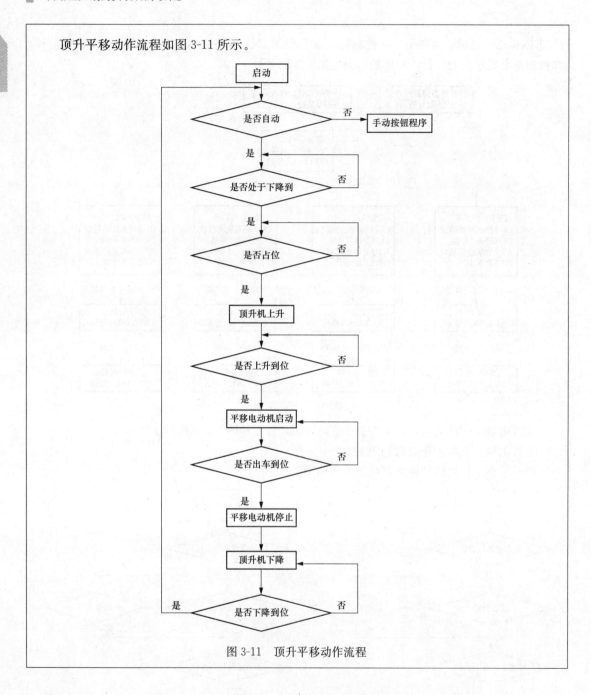

图 3-11　顶升平移动作流程

第二节　自动生产线电气设备硬件设计

一、PLC 的型号和选型

（一）PLC 的型号

目前，PLC 品牌繁多，常用的 PLC，国外的有施耐德 PLC，罗克韦尔（A-BPLC），德国西门子公司 S7-400/300/200，GE 公司生产的 PLC，日本欧姆龙、三菱、富士、松下、东芝等公司生产的 PLC。国内的 PLC 公司有：深圳德维森、深圳艾默生、无锡光洋、无锡信捷、北京和利时、北京凯迪恩、北京安控、黄石科威、洛阳易达、浙大中控、浙大中自，南京冠德、兰州全志等。

本书主要介绍以三菱 PLC 为主的硬件配置。

1. Q 系列中大型 PLC

三菱 Q 系列中大型 PLC 如图 3-12 所示。

图 3-12　三菱 Q 系列中大型 PLC

Q 系列 PLC 主要应用于大型设备，功能强大，各种特殊模块较多，控制点数最多可以上万点。但配置时价格稍贵。

2. FX 系列小型 PLC

三菱 FX 系列小型 PLC 如图 3-13 所示。

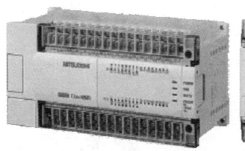 

FX2N-48MR-001　　　　　　　　　　FX1S-10MR

图 3-13　三菱 FX 系列小型 PLC

三菱 FX 系列小型 PLC 的控制功能已经相当完善，但控制点数最多 256 点。三菱 FX 系列 PLC 价格经济，在小型控制设备中应用非常广泛，目前 FX 系列新推出的两款 PLC，分别为 FX3U 及 FX3G，其容量更大，控制功能更强。本书以三菱 FX 系列小型 PLC 为例，重点介绍其硬件配置方法及软件设计。

FX 系列 PLC 常用型号规格见表 3-1。

表 3-1　　　　　　　　　　　　　　　　FX 系列 PLC 常用型号规格

系列	型号			
FX1S	FX1S-10MR	FX1S-14MR	FX1S-20MR	FX1S-30MR
	FX1S-10MT	FX1S-14MT	FX1S-20MT	FX1S-30MT
FX0N	FX0N-24MR	FX0N-40MR	FX0N-60MR	

系列	型号			
FX1N	FX1N-14MR	FX1N-24MR	FX1N-40MR	FX1N-60MR
FX2N	FX2N-16MR	FX2N-32MR	FX2N-48MR	FX2N-64MR
	FX2N-80MR	FX2N-128MR		
FX3U	FX3U-16MR	FX3U-32MR	FX3U-64MR	FX3U-80MR

扩展 I/O 模块是当 PLC 自身点数不够时，为了减少成本，无须重新购买点数更多的 PLC，而是通过购买扩展模块 I/O 来补充 PLC 的点数。FX 系列 PLC 扩展 I/O 模块见表 3-2。

表 3-2   FX 系列 PLC 扩展 I/O 模块

型号	总 I/O 数	输入		输出		可连接的 PLC		
		数目	类型	数目	类型	FX1S	FX1N	FX2N
FX2N-32ET	32	16	漏型	16	继电器	√		√
FX2N-32ET					晶体管			
FX0N-40ER	40	24	漏型	16	继电器		√	
FX0N-40ET					晶体管			
FX2N-48ER	48	24	漏型	24	继电器		√	√
FX2N-48ET					晶体管			
FX2N-40ER-D	40	24	漏型	16	继电器		√	
FX2N-48ER-D	48	24	漏型	24	继电器			√
FX2N-48ET-D					晶体管			
FX0N-8ER	8	4	漏型	4	继电器		√	√
FX0N-8EX	8	8	漏型	—	—		√	√
FX0N-16EX	16	16	漏型	—	—		√	√
FX2N-16EX	16	16	漏型	—	—		√	√
FX0N-8EYR	8	—	—	8	继电器		√	√
FX0N-8EYT					晶体管		√	√
FX0N-16EYR	16	—	—	16	继电器		√	√
FX0N-16EYT					晶体管		√	√
FX2N-16EYR	16	—	—	16	继电器		√	√
FX2N-16EYT					晶体管		√	√

FX 系列 PLC 型号规格介绍如图 3-14 所示。

FX 系列 PLC 常用 CPU 的基本性能见表 3-3。

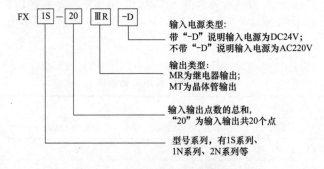

图 3-14   FX 系列 PLC 型号规格介绍

表 3-3   FX 系列 PLC 常用 CPU 的基本性能

CPU 系列	FX1S	FX1N	FX2N	FX3U
运算控制方式	存储程序反复运算（专用 LST），有中断指令			
输入输出控制方式	批处理方式（执行 END 时），有 I/O 刷新指令			
编程语言	梯形图＋步进梯形图＋SFC			
程序内存	内置 2000 步 EEPROM	内置 8000 步 EEPROM	内置 8000 步 RAM	64000 步 RAM
可选存储器	FX1N-EEPROM-8L		RAM8K EEPROM4-16K	FX3U-PLROM-64L FX3U-PLROM-16
指令种类	顺控指令 27 个，步进梯形图指令 2 个			顺控 29 个
	应用指令 85 种	应用指令 89 种	应用指令 128 种	应用指令 209 种
运算处理速度	基本指令 $0.55\sim0.7\mu m$ 应用指令 $100\mu m$		基本指令 $0.08\mu m$	基本指令 $0.065\mu m$
输入输出点数	30 点以下	128 点以下	256 点以下	384 点以下

（二）PLC 的选型

PLC 的选型有以下注意点。

（1）I/O 点数。在满足 I/O 点数的情况下，一定要留有一定的裕量。

（2）存储器容量。不同机型其存储器容量不一，如 FX1S 系列容量 2000 步，FX1N 系列容量 8000 步，并且不同的编程人员，其编写的程序量也相差甚大。

（3）CPU 性能。不同的机型其控制功能不同，如 FX1S 系列不具备扩展能力，而 FX1N 以上都可以进行扩展，并且不同 CPU 之间在网络通信、运算、编程等方面的功能也有所不同。

（4）经济性。不同型号及点位的 PLC 其价格也各不相同，同时也应考虑应用的可扩展性、可操作性、稳定性等诸多因素。

当然，在不同的行业，PLC 选择的依据有所不同，比如在某些石化行业，大型炼钢厂，某些医药行业等的特殊要求决定了他们会从系统的稳定性、系统响应速度以及系统耐久性方面考虑选择高端的 PLC，因为一旦设备出现故障或停机，造成的损失不是说这些控制器所能比拟的。

【案例 3-5】PLC 选型

现有一套小单机，主要控制一些继电器、接触器、电磁阀、指示灯等开关量信号，并通过一些按钮、行程开关、接近开关、光电开关等开关量输入信号。统计后，输入信号需要 18 个，输出信号需要 20 个，请选择性价比较高的三菱 PLC？

从功能上分析，本系统只需简单的开关量逻辑控制，并且点数较少，因此三菱 FX 系列的 PLC 都能满足控制要求，因此从性价比较高的 FX1S 系列开始选型。

根据要求，I/O 总点数超过 30 点，而 FX1S 系列的 PLC 最大 I/O 点数为 30，并且不能扩展，故不能选择 FX1S 系列的 PLC。由此基本上可以确定使用 FX1N 系列的 PLC，因为 FX0N 已经停产，市场也很难买到，而 FX2N 系列的明显价格要比 FX1N 系列的贵许多。

FX1N 系列的 PLC 有几种型号，如 FX1N-40MR 的 PLC，输入 24 点，输出 16 点；FX1N-60MR 的 PLC，输入 36 点，输出 24 点。若选择 FX1N-40MR，则可以加 FX2N-8EYR 的 8 点扩展输出，这样点数就能满足，若选择 FX1N-60MR，则 I/O 完全可以满足，而且剩余许多，如此就只需比较两者的价格就可以确定 PLC 的型号。

根据以上原因，综合考虑，可以选择性价比较高的 FX1N-60MR 的 PLC 作为本项目的控制器。

二、PLC 硬件结构

（一）PLC 的硬件结构组成

PLC 的硬件结构组成如图 3-15 所示。

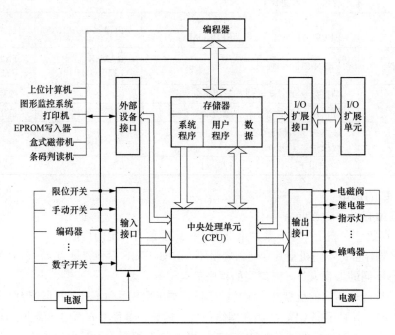

图 3-15   PLC 的硬件结构组成

由图 3-15 可以看出，PLC 主要包括：中央处理器（CPU）、输入/输出（I/O）接口、存储器、设备接口、电源等。

小型 PLC 是把以上硬件集成在一起，购买后可以直接使用，非常方便。中大型 PLC 主要是模块式的，其电源、CPU、I/O 模块等都需要单独购买，并通过机架有机地组合在一起，编程时有时需要进行硬件组态。

（二）PLC 的工作原理

1. PLC 工作的基本步骤

PLC 工作的基本步骤如图 3-16 所示。

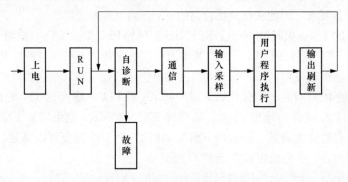

图 3-16   PLC 工作的基本步骤

PLC 从自诊断一直到输出刷新为一个扫描周期。即 PLC 的扫描周期为自诊断、通信、输入采样、用户程序执行、输出刷新等所有时间的总和。

2. PLC 的工作原理

PLC 采用顺序扫描，不断循环的工作方式。即一遍又一遍地重复循环执行着扫描周期，即从自诊断到输出刷新，然后再从自诊断到扫描周期。这样一直循环扫描。

（1）自诊断。自诊断即 PLC 对本身内部电路、内部程序、用户程序等进行诊断，看是否有故障发生，若有异常，PLC 不会执行后面通信、输入采样、执行程序、输出刷新等过程，处于停止状态。

（2）通信：PLC 会对用户程序及内部应用程序进行数据的通信过程。

（3）输入采样。PLC 每次在执行用户程序之前，会对所有的输入信号进行采集，判断信号是接通还是断开，然后把判断完的信号存入"输入映像寄存器"，然后开始执行用户程序，程序中信号的通与断就根据"输入映像寄存器"中信号的状态来执行。

（4）执行用户程序。执行用户程序即 PLC 对用户程序户逐步逐条地进行扫描的过程。

（5）输出刷新。PLC 在执行过程中，输出信号的状态存入"输出映像寄存器"，即使输出信号为接通状态，不会立即使输出端子动作，一定要程序执行到 END（即一个扫描周期结束）后，才会根据"输出映像寄存器"内的状态控制外部端子的动作。

【案例 3-6】梯形图排列次序

比较以下两个程序的异同。

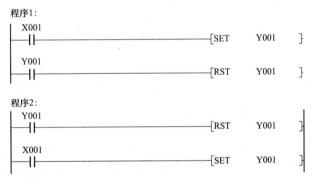

这两段程序只是把前后顺序反了一下，但是执行结果却完全不同。程序 1 中的 Y001 在程序中永远不会有输出。程序 2 中的 Y001 当 X001 接通时就能有输出。这个例子说明：同样的若干条梯形图，其排列次序不同，执行的结果也不同。顺序扫描的话，在梯形图程序中，PLC 执行最后面的结果。

（三）PLC 的配线

1. 输入点接线

每个输入点都有一个内部输入继电器线圈，若内部输入继电器线圈得电，则 PLC 程序中的常开点接通，常闭点断开。若内部输入继电器失电，则 PLC 程序中的常开点断开，常闭点接通。

2. 欧规及标准

标准 PLC 的型号后面一般是带"001"，比如 FX2N-80MR-001 即表示标准 PLC。标准 PLC 内部输入电路中，已经提供输入继电器所需的 24V 电源。欧规 PLC 的型号后面一般是带"ES/UL"，比如 FX2N-80MR-ES/UL 即表示欧规 PLC。欧规 PLC 内部输入电路中，不提供输入继电器所需的 24V 电源。

输入信号的接线图如图 3-17 所示。

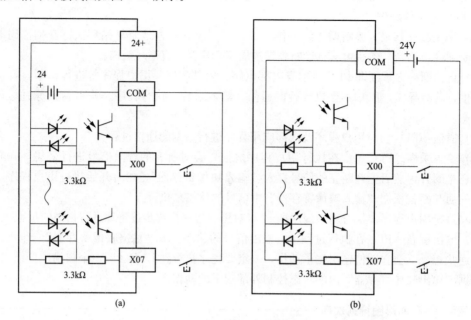

图 3-17　输入信号的接线图

(a) 标准 PLC；(b) 欧规 PLC

（1）标准 PLC 的内部输入回路中具有 24V 的电源，要使内部输入信号得电，只需将按钮开关一端接入 COM 端子，另一端与输入信号端相连，当按钮闭合时，则输入信号就会产生信号。

（2）欧规 PLC 的内部输入回路中没有提供输入继电器所需的 24V 电源，需要外部提供电源使内部输入信号工作。因此在输入回路中串接一个 24V 电源，24V＋接入 COM 端子，0V 接入按钮，按钮另外一端接输入端子即可。

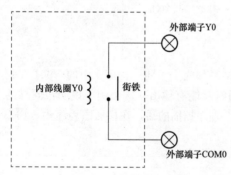

图 3-18　输出点接线图

3. 输出点接线

当 PLC 内部程序中的输出点线圈接通时，对应的输出点的内部输出继电器接通，使对应的 COM 端与输出端子导通。当 PLC 内部程序中的输出点线圈断开时，对应的输出点的内部触点断开，COM 端则与输出端子断开。

（1）以 Y0 为例，输出点接线图如图 3-18 所示。

（2）以 FX2N-32MR 型号的 PLC 为例，PLC 输出点实际接线图如图 3-19 所示。

图 3-19 中，COM1 是 Y0、Y1、Y2、Y3 的公共端，即当 Y0、Y1、Y2、Y3 接通时，分别都与 COM 之间导通，同理，COM2 是 Y4、Y5、Y6、Y7 的公共端，依次类推。当程序中，当输出点线圈接通后，对应的输出端子与 COM 端导通，外部负载与电源之间构成回路，从而得电工作。

4. 输入输出点分配

三菱 FX 系列 PLC 本身带有一定数量的输入/输出点。其输入点信号从 X000 开始往后以 8 进制排列，X000～X007、X010～X017……其输出点信号从 Y000 开始往后以 8 进制排列，Y000～

Y007、Y010～Y017……当用到扩展模块时，输入点的扩展模块第一个信号应紧接前面输入信号的最后一个输入点的信号排列。同样输出点扩展模块的信号也应紧接前面输出信号的最后一个输出点的信号排序。

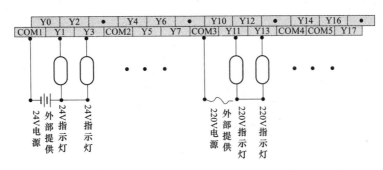

图 3-19　PLC 输出点实际接线图

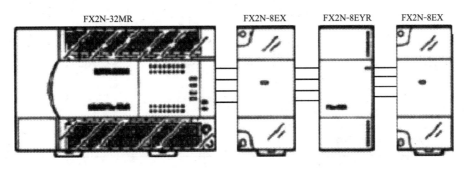

图 3-20　FX2N-32MR 系列 PLC 及其扩展模块

FX2N-32MR 系列的 PLC 带了 3 块扩展模块，型号如图 3-20 所示。FX2N-8EX 是带 8 个输入点的扩展模块，FX2N-8EYR 是带 8 个点的继电器输出模块。扩展模块信号分配点见表 3-4。

表 3-4　　　　　　　　　　　　　　　　扩展模块信号分配点

	FX2N-32MR 本体	FX2N-8EX	FX2N-8EYR	FX2N-8EX
输入信号分配	X00～X07 X10～X17 共 16 点输入	X20～X27 8 点输入		X30～X07 8 点输入
输出信号分配	Y00～Y07 Y10～Y17 共 16 点输入		Y20～Y27 8 点输出	

如图 3-20 所示，FX2N-32MR 的 PLC 输入信号排列是 X00～X07，X10～X17；输出信号排列是 Y00～Y07，Y10～Y17。则第一块模块 FX2N-8EX 的信号排列是 X20～X27；第二块模块 FX2N-8EYR 的信号排列是 Y20～Y27；第三块模块 FX2N-8EX 的信号排列是 X30～X37。

【案例 3-7】电气原理图设计

按照【案例 3-4】自动生产线中的 1 号线的控制流程，设计电气原理图如图 3-21～图 3-25 所示。

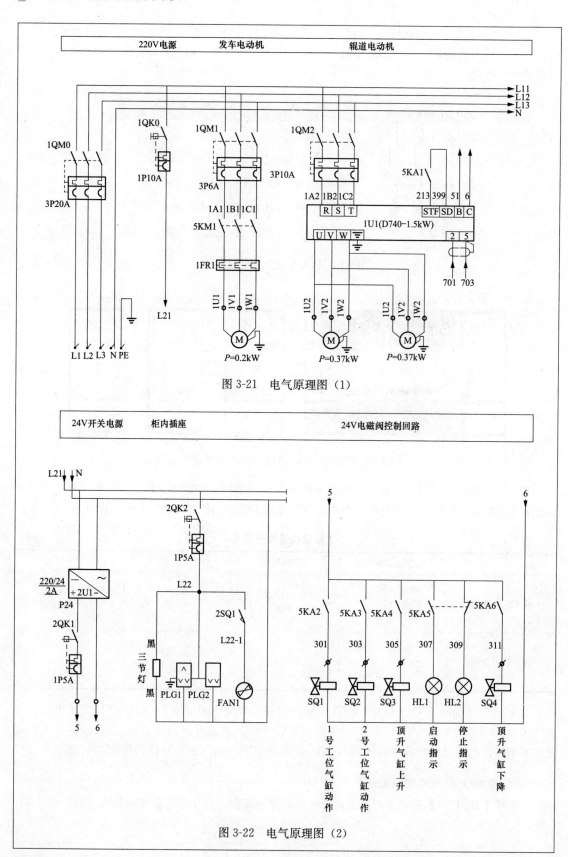

图 3-21　电气原理图（1）

图 3-22　电气原理图（2）

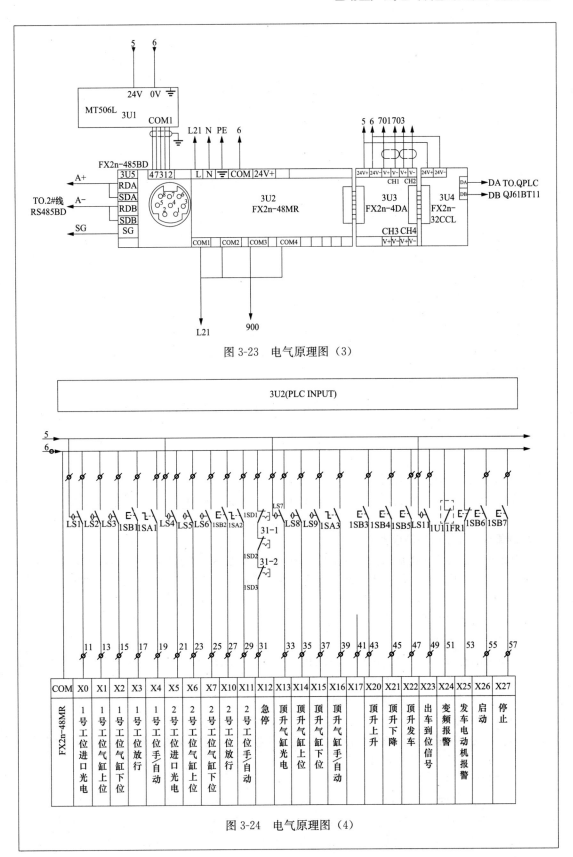

图 3-23 电气原理图（3）

图 3-24 电气原理图（4）

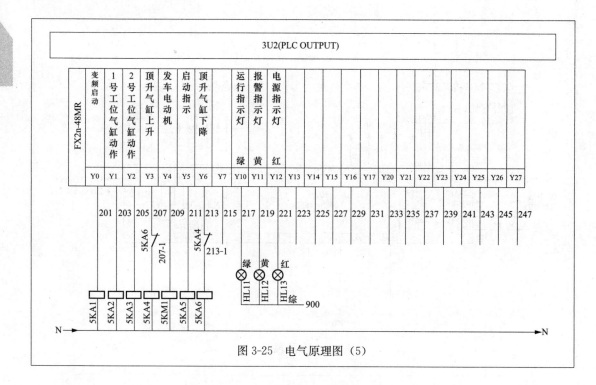

图 3-25　电气原理图（5）

第三节　自动生产线程序设计方法

一、概述

1. 分析原有系统的工作原理

明确控制任务和控制要求，了解被控设备的工艺过程和机械的动作情况，通过分析工艺过程绘制工作循环和检测元件分布图，取得电气执行元件功能表。

2. 详细绘制系统状态转换表

通常系统状态转换表由输出信号状态表、输入信号状态表、状态转换主令表和中间记忆装置状态表 4 个部分组成。状态转换表全面、完整地展示了系统各部分、各时刻的状态和状态之间的联系及转换，非常直观，对建立控制系统的整体联系、动态变化的概念有很大帮助，是进行系统分析和设计的有效工具。

3. PLC 的 I/O 分配

确定系统的输入设备和输出设备，进行 PLC 的 I/O 分配，画出 PLC 外部接线图。

4. 设计对应关系的梯形图程序

根据状态转换表进行系统的逻辑设计，包括列写中间记忆元件的逻辑函数式和列写执行元件（输出量）的逻辑函数式。这两个函数式组，既是生产机械或生产过程内部逻辑关系和变化规律的表达形式，又是构成控制系统实现控制目标的具体程序。对于复杂的控制电路可化整为零，先进行局部的转换，最后再综合起来。

5. 仔细校对、认真调试

对转换后的梯形图一定要仔细校对、认真调试，以保证其控制功能与原图相符。PLC 的编程与PLC 系统设计还是有很大区别的，系统设计包括电缆、传感器、PLC、继电器、接触器等选型（性价比）、系统图、一次电路、二次电路图、系统盘内、盘面等图纸的设计，系统操作说明书的编写等。

二、程序设计案例

【案例 3-8】 金属板收料机构控制

根据本章【案例 3-1】的要求，参考控制流程图，编写控制程序如下：

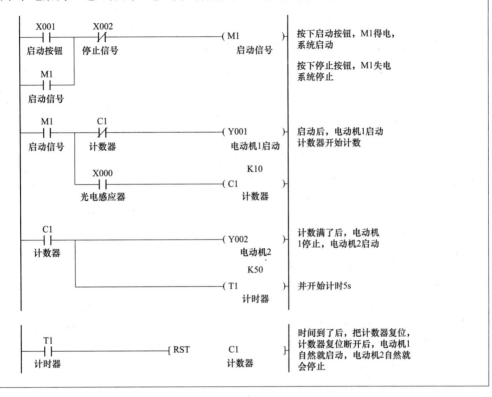

【案例 3-9】 小车的来回动作控制

如本章【案例 3-2】题意，根据其工艺及控制流程图，可进行 PLC 程序设计。编写的控制程序如下：

第三章

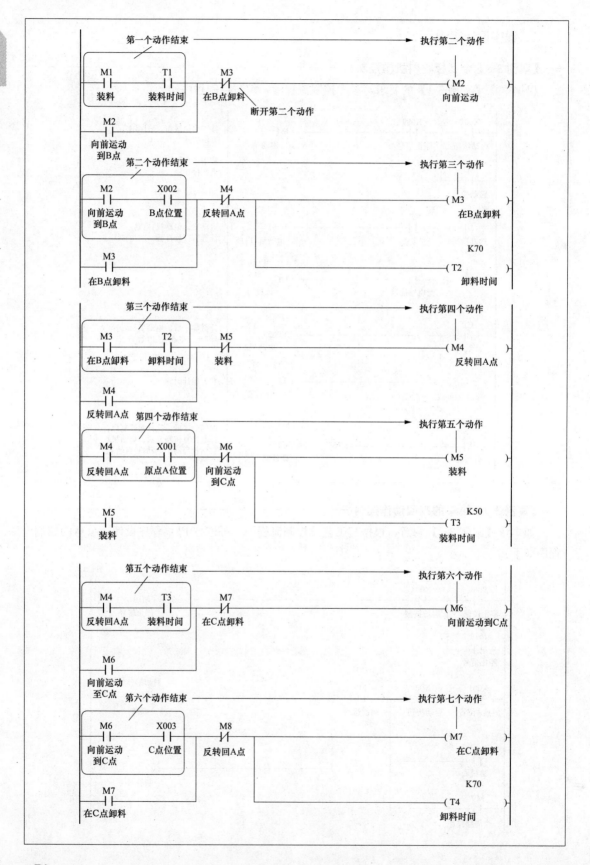

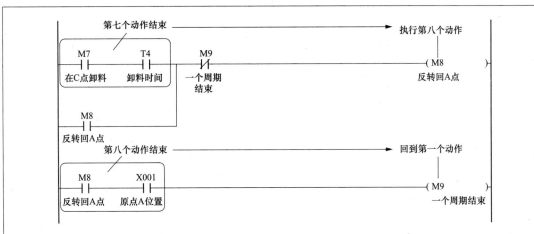

如上程序，一个动作完成，执行下一个动作，同时把上一个动作断开。这样程序就可以按照指定的动作执行下去，不会出现中间动作异常的情况。

【案例 3-10】组合气缸的来回动作

根据本章【案例 3-3】，按照流程图编写程序如下：

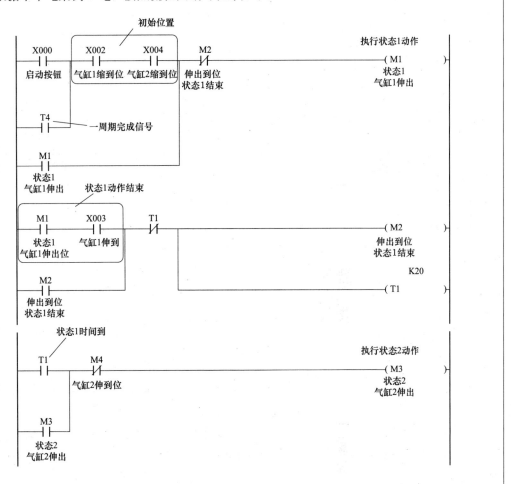

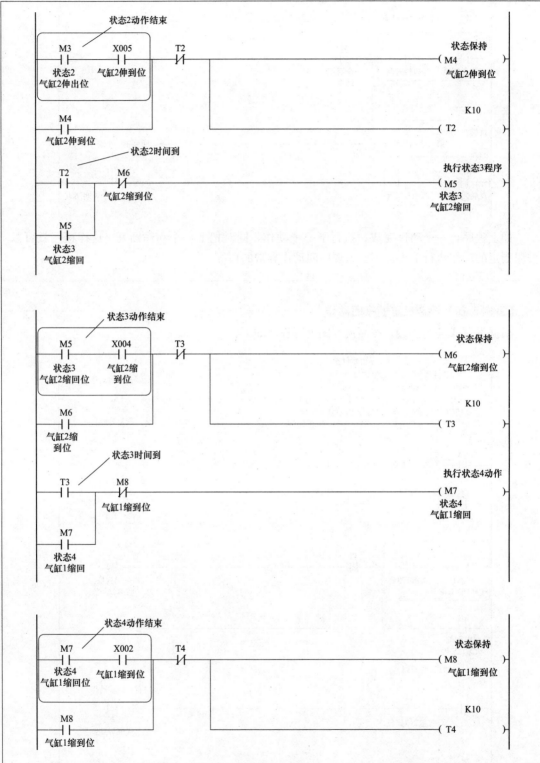

以上程序若按照一般写法，运行时会遇到很多问题。在示意图中可以看到，状态1及状态3的信号是一模一样的，因此若直接根据信号来编写程序肯定会出现问题。程序的输出信号应如下：

```
       M1                                                      (Y000  )
       ┤├                                                       气缸1伸出
     状态1
     气缸1伸出


       M3                                                      (Y002  )
       ┤├                                                       气缸2伸出
     状态2
     气缸2伸出


       M5                                                      (Y003  )
       ┤├                                                       气缸2缩回
     状态3
     气缸2缩回


       M7                                                      (Y001  )
       ┤├                                                       气缸1缩回
     状态4
     气缸1缩回
```

【案例 3-11】自动生产线 1 号生产线

按照本章【案例 3-4】的控制要求，可进行 PLC 程序设计。编写的控制程序如下。

```
     M8038
0    ┤├                                          ─[MOV    K0     D8176  ]
                                                                  站号


                                                 ─[MOV    K5     D8177  ]
                                                                  从站数


                                                 ─[MOV    K2     D8178  ]
                                                                  模式2


                                                 ─[MOV    K5     D8179  ]


                                                 ─[MOV    K5     D8180  ]
```

M400开始的112个为cclink Q远程下传输入信号
D100开始的16个为Q下传数据通道
M600开始的112个为FX写到Q的上传通道
D150开始的16个为FX写到Q的上传通道

```
         M8000
26   ├──┤ ├──────────────────────────────[FROM    K1    K25    K4M100    K1   ]┤

         M107
36   ├──┤ ├──┬───────────────────────────[FROM    K1    K0     K4M400    K8   ]┤
         │                                                       Q停止
         │
         ├───────────────────────────────[FROM    K1    K8     D100      K16  ]┤
         │
         │
         ├───────────────────────────────[T0      K1    K0     K4M600    K8   ]┤
         │
         │
         └───────────────────────────────[T0      K1    K8     D150      K16  ]┤
```

CC-LINK产量和速度传送

```
         M8000
73   ├──┤ ├──┬───────────────────────────[BMOV    D0     D150     K2  ]┤
         │
         ├───────────────────────────────[BMOV    D10    D152     K2  ]┤
         │
         ├───────────────────────────────[BMOV    D20    D154     K2  ]┤
         │
         ├───────────────────────────────[BMOV    D30    D156     K2  ]┤
         │
         ├───────────────────────────────[MOV     D40    D158  ]┤
         │
         └───────────────────────────────[MOV     D50    D159  ]┤
```

```
  M401
  ─┤├─                                                    ─(M1036 )
2号线Q停止


  M402
  ─┤├─                                                    ─(M1038 )
3号线Q停止


  M403
  ─┤├─                                                    ─(M1041 )
4号线Q停止


  M404
  ─┤├─                                                    ─(M1044 )
5号线Q停止


  M405
  ─┤├─                                                    ─(M1047 )
6号线Q停止


  M407
  ─┤├─                                                    ─(M1036 )
2号线清零


  M408
  ─┤├─                                                    ─(M1039 )
3号线清零


  M409
  ─┤├─                                                    ─(M1042 )
4号线清零


  M412
  ─┤├─                                                    ─(M1037 )
Q2号启动


  M413
  ─┤├─                                                    ─(M1040 )
Q3号启动


  M414
  ─┤├─                                                    ─(M1043 )
Q4号启动


  M415
  ─┤├─                                                    ─(M1046 )
Q5号启动


  M416
  ─┤├─                                                    ─(M1049 )
Q6号启动
```

CC-LINK主站触点传送(1号线)

```
      M8000
151 ──┤├──┬──────────────────────────[ MOV  K4X000   K4M600 ]
       │                                    1号工位
       │                                    进口光电
       │
       ├──────────────────────────[ MOV  K2X020   K2M616 ]
       │                                    顶升上升
       │
       └──────────────────────────[ MOV  K2Y000   K2M624 ]
                                            变频启动
```

NT从站触点传送(2号线)

```
      M8000
167 ──┤├──┬──────────────────────────[ MOV  K4M1064  K4M632 ]
       │
       └──────────────────────────[ MOV  K4M1080  K4M648 ]
```

NT从站触点传送(3号线)

```
      M8000
178 ──┤├──┬──────────────────────────[ MOV  K4M1128  K4M664 ]
       │
       ├──────────────────────────[ MOV  K4M1144  K4M680 ]
       │
       └──────────────────────────[ MOV  K4M1160  K2M696 ]
```

NT从站触点传送(4、5、6号线)

```
      M8000  M1196
194 ──┤├───┤├──────────────────────────────(M704 )
       │
       │   M1197
       ├────┤├──────────────────────────────(M705 )
       │
       │   M1201
       ├────┤├──────────────────────────────(M706 )
       │
       │   M1260
       └────┤├──────────────────────────────(M707 )
```

```
        M1261
        ┤├─────────────────────────────────────────────( M708 )

        M1265
        ┤├─────────────────────────────────────────────( M709 )

        M1324
        ┤├─────────────────────────────────────────────( M710 )

        M1325
        ┤├─────────────────────────────────────────────( M711 )

        M1329
        ┤├─────────────────────────────────────────────( M712 )


      M8002
222   ┤├──────────────────────────[ FROM   K0      K30     D77     K1 ]

      └─────────────────────────────[ CMP    K3020   D77     M4 ]

      M5
239   ┤├──────────────────────────[ T0     K0      K0      H0      K1 ]

      └─────────────────────────────[ T0     K0      K1      D80     K4 ]

      M8000
258   ┤├──────────────────────────[ M0V    D200    D0 ]
                                           频率设定

      └─────────────────────────────[ M0V    D300    D1 ]
                                           产量
```

```
269  M8000                                              ┌MUL  D200    K40    D80  ┐
     ─┤├─                                               │          频率设定        │

277  M8000   X023                                       ┌ INCP         D300 ┐
     ─┤├──────┤├─                                        │              产量   │
           出车到位
            信号

            M406                                        ┌RST          D300 ┐
            ─┤├─                                         │             产量   │
           产量清零

290  M8000                                                            (Y012 )
     ─┤├─

292  X026   X012    X024    X025    X027   M400                       ( M120 )
     ─┤├────┤├──────┤├──────┤├──────┤├─────┤├─                          启动
      启动   急停   变频报警  发车    停止   Q停止
                            电动机
                             报警
      M411
     ─┤├─
     Q1号启动

      M120
     ─┤├─
      启动

302  M012    M8013                                                    (Y011 )
     ─┤/├─────┤├─
      急停

      X025
     ─┤/├─
      发车
     电动机
      报警

      X024
     ─┤/├─
     变频报警

307  M120                                                             (Y010 )
     ─┤├─
      启动

                                                                      (Y000 )
                                                                      变频启动

                                                                      (Y005 )
                                                                        启动
```

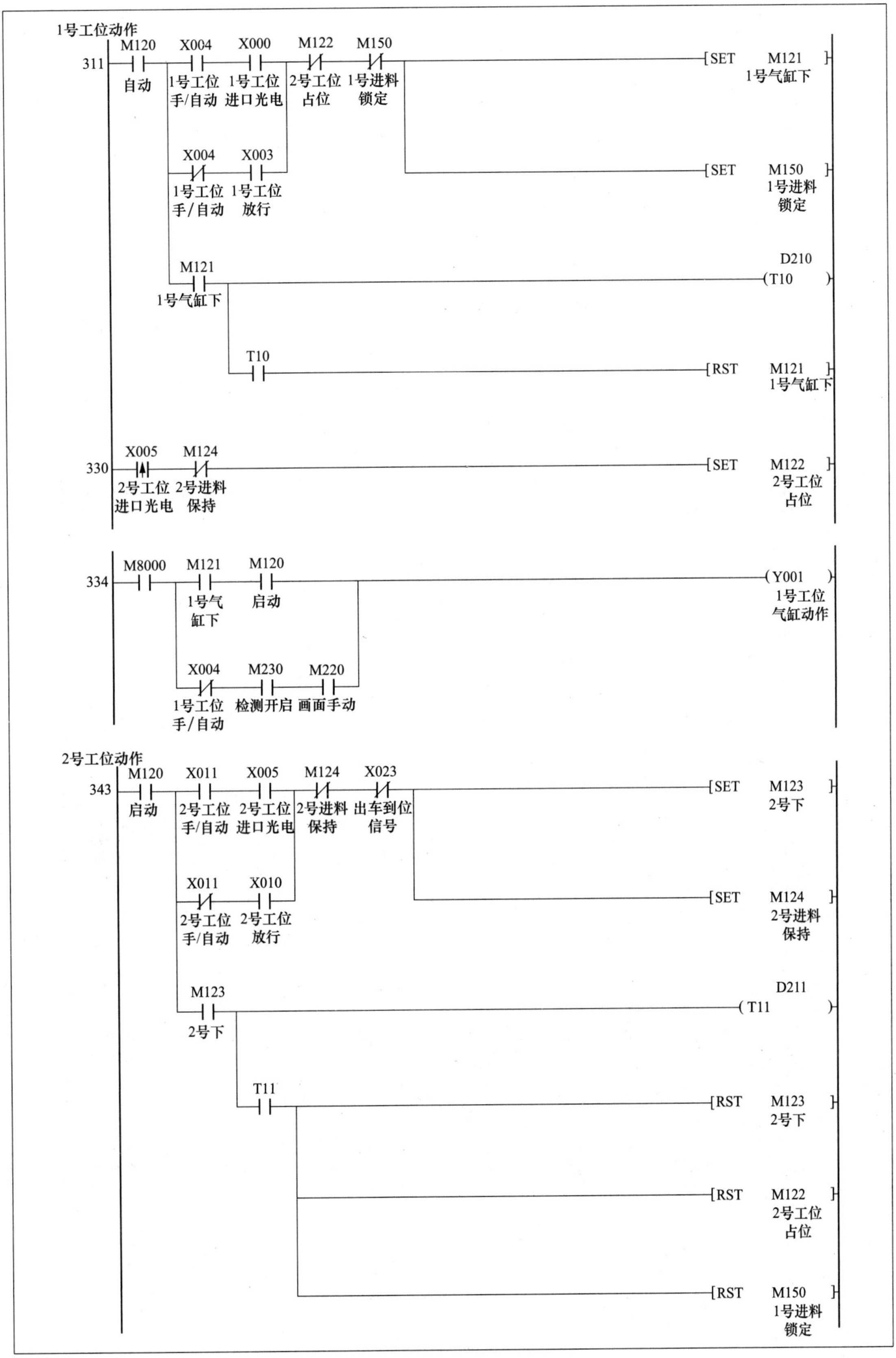
1号工位动作
311
M120 自动
X004 1号工位手/自动
X000 1号工位进口光电
M122 2号工位占位
M150 1号进料锁定
SET M121 1号气缸下
X004 1号工位手/自动
X003 1号工位放行
SET M150 1号进料锁定
M121 1号气缸下
D210
T10
T10
RST M121 1号气缸下
330
X005 2号工位进口光电
M124 2号进料保持
SET M122 2号工位占位
334
M8000
M121 1号气缸下
M120 启动
Y001 1号工位气缸动作
X004 1号工位手/自动
M230 检测开启
M220 画面手动
2号工位动作
343
M120 启动
X011 2号工位手/自动
X005 2号工位进口光电
M124 2号进料保持
X023 出车到位信号
SET M123 2号下
X011 2号工位手/自动
X010 2号工位放行
SET M124 2号进料保持
M123 2号下
D211
T11
T11
RST M123 2号下
RST M122 2号工位占位
RST M150 1号进料锁定

```
         M8000   M123                                              ( Y002    )
364      ┤├──────┤├──────┬──────────────────────────────────────  2号工位
                  2号下   │                                          气缸动作
                         │
                  X011   M230   M221
                  ┤├─────┤├─────┤├───┘
                  2号工位 检测开启
                  手/自动

顶升工位动作
         M120   X016   X013                                    ─[ SET    M125  ]─
372      ┤├─────┤/├─────┤├──────────────────────────────────────   顶升上升
         启动   顶升气缸 顶升气缸
                手/自动  光电

                        M125   X014                            ─[ SET    M130  ]─
                        ┤├─────┤├──────────┬──────────────────    发车
                        顶升   顶升气缸    │
                        上升   上位        │
                                          └──────────────────  ─[ RST    M125  ]─
                                                                   顶升上升

                        M130   X023                            ─[ RST    M130  ]─
                        ┤├─────┤├──────┬──────────────────────    发车
                        发车   出车到位  │
                               信号      │
                                        ├──────────────────   ─[ SET    M126  ]─
                                        │                        顶升下降
                                        │
                                        ├──────────────────   ─[ RST    M124  ]─
                                        │                        2号进料
                                        │                        保持
                                        │
                                        └──┐
                                        ┌──┘──────────────────  ─[ RST    M150  ]─
                                                                   1号进料
                                                                   锁定

         X015                                                  ─[ RST    M126  ]─
389      ┤├──────────────────────────────────────────────────    顶升下降
         顶升气缸
         下位

         M8000   X016   X020   X021   X014                     ─[ SET    M140  ]─
391      ┤├─────┤/├─────┤├─────┤/├─────┤/├────────────────────    手动上
                顶升气缸 顶升   顶升   顶升气缸
                手/自动  上升   下降   上位

                        X014                                   ─[ RST    M140  ]─
                        ┤├───────────────────────────────────    手动上
                        顶升气缸
                        上位
```

```
       X021   X020   X015                                          ┌ SET   M143 ┐
       ─┤├──  ─┤/├── ─┤/├──                                        └           ┘
       顶升    顶升   顶升气缸                                             手动下
       下降    上升    下位


       X015                                                        ┌ RST   M143 ┐
       ─┤├──                                                       └           ┘
       顶升气缸                                                           手动下
        下位


       X022                                                        ┌ SET   M141 ┐
       ─┤├──                                                       └           ┘
       顶升发车                                                           手动发车


       X023                                                        ┌ RST   M141 ┐
       ─┤├──                                                       └           ┘
       出车到位                                                           手动发车
        信号
```

```
      M8000  M125          Y006                                    ( Y003 )
 415  ─┤├──  ─┤├──         ─┤/├──                                  顶升气缸
             顶升上升       顶升下降                                   动作

              M140
             ─┤├──
             手动上

             X014   M254
             ─┤/├── ─┤├──
             顶升气缸 屏上控制
              上位

             X016   M230   M222                                    ┌ ALT   M254 ┐
             ─┤/├── ─┤├──  ─┤↑├──                                  └           ┘
             顶升气缸 检测                                                屏上控制
             手/自动  开启
```

```
      M126          Y003                                           ( Y006 )
     ─┤├──          ─┤/├──                                         顶升下降
     顶升下降        顶升气缸
                     动作

      M143
     ─┤├──
     手动下

      X015   M230   M254
     ─┤├──  ─┤├──  ─┤├──
     顶升气缸 检测   屏上
      下位   开启   控制
```

```
        M130                                                          ( Y004 )
        ├─┤├──┬──────────────────────────────────────────────────── 发车电动机
        发车  │
              │
        M141  │
        ├─┤├──┤
        手动发车│
              │
        X016  M230   M223
        ├─┤/├─┤├───┤├─┘
      顶升气缸 检测开启
      手/自动

       X027                                                              K30
 452   ├─┤├──┬────────────────────────────────────────────────────── ( T15 )
       停止  │
             │
             ├────────────────────────────────────────[RST    M140 ]
             │                                                手动上
             │
             └────────────────────────────────────────[RST    M141 ]
                                                              手动发车

       T15
 458   ├─┤├──┬────────────────────────────────────────[RST    M122 ]
             │                                              2号工位占位
             │
             └────────────────────────────────────────[RST    M124 ]
                                                              2号进料保持

       M120
 461   ├─┤├──┬──────────────────────────────[ZRST   M220    M223 ]
       启动  │                                     画面手动
             │
             └────────────────────────────────────────[RST    M230 ]
                                                              检测开启

       Y001
 468   ├─┤├──────────────────────────────────────────────────── (M200 )
     1号工位气缸
       动作

       Y002
 470   ├─┤├──────────────────────────────────────────────────── (M201 )
     2号工位气缸
       动作
```

第四节　自动生产线控制通信网络的应用与维护

　　PLC 与 PLC、PLC 与计算机、PLC 与人机界面以及 PLC 与其他智能装置间的通信，可提高 PLC 的控制能力及扩大 PLC 控制地域；可便于对系统进行监视与操作；可简化系统安装与维修；可使自动化从设备级，发展到生产线级，车间级，甚至于工厂级，实现在信息化基础上的自动化（e 自动化），为实现智能化工厂、透明工厂及全集成自动化系统提供技术支持。

一、工业控制中的通信类型及通信协议

（一）PLC 通信的目的
　　连接或联网是 PLC 通信的物质基础，而实现通信才是 PLC 联网的目的。PLC 通信的根本目的是交换数据，增强控制功能，实现控制的远程化、信息化及智能化。

（二）PLC 通信类型
　　PLC 的通信的对象有 PLC、计算机、人机界面及智能装置等。这些通信的实现，在硬件上，要使用连接或网络；在软件上，要有相应的通信程序。

　　当今 PLC、智能装置、人机界面及计算机一般都配备有通信串口，所以都可以通过各自的串口，机型一对一的连接，实现通信。如串口 RS-485 \ RS-422 的，也可以连成网络，以进行相互间通信。这是 PLC 连接或联网最简单的硬件条件。只是这个串口通信速度低，通信距离短，交换的数据量小，所以要有高性能的通信需要时，就要用到专门的通信网络。

1. 通信的基本类型
　　（1）并行通信。并行通信是将一个数据的每一个二进制位，均采用单独的导线进行传输，并将发送与接收方进行并行连接。并行通信连接如图 3-26 所示。

　　（2）串行通信。串行通信是通过一对连接导线，将发送与接收方进行连接，传输数据的每一个二进制位，按规定的顺序，在同一连接导线上，依次进行发送与接收。PLC 的通信一般都是用来串行通信。串行通信连接如图 3-27 所示。

2. 工厂自动化的网络通信
　　工厂自动化的网络通信示意图如图 3-28 所示。

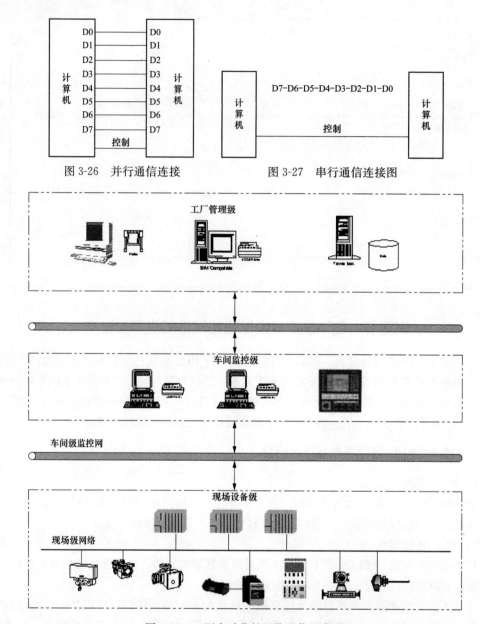

图 3-26 并行通信连接

图 3-27 串行通信连接图

图 3-28 工厂自动化的网络通信示意图

底层是 PLC 与现场仪器、仪表间的数据通信；中层是 PLC 与现场监控设备间的数据通信；上层是上位机网络之间的通信。

二、FX 系列 PLC 并联连接

（一）并联连接

1. 并联连接作用

并联连接就是连接 2 台同一系列的 FX 系列 PLC，进行软件间相互连接，信息互换的功能。FX 系列 PLC 并联连接如图 3-29 所示。

注意，两台 FX 系列 PLC 进行并联连接，首先要确定主站及从站 PLC。其中 FX0S 和 FX1 系列 PLC 不能进行并联连接。主从站的确定是通过特殊继电器来控制的。

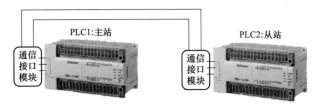

图 3-29　FX 系列 PLC 并联连接

2. 特殊辅助继电器及特殊数据寄存器

并联连接的特殊辅助继电器及特殊数据寄存器表见表 3-5。

表 3-5　　　　　　　　　　并联连接的特殊辅助继电器及特殊数据寄存器表

元件名	操作
M8070	为 ON 时 PLC 作为并行链接的主站
M8071	为 ON 时 PLC 作为并行链接的从站
M8072	PLC 运行在并行链接时为 ON
M8073	M8070 和 M8071 任何一个设置出错时为 ON
M8162	为 OFF 时为标准模式，为 ON 时为快速模式
D8070	并行链接的监视时间

比如，在图 3-29 中，若 PLC1 作为主站，则在 PLC1 中要使 M8070 为 ON。若 PLC2 作为从站，则在 PLC2 中要使 M8071 为 ON。M8072 及 M8073 作为并联连接时的一个状态信号，利用此信号的通/断，可以判断 2 个 PLC 是否正在并联连接状态。

3. 数据共享区

并联连接的数据共享区表见表 3-6。

表 3-6　　　　　　　　　　　并联连接的数据共享区表

模式	通信设备	FX2N(C)FX1N
标准模式	主站共享区	M800～M899、D490～D499
	从站共享区	M900～M999、D500～D509
快速模式	主站共享区	D490、D491
	从站共享器	D500、D501

共享区是 PLC1 及 PLC2 通信时使用的数据区，PLC 之间建立并联连接时，只能通过共享区内的数据范围进行通信。若使用标准模式，则在主站 PLC 内要使 M8162 为 OFF。若使用快速模式，则在主站 PLC 内要使 M8162 为 ON。

4. 适用于 FX 系列 PLC 进行并联连接的通信设备

并联连接还需要专门的通信设备，如 232/422/485 通信板，适配器等。适用于 FX 系统 PLC 进行并联连接的通信设备见表 3-7。

表 3-7　　　　　　适用于 FX 系列 PLC 进行并联连接的通信设备

FX 系列	通信设备（选件）		总延长距离
FX0N	FX2NC-485ADP （欧式端子排）	FX0N-485ADP （端子排）	500m

续表

FX 系列	通信设备（选件）	总延长距离
 FX1S	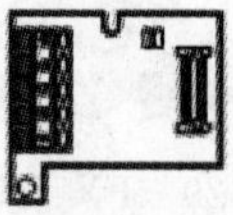 FX1N-485-BD （欧式端子排）	50m
	 FX1N-CNV-BD 　+　FX2NC-485ADP （欧式端子排） 　FX1N-CNV-BD 　+　FX0N-485ADP （端子排）	500m
 FX1N	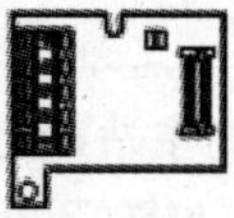 FX1N-485-BD （欧式端子排）	50m
	 FX1N-CNV-BD 　+　FX2NC-485ADP （欧式端子排） 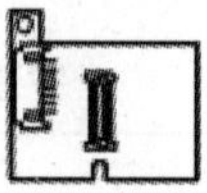　FX1N-CNV-BD 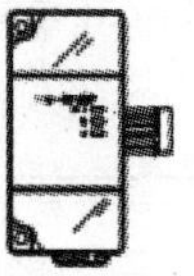　+　FX0N-485ADP （端子排）	500m
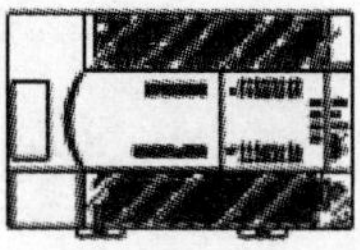 FX2N	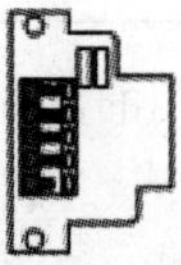 FX2N-485-BD	50m
	 FX2N-CNV-BD 　+　FX2NC-485ADP （欧式端子排） 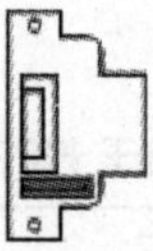　FX2N-CNV-BD 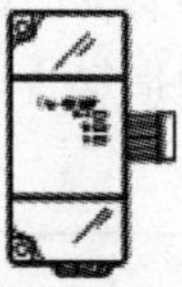　+　FX0N-485ADP （端子排）	500m

5. 并联连接通信的接线

（1）并联连接通信 1 对接线如图 3-30 所示。

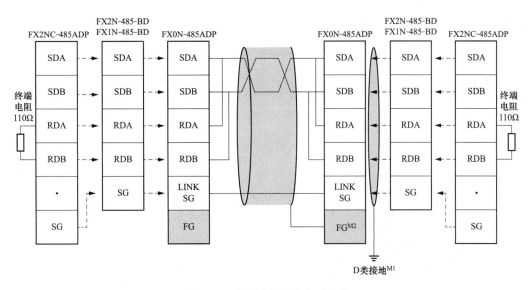

图 3-30 并联连接通信 1 对接线

（2）并联连接通信 2 对接线如图 3-31 所示。

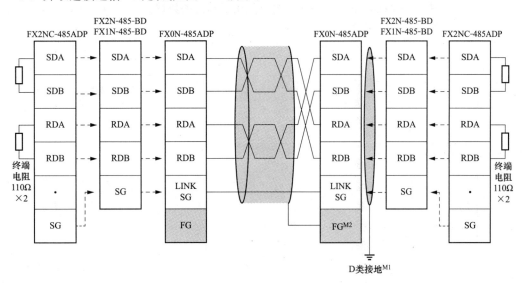

图 3-31 并联连接通信 2 对接线

【案例 3-12】2 个 FX2N 系列 PLC 进行并联连接

1. 控制要求

2 个 FX2N 系列 PLC 进行并联连接；按下主站 PLC 的 X000 控制从站的 Y0 一直亮；按下从站的 X3，控制主站的 Y1 闪烁。

2. 分析

（1）首先确定此案例是并联连接通信。

（2）确定通信设备（本案例采用 FX2N-232BD）。

（3）通信接线及通信程序。

（4）主站程序及说明。编写主站程序如下：

```
      M8000
  ───┤ ├──────────────────────────────────────────────( M8070 )
                                                          设置为主

      X000
  ───┤ ├──────────────────────────────────────────────( M800 )
      主站信号                                            主站共享区

      M900
  ───┤ ├─────────┬────────────────────────────────────( M1 )
      从站共享区   │                                       辅助信号

      M1          M8013
  ───┤ ├─────────┤ ├──────────────────────────────────( Y001 )
      辅助信号     闪烁信号                                 主站Y1
```

1）把主站的 X0 的状态送入主站的共享区 M800 内；从站中用 M800，即为主站的 M800，也即主站的 X0 的状态。

2）M900 为从站共享区，主站中用它，也就是用了从站的数据。

（5）从站程序及说明。编写从站程序如下：

```
      M8000
  ───┤ ├──────────────────────────────────────────────( M8071 )
                                                          设置为从站

      M800
  ───┤ ├─────────┬────────────────────────────────────( Y001 )
      主站共享区   │                                       从站Y0信号

      Y001        │
  ───┤ ├─────────┘
      从站Y0信号

      X003
  ───┤ ├──────────────────────────────────────────────( M900 )
      从站信号                                            从站共享区
```

1）M800 是主站中的数据，用它来控制从站的 Y000。

2）M900 是从站的数据，主站中用它，就是从站的数据，也就是从站的 X3 信号。

（二）N：N 网络功能

1. N：N 网络通信

N：N 网络通信就是在最多 8 台 FX 系列 PLC 之间，通过 RS-485 通信连接，进行软元件信息互换的功能。其中一台为主机，其余为从机（即主站与从站）。N：N 网络通信如图 3-32 所示。

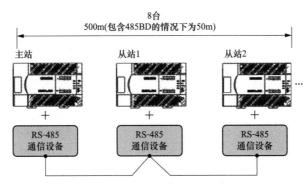

图 3-32 N：N 网络通信

　　N：N 网络通信时，也需要确定主站及从站。不是所有的 FX 系列 PLC 都具有并联连接的功能。其中 FX0S、FX1、FX2（C）系列 PLC 不能进行网络连接功能。在每台 PLC 的辅助继电器和数据寄存器中分别有一片系统制定的数据共享区，在此网络中的每台 PLC 都被指定分配自己的一块数据区。对于某一台 PLC 来说，分配给它的数据区会自动地传送到其他站的相同区域；同样，分配给其他 PLC 的数据区，也会自动地传送到此 PLC。

2. 特殊辅助继电器

有关特殊辅助继电器的说明见表 3-8。

表 3-8　　　　　　　　　　　　　　　特殊辅助继电器说明

属性	FX1S	FX1N　FX2N（C）	描述	响应类型
只读	M8038		用于 N：N 网络参数设置	主 \ 从站
只读	M504	M8183	有主站通信错误时为 ON	主站
只读	M505～M511	M8184～M8190	有从站通信错误时为 ON	主 \ 从站
只读	M503	M8191	有别的站通信时为 ON	主 \ 从站

　　M8038 是设置 N：N 网络链接的特殊继电器，具体用法见程序举例中。表 3-8 中，其他的继电器是作为 N：N 网络链接时的状态信号。一般编程中用途不是太大。

3. 特殊数据寄存器

有关特殊数据寄存器的说明见表 3-9。

表 3-9　　　　　　　　　　　　　　　特殊数据寄存器说明

属性	FX1S	FX1N　FX2N（C）	描述	响应类型
只读	D8173		保存自己的站号	主 \ 从站
只读	D8174		保存从站个数	主 \ 从站
只读	D8175		保存刷新范围	主 \ 从站
只写	D8176		设置站号	主 \ 从站
只写	D8177		设置从站个数	主
只写	D8178		设置刷新模式	主
读/写	D8179		设置重试次数	主
读/写	D8180		设置通信超时时间	主
只写	D201	D8201	网络当前扫面时间	主 \ 从站

续表

属性	FX1S	FX1N FX2N（C）	描述	响应类型
只写	D202	D8202	网络最大扫描时间	主＼从站
只写	D203	D8203	主站通信错误条数	从站
只写	D204~D210	D8204~D8210	1~7号从站通信错误条数	主＼从站
只写	D211	D8211	主站通信错误代码	从站
只写	D212~D218	D8212~D8218	1~7号从站通信错误代码	主＼从站

4. $N：N$ 的网络设置

$N：N$ 网络设置只有在程序运行或者 PLC 启动时才有效。

（1）设置工作站号（D8176）。D8176 的取值范围为 0~7，主站应设置为 0，从站设置为 1~7。如某 PLC 将 D8176 设为 0，则此 PLC 即为主站 PLC；某 PLC 将 D8176 设为 1，则此 PLC 即为 1号从站；某 PLC 将 D8176 设为 2，则此 PLC 即为 2 号从站，以此类推。

（2）设置从站个数（D8177）。该设置只适用于主站，D8177 的设定范围为 1~7 之间的值，默认值为 7。假设系统有 1 个主站，3 个从站，则在主站 PLC 中将 D8177 设置为 3。

（3）设置刷新范围（D8178）。刷新范围是指主站与从站共享的辅助继电器和数据寄存器的范围。刷新范围由主站的 D8178 来设置，可以设为 0、1、2 值，对应的刷新范围见表 3-10。

表 3-10   刷 新 范 围

通信元件	刷新范围		
	模式 0	模式 1	模式 2
	FX0N、FX1S、FX1N、FX2N（C）	FX1N、FX2N（C）	FX1N、FX2N（C）
位元件	0 点	32 点	64 点
字元件	4 点	4 点	8 点

（4）共享辅助继电器及数据寄存器表见表 3-11。

表 3-11   共享辅助继电器及数据寄存器表

站号	模式 0		模式 1		模式 2	
	位元件	4 点字元件	32 点位元件	4 点字元件	64 点位元件	8 点字元件
0	~	D0~D3	M1000~M1031	D0~D3	M1000~M1063	D0~D7
1	~	D10~D13	M1064~M1095	D10~D13	M1064~M1127	D10~D17
2	~	D20~D23	M1128~M1159	D20~D23	M1128~M1191	D20~D27
3	~	D30~D33	M1192~M1223	D30~D33	M1192~M1255	D30~D37
4	~	D40~D43	M1256~M1287	D40~D43	M1256~M1319	D40~D47
5	~	D50~D53	M1320~M1351	D50~D53	M1320~M1383	D50~D57
6	~	D60~D63	M1384~M1415	D60~D63	M1384~M1447	D60~D67
7	~	D70~D73	M1448~M1478	D70~D73	M1448~M1511	D70~D77

在 $N：N$ 网络链接中，必须确定刷新模式，否则通信用的共享继电器及寄存器都无法确定。默认情况下，刷新内模式为"模式 0"。

5. 网络连接通信的接线

$N：N$ 网络的接线采用 1 对接线方式，如图 3-33 所示。

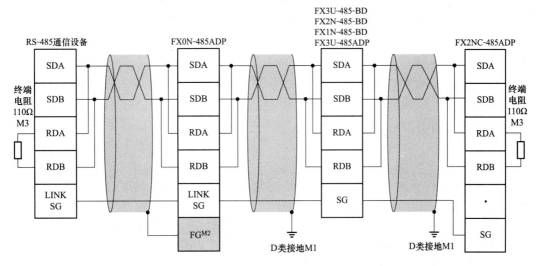

图 3-33　*N*∶*N* 网络的接线

【案例 3-13】 *N*∶*N* 网络编程

现有 3 台 FX2N 系列 PLC 通过 *N*∶*N* 网络交换数据。

1. 要求

（1）主站的 X0～X3 控制 1 号从站的 Y0～Y3。

（2）1 号从站的 X0～X3 控制 2 号从站的 Y14～Y17。

（3）2 号从站的 X0～X3 控制主站的 Y20～Y23。

2. 分析

（1）首先此项目是 3 个 FX 系列 PLC 之间通信，故可选择 *N*∶*N* 网络通信模式。

（2）要建立通信，首先要确定通信硬件设备，这里硬件选择 3 个 FX0N-485ADP，每个 PLC 配备一个。

（3）通信时的接线见图 3-33。

（4）编程。根据理论基础，确定主、从站，然后选择模式等，之后编写程序。

1）主站程序。主站程序如下：

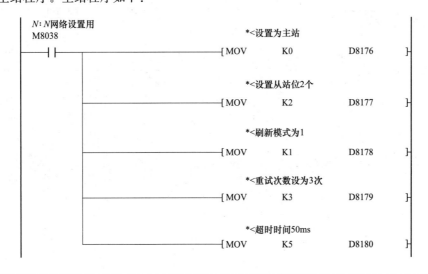

```
    M8000
    ┤├                              ─[ MOV        K1X000        K1M1000 ]
如果从站2通信正常
                                    *<把从站2的数据控制K1Y20
    M8185
    ┤├                              ─[ MOV        K1M1128       K1Y020 ]
```

2）从站 1 程序。从站 1 程序如下：

```
    M8038
    ┤├                              ─[ MOV        K1            D8176 ]
N：N网络设置                                              设置为1号从站

                                    *<从站的M1000~M1003控制从站1的K1Y0
    M8183
    ┤├                              ─[ MOV        K1M1000       K1Y000 ]
主站通信正常

                                    *<从站1的K1X0传给从站2的K1M1064
    M8185
    ┤├                              ─[ MOV        K1X000        K1M1064 ]
2号从站通信正常
```

3）从站 2 程序。从站 2 程序如下：

```
    M8038
    ┤├                              ─[ MOV        K2            D8176 ]
N：N网络设置                                              设置为2号从站

                                    *<从站2的X0~X3传送到K1M1128
    M8183
    ┤├                              ─[ MOV        K1X000        K1M1128 ]
主站通信正常

                                    *<从站1的K1M1064控制从站2的K1Y14
    M8184
    ┤├                              ─[ MOV        K1M1064       K1Y014 ]
1号从站通信正常
```

第四章

自动生产线设备的故障诊断、专项调试与维护

随着现代工业的发展，机电设备能否安全可靠地以最佳状态运行，对于确保产品质量、提高企业生产能力、保障安全生产等都具有十分重要的意义。要确保机电设备长期以最佳状态运行，就必须对设备运行状况进行日常的、连续的、规范的工作状态检查和测量，发现故障的部位和性质，寻找故障的起因，预报故障的趋势并提出相应的对策，这就用到了设备诊断技术。

第一节 自动生产线设备故障诊断仪器使用方法

一、故障诊断系统

一个故障诊断系统由工况状态监视与故障诊断两部分组成，系统的主要工作环节如图 4-1 所示。

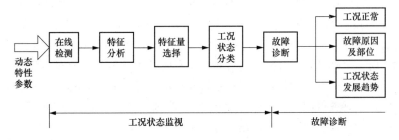

图 4-1 故障诊断系统的主要工作环节

故障诊断系统的一个完整诊断过程可以划分为 4 个基本环节，即信号获取（信息采集）、信号分析处理、工况状态识别和故障诊断。

1. 信号获取

根据具体情况选用适当的检测方式，将能反映设备工况的信号（某个物理量）测量出来。如可利用人的听、摸、视、闻或选用温度、速度、加速度、位移、转速、压力以及应力等不同种类的传感器来感知设备运行中能量、介质、力、热、摩擦等各种物理参数和化学参数的变化，并把有关信息传递出来。

2. 信号分析处理

直接检测到的信号包含了大量信息，其中许多与故障无关，这就需应用现代信号分析和数据处理方法把它转换为能表达工况状态的特征量。通过对信号的分析处理，找到工况状态与特征量的关系，把反映故障的特征信息和与故障无关的特征信息分离开来，达到"去伪存真"的目的。

97

3. 工况状态识别

工况状态识别就是状态分类问题，它的目的是区分工况状态是正常还是异常，或判断哪一部分正常，以便进行运行管理。

4. 故障诊断

故障诊断主要任务是针对异常工况，查明故障部位、性质、程度，综合考虑当前机组的实际运行工况、机组的历史资料和领域专家的知识，对故障作出精确诊断。诊断和监视不同之处是诊断时，精度放在第一位，而实时性是第二位。

二、故障简易诊断

故障简易诊断通常是依靠人的感官（视、听、触、嗅等）功能或一些简单的仪器工具实现的。这种诊断技术，充分发挥了相关人员在有关电机设备故障诊断时的经验及技术优势，因而在对一些常见设备进行故障诊断时，具有经济、快速、准确的特点。常用的简易诊断方法主要有听诊法、触测法和观察法等。

（一）听诊法

设备正常运转时，发生的声响总是具有一定的音律和节奏的，利用这一特点，通过人的听觉功能就能对比出设备是否产生了重、杂、怪、乱的异常噪声，从而判断设备内部是否出现了松动、撞击、不平衡等故障隐患；此外，用手锤敲打零件，零件无缺陷时声音清脆，内部有缩松时声音相对低沉，若内部有裂纹，则声音嘶哑。这是主要依靠人的感官的一种诊断方法，简单易行，且不受条件限制，但要求检视人员要有实践经验，而且只能作定性分析和判断，个人经验在判别故障的过程中起关键作用。

（二）触测法

用人手的触觉可以感知设备的温度、振动及间隙的变化情况。人手的触觉可以比较准确地分辨出 80℃ 以内的温度。如当机件温度在 0℃ 左右时，手感冰凉，若触摸时间较长会产生刺骨痛感；10℃ 左右时，手感较凉，但一般能忍受；20℃ 左右时，手感稍凉，随着接触时间延长，手感渐温；30℃ 左右时，手感微温，有舒适感；40℃ 左右时，手感较热，有微烫感觉；50℃ 左右时，手感较烫，若用掌心按的时间较长，会有汗感；60℃ 左右时，手感很烫，但一般可忍受 10s 的时间；70℃ 左右时，手感烫得灼痛，一般只能忍受 3s 的时间，并且手的触摸处会很快变红。为防止意外事故发生，触摸前先应判断温度是否在人手可接触的范围内，再采用合适的感触方式，以估计机件的温度情况，并且第一次试时一定要用手背去试触。

（三）观察法

观察法是利用人的视觉，通过观察设备系统及相关部分的一些现象，进行故障诊断的。观察法通过人眼直接进行观察，如可以观察设备上的机件有无松动、裂纹及其损伤；可以检查润滑是否正常，有无干摩擦和跑、冒、滴、漏现象；可以查看油箱沉积物中金属磨粒的多少、大小及特点，以判断相关零件的磨损情况；可以监测设备运行是否正常，有无异常现象发生；可以观看设备上安装的各种反映设备工作状态的仪表和测量工具了解数据的变化情况，判断设备工作状况等。把观察得到的各种信息进行综合分析后，就能对设备是否存在故障、故障部位、故障的程度及故障的原因作出判断。

三、振动诊断技术

（一）测振传感器

测振传感器俗称拾振器，其作用是将机械振动量转变为适于电测的电参量以进行测量。根据所测振动参量和频响范围的不同，测振传感器分为振动位移传感器、振动速度传感器和振动加速度传感器三大类，它们各自的频响范围大致如下：振动位移传感器 0～10kHz（电涡流位移传感器）、振动速度传感器 10Hz～2kHz（磁电式速度传感器）、振动加速度传感器 0～50kHz（压电加速度传感器）。

（二）信号记录仪器

信号记录仪器是用来记录和显示被测振动随时间的变化曲线或频谱图的，记录振动信号的仪器有光线示波器、电子示波器、磁带机、X-Y 记录仪和数据采集器等。目前在机械故障诊断领域中，使用最广泛的是数据采集器。

数据采集是现代化信号处理技术中一个必不可少的环节。因为模拟信号需要转换为数字信号后才能进行分析处理，而高性能的数据采集器能在测试现场将输入的模拟信号直接转换为数字信号并存储起来。随着计算机技术的飞速发展，基于 A/D 转换原理的数据采集器功能日渐强大，性能价格比越来越高，且能集记录与分析于一体，广泛应用于许多领域。

（三）信号分析与处理设备

机械故障诊断的结论最终要通过对采集信号的分析处理获得，用于信号分析与处理的设备分为通用型和专用型两大类。通用型信号分析与处理设备，是指通用计算机硬件及其信号分析与处理软件系统组成的设备；专用型信号分析与处理设备，则是指除通用型之外的其他各种信号分析与处理设备。

一般通用型信号分析与处理设备的各种功能主要是靠软件实现的，而专用型信号分析与处理设备有部分功能是靠硬件实现的。过去专用型设备在信号分析与处理的速度上具有一定的优势，但随着计算机软硬件技术突飞猛进的发展，这种优势已不复存在，相反，由于通用型系统能更快地享用计算机技术的最新成果，使得通用型系统不仅具有速度上的优势，在处理数据的容量等方面也更具优势。此外，通用型系统还具有组态灵活、造价较低等优点，所以近年来通用型系统发展很快，我国目前研制开发的机械设备故障诊断系统多为基于通用计算机的通用型信号分析与处理系统。

目前，绝大多数信号分析与处理系统，其信号处理的输出都具有图形（二维/三维、单色/彩色）输出功能，使得信号处理的结果更加直观明了。

四、温度诊断技术

（一）接触式测温方法

在机电设备的故障诊断与监测领域，根据测量时测温传感器是否与被测对象接触可将测温方式分为接触式测温和非接触式测温两大类。其中接触式测温是使传感器与被测对象接触，让被测对象与测温传感器之间通过热传导达到热平衡，然后根据测温传感器中的温度敏感元件的某一物性随温度而变化的特性来检测温度的。常用的接触测量法有热电阻法、热电偶法、集成温度传感法 3 种。

（二）非接触式测量

在工业领域中有许多温度测量问题用接触式测量方法无法解决，如高压输电线接点处的温度监测，炼钢高炉以及热轧钢板等运动物体的温度监测等。19 世纪末，根据物体热辐射原理进行温度检测的非接触式测温方法问世。但是由于当时感温元件的材料、制造技术等方面的原因，这种测温方式只能测量 800℃ 以上的高温。直到 20 世纪 60 年代后，由于红外线和电子技术的发展，使非接触式测温技术有了重大突破，促进了它在工业领域的应用。

五、油样分析与诊断技术

机电设备中的润滑油和液压油，由于其在工作中是循环流动的，油中包含着大量的由各种摩擦副产生的磨损残余物（磨屑或磨粒），这些残余物携带着丰富的关于机电设备运行状态的信息。

油样分析就是在设备不停机、不解体的情况下抽取油样，并测定油样中磨损颗粒的特性，对机器零部件磨损情况进行分析判断，从而预报设备可能发生的故障的方法。

1. 油样采集工作的原则

油样是油样分析的依据，是设备状态信息的来源。采样部位和方法的不同，会使所采取的油样中的磨粒浓度及其粒度分布发生明显的变化，所以采样的时机和方法是油样分析的重要环节。为保证所采油样的合理性，采取油样时应遵循以下几条基本原则。

（1）应始终在同一位置，同一条件下（如停机则应在相同的时间后）和同一运转状态（转速、载荷相同）下采样。

（2）应尽量选择在机器过滤器前并避免从死角、底部等处采样。

（3）应尽量选择在机器运转时，或刚停机时采样。

（4）如关机后采样，必须考虑磨粒的沉降速度和采样点位置，一般要求在油还处于热状态时完成采样。

（5）采油口和采样工具必须保持清洁，防止油样间的交叉污染和被灰尘污染，采样软管只用一次。

2. 油样采集的周期

油样采集周期应根据机器摩擦副的特性、机器的使用情况以及用户对故障早期预报准确度的要求而定。一般机器在新投入运行时，其采样间隔时间应短，以便于监测分析整个磨合过程；机器进入正常期后，摩擦副的磨损状态变得稳定，可适当延长采样间隔。如变速箱、液压系统等，一般每 500h 采一次油样；新的或大修后的机械在第一个 1000h 的工作期间内，每隔 250h 采一次油样；油样分析结果异常时，应缩短采样时间间隔。

六、无损检测技术

机器的零部件在制造过程中其内部常常会出现各种缺陷。如铸铁件常会有气孔、缩松以及夹砂、夹渣等现象；锻件常有烧裂、龟裂现象；型材常见皮下气孔、夹杂等现象；焊缝则常有裂纹、未焊透、未熔合、夹渣、夹杂、气孔以及咬边现象。由于这些缺陷深藏在零部件的内部，因此采用一般的检测方法很难发现，生产中由此引起的设备故障也很多。无损检测技术就是针对材料或零部件缺陷进行检测的一种技术手段。

无损检测是利用物体因存在缺陷而使某一物理性能发生变化的特点，在不破坏或不改变被检物体的前提下，实现对物体检测与评价的技术手段的总称。现代无损检测技术能检测出缺陷的存在，并且能对缺陷做出定性、定量评定。由于它独特的技术优势，因而在工业领域中得到了广泛应用。目前用于机器故障诊断的无损探伤方法有 50 多种，主要包括射线探伤、声和超声波探伤（声振动、声撞击、超声脉冲反射、超声成像、超声频谱、声发射和电磁超声等）、电学和电磁探伤、力学和光学探伤以及热力学方法和化学分析法。其中应用最广泛的是超声波探伤法、射线探伤法和磁粉探伤法等。

第二节　自动生产线低压电器设备控制回路检测技术与修配方法

一、电气系统故障检查的准备工作

（一）电气控制电路的主要故障类型

1. 电源故障

电源主要是指为电气设备及控制电路提供能量的功率源，是电气设备和控制电路工作的基础。电源参数的变化会引起电气控制系统的故障，在控制电路中电源故障一般占到 20% 左右。当发生电源故障时，控制系统会出现以下现象：电器开关断开后，电器两接线端子仍有电或设备外壳带电；系统的部分功能时好时坏，屡烧熔断器；故障控制系统没有反应，各种指示全无；部分电路工作正常，部分不正常等。

由于电源种类较多，且不同电源有不同的特点，不同的用电设备在相同的电源参数下有不同的故障表现，因此电源故障的分析查找难度很大。

2. 线路故障

导线故障和导线连接部分故障均属于线路故障。导线故障一般是由导线绝缘层老化破损或导线折断引起的；导线连接部分故障一般是由连接处松脱、氧化、发霉等引起的。当发生线路故障时，控制线路会发生接触不良、时通时断或严重发热等现象。

3. 元器件故障

在一个电气控制电路中，所使用的元器件种类有数十种甚至更多，不同的元器件，发生故障的模式也不同。从元器件功能是否存在，可将元器件故障分为元器件损坏和元器件性能变差两类。

（1）元器件损坏。元器件损坏一般是由工作条件超限、外力作用或自身的质量问题等原因引起的。它能造成系统功能异常，甚至瘫痪。这种故障特征一般比较明显，往往从元器件的外表就可看到变形、烧焦、冒烟、部分损坏等现象，因此诊断起来相对容易一些。

（2）元器件性能变差。故障的发生通常是由工作状况的变化，环境参量的改变或其他故障连带引起的。当电气控制电路中某个（些）元器件出现了性能变差的情况，经过一段时间的发展，就会发生元器件损坏，引发系统故障。这种故障在发生前后均无明显征兆，因此查找难度较大。

（二）电气系统故障查找的准备工作

由于现代机电设备的控制线路如同神经网络一样遍布于设备的各个部分，并且有大量的导线和各种不同的元器件存在，给电气系统故障查找带来了很大困难，使之成为一项技术性很强的工作。因此要求维修人员在进行故障查找前做好充分准备。通常准备工作的内容如下。

（1）根据故障现象对故障进行充分的分析和判断，确定切实可行的检修方案。这样做可以减少检修中盲目行动和乱拆乱调现象，避免原故障未排除，又造成新故障的情况发生。

（2）研读设备电气控制原理图，掌握电气系统的结构组成，熟悉电路的动作要求和顺序，明确各控制环节的电气过程，为迅速排除故障做好技术准备。实际中，为了电气控制原理图的阅读和检修中使用，通常对图纸要进行分区处理。即将整张图样的图面按电路功能划分为若干（一般为偶数）个区域，图区编号用阿拉伯数字写在图的下部；用途栏放在图的上部，用文字说明；图面垂直分区用英文字母标注。

二、现场调查和外观检查

现场调查和外观检查是进行设备电气维修工作的第一步，是十分重要的一个环节。对于设备电气故障来讲，维修并不困难，但是故障查找却十分困难，因此为了能够迅速地查出故障原因和部位，准确无误地获得第一手资料就显得十分重要。现场调查和外观检查就是获得第一手资料的主要手段和途径，其工作方法可形象地概括为以下 4 个步骤。

（一）"望"

故障发生后，往往会留下一些故障痕迹，查看时可以从下面几个方面入手。

1. 检查外观变化

检查外观变化，如熔断指示装置动作、绕组表面绝缘脱落、变压器油箱漏油、接线端子松动脱落、各种信号装置发生故障显示等。

2. 观察颜色变化

观察颜色变化，一些电气设备温度升高会带来颜色的变化，如变压器绕组发生短路故障后，变压器油受热由原来的亮黄色变黑、变暗；发电机定子槽楔的颜色也会因为过热发黑变色。

（二）"问"

向操作者了解故障发生前后的情况，一般询问的内容有：故障发生在开车前、开车后，还是发生在运行中？是运行中自行停车，还是发现异常情况后由操作者停下来的？发生故障时，设备工作在什么工作程序，按动了哪个按钮，扳动了哪个开关；故障发生前后，设备有无异常现象（如响声、气味、冒烟或冒火等）；以前是否发生过类似的故障，是怎样处理的等。通过询问往往能得到一些很有用的信息，有利于根据电气设备的工作原理来分析发生故障的原因。

（三）"听"

电气设备在正常运行和发生故障时所发出的声音有所区别，通过听声音可以判断故障的性质。如电动机正常运行时，声音均匀、无杂声或特殊响声；如有较大的"嗡嗡"声时，则表示负载电流过大；若"嗡嗡"声特别大，则表示电动机处于缺相运行（一相熔断器熔断或一相电源中断等）；如果有"咕噜咕噜"声，则说明轴承间隙不正常或滚珠损坏；如有严重的碰擦声，则说明有转子扫膛及鼠笼条断裂脱槽现象；如有"咝咝"声，则说明轴承缺油。

（四）"切"

"切"就是通过下面的方法对电气系统进行检查。

1. 用手触摸

用手触摸被检查的部位感知故障。如电机、变压器和一些电器元件的线圈发生故障时温度会明显升高，通过用手触摸可以判断有无故障发生。

2. 通、断电检查

（1）断电检查。检查前断开总电源，然后根据故障可能产生的部位逐步找出故障点。具体做法是：①除尘和清除污垢，消除漏电隐患；②检查各元件导线的连接情况及端子的锈蚀情况；③检查磨损、自然磨损和疲劳磨损的弹性件及电接触部件的情况；④检查活动部件有无生锈、污物、油泥干涸和机械操作损伤。

对以前检修过的电气控制系统，还应检查换装上的元器件的型号和参数是否符合原电路的要求，连接导线型号是否正确，接法有无错误，其他导线、元件有无移位、改接和损伤等。

电气控制电路在完成以上各项检查后，应将检查出的故障立即排除，这样就可消除漏电，接触不良和短路等故障或隐患，使系统恢复原有功能。

（2）通电检查。若断电检查没有找出故障，可对设备做通电检查。

1）检查电源。用校火灯或万用表检查电源电压是否正常，有无缺相或严重不平衡的情况。

2）检查电路。电路检查的顺序是先检查控制电路，后检查主电路；先检查辅助系统，后检查主传动系统；先检查交流系统，后检查直流系统；先检查开关电路，后检查调整系统。也可按照电路动作的流程，断开所有开关，取下所有的熔断器，然后从后向前，逐一插入要检查部分的熔断器，合上开关，观察各电气元件是否按要求动作，这样逐步地进行下去，直至查出故障部位。

3）通电检查时，也可根据控制电路的控制旋钮和可调部分判断故障范围。由于电路都是分块的，各部分相互联系，但又相互独立，根据这一特点，按照可调部分是否有效，调整范围是否改变、控制部分是否正常，相互之间联锁关系能否保持等，大致确定故障范围。然后再根据关键点的检测，逐步缩小故障范围，最后找出故障元件。

3. 分清主次，按步检修

对多故障并存的电路应分清主次，按步检修。有时电路会同时出现几个故障，这时就需要检修人员根据故障情况及检修经验分出哪个是主要故障，哪个是次要故障；哪个故障易检查排除，哪个故障较难排除。检修中，要注意遵循分析—判断—检查—修理的基本规律，及时对故障分析和判断的结果进行修正，本着先易后难的原则，逐个排除存在的故障。

三、利用仪表和诊断技术确定故障

（一）利用仪表确定故障

1. 线路故障的确定

利用仪器仪表确定故障的方法称为检测法，比较常用的仪表是万用表。使用万用表，通过对电压、电阻、电流等参数的测量，根据测得的参数变化情况，即可判断电路的通断情况，进而找出故障部位。

（1）电阻测量法。

1）分阶测量法。电阻分阶测量法如图 4-2 所示。

【案例 4-1】电阻分阶测量法

1. 电路故障现象

按下启动按钮 SB2，接触器 KM1 不吸合，如图 4-2 所示。

2. 测量方法

首先要断开电源，然后把万用表的选择开关转至电阻 "Ω" 挡。按下 SB2 不放松，测量 2-7 两点间的电阻，如电阻值为无穷大，说明电路断路。再分步测量 1-2、1-3、1-4、1-5、1-6 各点间的电阻值，当测量到某标号间的电阻值突然增大，则说明该点的触头或连接导线接触不良或断路。

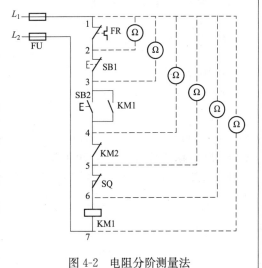

图 4-2　电阻分阶测量法

这种测量方法像上台阶一样，所以称为分阶测量法。不同电气元件及导线的电阻值不同，因此判定电路及元器件是否有故障的电阻值也不相同。如测量一个熔断器管座两端，若其阻值小于 0.5Ω，则认为是正常的；而阻值大于 $10k\Omega$ 认为是断线不通；若阻值在几个欧姆或更大，则可认为是接触不良。但这个标准对于其他元件或导线是不适用的。表 4-1 列出了常用元器件及导线阻值范围供使用中参考。

表 4-1　　　　　　　　　　　　　常用元器件及导线阻值范围

名称	规格	电阻
铜连接导线	10m，1.5mm^2	$<0.012\Omega$
铝连接导线	10m，1.5mm^2	$<0.018\Omega$

续表

名称	规格	电阻
熔断器	小型玻璃管式，0.1A	<3Ω
接触器触头		<3Ω
接触器线圈		接触器线圈
小型变压器绕组	≤10kW	10Ω～9kΩ
	低压侧绕组	数欧
电动机绕组	≤10kW	1～10Ω
	≤100kW	0.05～1Ω
	>100kW	0.001～0.1Ω
灯泡	220V、40W	90Ω
电热器具	900W	50Ω
	2000W	20～30Ω

2) 分段测量法。电阻分断测量法如图 4-3 所示。

【案例 4-2】电阻分段测量法

1. 电阻故障现象

同上例，按下启动按钮 SB2，接触器 KM1 不吸合。

2. 测量方法

首先切断电源，按下启动按钮 SB2，然后逐段测量相邻两标号点 1-2、2-3、3-4、4-5、5-6 间的电阻值，见图 4-3。如测得某两点间的电阻值很大，说明该段的触头接触不良或导线断路。如当测得 2-3 两点间的电阻值很大时，说明停止按钮 SB1 接触不良或连接导线断路。

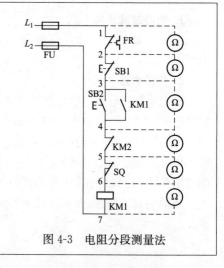

图 4-3　电阻分段测量法

---

3) 注意事项。电阻测量法具有安全性好的优点，使用该方法时应注意以下几点：

a. 一定要断开电源。

b. 如被测电路与其他电路并联时，必须将该电路与其他电路断开，否则会影响所测电阻值的准确性。

c. 测量高电阻值电器元件时，把万用表的选择开关旋至适合的"Ω"挡。

(2) 电压测量法。

1) 分阶测量法。电压分阶测量法如图 4-4 所示，测量时，把万用表转至交流电压 500V 挡位上。

【案例 4-3】电压分阶测量法

1. 电路故障现象

按下启动按钮 SB2，接触器 KM1 不吸合。

---

2. 检测方法

首先用万用表测量 1-7 两点间的电压，若电路正常应为正常电压（本例设为 380V）。然后，按下启动按钮不放，同时将黑色表棒接到点 7 上，红色表棒按点 6、5、4、3、2 标号依次向前移动，分别测量 7-6、7-5、7-4、7-3、7-2 各阶之间的电压，见图 4-4。电路正常情况下，各阶的电压值均为 380V。如测到 7-6 之间无电压，说明是断路故障，此时可将红色表棒向前移，当移至某点（如点 2）时电压正常，说明点 2 以前的触头或接线是完好的，而点 2 以后的触头或连线有断路。一般此点（点 2）后第一个触头（即刚跨过的停止按钮 SB1 的触头）或连接线断路。分阶测量法所测电压值及故障原因见表 4-2。

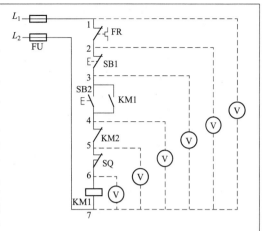

图 4-4　电压分阶测量法

表 4-2　　　　　　　　　　分阶测量法所测电压值及故障原因

故障现象	测试状态	7-6	7-5	7-4	7-3	7-2	7-1	故障原因
按下 SB2 时 KM1 不吸合	按下 SB2 不放松	0	380V	380V	380V	380V	380V	SQ 触头接触不良
		0	0	380V	380V	380V	380V	KM2 动断（常闭）触头接触不良
		0	0	0	380V	380V	380V	SB2 接触不良
		0	0	0	0	380V	380V	SB1 接触不良
		0	0	0	0	0	380V	FR 动断（常闭）触头接触不良

分阶测量法既可向上测量（即由点 7 向点 1 测量），又可向下测量（即依次测量 1-2，1-3，1-4，1-5，1-6）。向下测量时，若测得的各阶电压等于电源电压，则说明刚测过的触头或连接导线有断路故障。

2）分段测量法。电压分段测量法如图 4-5 所示。

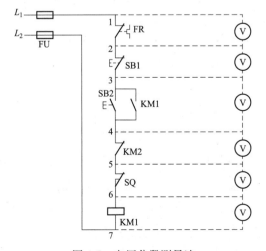

图 4-5　电压分段测量法

【案例 4-4】电压分段测量法

1. 电路故障现象

同上例,按下启动按钮 SB2,接触器 KM1 不吸合。

2. 检测方法

先用万用表测试 1-7 两点,电压值为 380V,说明电源电压正常。然后将万用表红、黑两根表棒逐段测量相邻两标号点,即 1-2、2-3、3-4、4-5、5-6、6-7 间的电压。若电路正常,则除 6-7 两点间的电压等于 380V 之外,其他任何相邻两点间的电压值均为零。如测量到某相邻两点间的电压为 380V 时,说明这两点间所包含的触头、连接导线接触不良或有断路。如若标号 4-5 两点间的电压为 380V,说明接触器 KM2 的常闭触头接触不良。分段测量法所测电压值及故障原因见表 4-3。

表 4-3　　　　　　　　　分段测量法所测电压值及故障原因

故障现象	测试状态	1-1	2-3	3-4	4-5	5-6	故障原因
按下 SB2 时 KM1 不吸合	按下 SB2 不放松	380V	0	0	0	0	FQ 动断(常闭)触头接触不良
		0	380V	0	0	0	SB1 接触不良
		0	0	380V	0	0	SB2 接触不良
		0	0	0	380V	0	KM2 动断(常闭)触头接触不良
		0	0	0	0	380V	SQ 触头接触不良

(3)利用短接法确定故障。短接法是用一根绝缘良好的导线,把所怀疑的部位短接,如电路突然接通,就说明该处断路。短接法可分为局部短接法和长短接法两种。

1)局部短接法。局部短接法如图 4-6 所示。

【案例 4-5】局部短接法

1. 故障现象

同上例,按下启动按钮 SB2,接触器 KM1 不吸合。

2. 检测方法

检查前先用万用表测量 1-7 两点间的电压值,若电压正常,可按下启动按钮 SB2 不放松,然后用一根绝缘好的导线,分别短接到某两点时,如短接 1-2、2-3、3-4、4-5、5-6,见图 4-6。当短接到某两点时,接触器 KM1 吸合,说明断路故障就在这两点之间。局部短接法短接部位及故障原因见表 4-4。

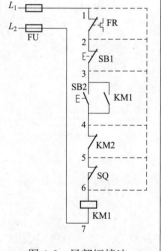

图 4-6　局部短接法

表 4-4　　　　局部短接法短接部位及故障原因

故障现象	短接点标号	KM1 动作	故障原因
按下启动按钮 SB2,接触器 KM1 不吸合	1-2	KM1 吸合	FR 动断(常闭)触头接触不良
	2-3	KM1 吸合	SB1 动断(常闭)触头接触不良
	3-4	KM1 吸合	SB2 动合(常开)触头接触不良
	4-5	KM1 吸合	KM2 动断(常闭)触头接触不良
	5-6	KM1 吸合	SQ 动断(常闭)触头接触不良

2）长短接法。长短接法是指一次短接两个或多个触头，来检查故障的方法，如图 4-7 所示。上例中，当 FR 的常闭触头和 SB1 的常闭触头同时接触不良，如用上述局部短接法短接 1-2 点，按下启动按钮 SB2，KM1 仍然不会吸合，故可能会造成判断错误；而采用长短接法将 1-6 短接，如 KM1 吸合，说明 1-6 这段电路上有断路故障，然后再用局部短接法来逐段找出故障点。

长短接法的另一个作用是可把找故障点缩小到一个较小的范围。如，上例中，第一次先短接 3-6，KM1 不吸合，再短接，1-3，此时 KM1 吸合，这说明故障在 1-3 间范围内。所以利用长、短结合的短接法，能很快地排除电路的断路故障。

3）注意事项。使用短接法检查故障时应注意下述几点。

a. 短接法是用手拿绝缘导线带电操作的，所以一定要注意安全，避免触电事故发生。

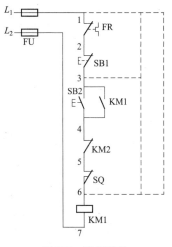

图 4-7　长短接法

b. 短接法只适用于检查压降极小的导线和触头之类的断路故障。对于压降较大的电器，如电阻、线圈、绕组等断路故障，不能采用短接法，否则会出现短路故障。

c. 在确保电气设备或机械部位不会出现事故的情况下才能使用短接法。

2. 元件故障的查找确定

（1）电阻元件故障的查找。电阻元件的参数有电阻和功率。对怀疑有故障的电阻元件，可通过测量其本身的阻值加以判定。测量电阻值时，应在电路断开电源的情况下进行，且被测电阻元件最好与原电路脱离，以免因其他电路的分流作用，使流过电流表的电流增大，影响测量准确性。

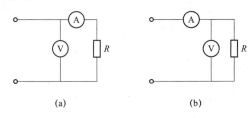

图 4-8　伏安法测电阻的接线方式

（a）高阻元件接法；（b）低阻元件接法

测量电阻元件的热态电阻采用伏安法，即在电阻元件回路中串接一只电流表，并联一只电压表，在正常工作状态下，分别读出二者数值，然后按欧姆定律求出电阻值。考虑电流表和电压表内阻的影响，对高阻元件和低阻元件应采用不同的接法。伏安法测电阻的接线方式如图 4-8 所示。

对于阻值较小且需要精确测量的电阻阻值，应采用电桥法进行测量。阻值在 10Ω 以上的可使用单臂电桥，阻值在 10Ω 以下的应使用双臂电桥。所测电阻为

$$R = kr \tag{4-1}$$

式中，R 为被测电阻；k 为电桥倍率；r 为电桥可调电阻值。

（2）电容元件的故障查找。电容元件的参数有容量、耐压、漏电阻、损耗角等，一般只需测量容量和漏电阻（或漏电流）两个参数，如满足要求，则可认为元件正常。测电容的容量可用电阻表简单测算。根据刚加电瞬间指针的偏摆幅度，大致估计出电容的大小；等指针稳定后，指针的读数即为漏电阻。但要精确测量，需使用专门的测电容仪表。用电阻表测电容时的故障判断见表 4-5。

表 4-5　　　　　　　　　　　　　　用电阻表测电容时的故障判断

序号	欧姆表指针动作现象	电容器情况
1	各挡指针均没有反应	电容器容量消失或断路
2	低阻挡没有反应，高阻挡有反应	电容器容量减小

续表

序号	欧姆表指针动作现象	电容器情况
3	开始时表针向右偏转，然后逐渐回偏，最后指向无穷大处	基本正常
4	开始时表针向右偏转，然后逐渐回偏，最后不能指向无穷大处	电容器漏电较大
5	指针迅速向右偏转，且固定地指向某一刻度	电容器容量消失且漏电较大
6	指针向右偏转，逐渐回偏后，又向右偏转	电容器存在不稳定漏电流，漏电流随电压、温度等变化很大
7	指针迅速反偏，出现"打表"现象	电容器有初始电压，且该电压方向与电阻表内电池极性方向相反，应放电后再测
8	指针迅速正偏，出现"打表"现象	电容器有初始电压，且该电压方向与电阻表内电池极性方向相同，应放电后再测

（3）电感元件的故障查找。电感元件的基本参数有电感、电阻、功率和电压等。在实际测量时，一般可只核对直流电阻和交流电抗，如无异常，则可认为电感元件没有故障。电感元件的测量方法有电阻表测量法和伏安法两种。

1）电阻表的测量法。由于电感元件可以等效为一个纯电阻和纯电感的组合，因此可以用电阻表大致估算电感量的大小。表的指针向右偏转的速度越快，说明电感量越小，指针向右偏转的速度越慢，说明电感量越大；当指针稳定后，所指示的数值即为电感元件的直流电阻值。

2）伏安法。为了实现对电感元件的准确测量，除可采用专门的仪器外，还可使用伏安法。伏安法的接线与测电阻时的伏安法接线基本相同，计算公式为

$$Z = U/I \tag{4-2}$$

式中，Z 为测量频率下的阻抗，V；U 为交流电压，V；I 为交流电流，A。

电感元件的阻抗与直流电阻和交流电抗之间的关系为

$$Z = \sqrt{X_{\text{L}}^2 + R^2} \tag{4-3}$$

式中，X_{L} 为测量频率下的电抗，Ω；R 为直流电阻，Ω。

电感元件的电感量与电抗之间的关系为

$$L = \frac{X_{\text{L}}}{\omega} = \frac{X_{\text{L}}}{2\pi f} \tag{4-4}$$

式中，L 为电感元件的电感量，H；ω 为测量频率对应的角速度，rad/s；f 为测量频率，Hz。

按照以上公式，可以根据测得的直流电阻和交流电抗，求出电感元件的电感量，判断出电感元件的好坏。电感元件故障与参数变化见表 4-6。

表 4-6　　　　　　　　　　　　电感元件故障与参数变化

序号	故障种类	参数变化情况
1	匝间短路	直流电阻减小，电感量减小
2	铁心层间绝缘损坏	直流电阻不变，电感量减小，被测元件有功功率增加
3	断路	直流电阻为无穷大
4	短路	直流电阻为零
5	介质损耗增加	直流电阻不变，电感量减小不明显，只有在高频时，电感量减少才较为明显，且被测元件有功功率增加

（二）利用经验确定故障

1. 弹性活动部件法

弹性活动部件法主要用于活动部件，如接触器的衔铁、行程开关的滑轮臂、按钮等的故障检查。这种方法通过反复弹压活动部件，检查哪些部件动作灵活，哪些有问题，以找出故障部位。另外通过对弹性活动件的反复弹压，会使一些接触不良的触头得到摩擦，达到接触、导通的目的。如对于长期没有启用的控制系统，启用前，采用弹压活动部件法全部动作一次，可消除动作卡滞与触头氧化现象。对于因环境污物较多或潮气较大而造成的故障，也应使用这一方法。但必须注意，采用这种方法，故障的排除常常是不彻底的，要彻底排除故障，还需采用另外的措施。

2. 电路敲击法

电路敲击法是在电路带电状态下进行故障确定的。检查时可用一只小的橡皮锤，轻轻敲击工作中的元件。如果电路故障突然排除，或者故障突然出现，都说明被敲击元件附近或者是被敲击元件本身存在接触不良现象。

3. 黑暗观察法

黑暗观察法适用于电路存在接触不良故障时，此时在电源电压作用下，常产生火花并伴随着一定的声响。因为火花和声音一般比较微弱，因此应在比较黑暗和安静的情况下，观察电路有无火花产生，聆听是否有放电时的"嘶嘶"声或"劈啪"声。如果有火花产生，则可以肯定，产生火花的地方存在着接触不良或放电击穿的故障。

4. 测温法

温度异常时，元件性能常发生改变，同时元件温度的异常也反映了元件本身存在过载、内部短路等现象。实际中可采用测温法如感温贴片或红外辐射测温计等进行温度测量。感温贴片是一种温度不同而变色的薄膜，具有一定的变色温度点，超过这一温度，感温贴片就会改变颜色（如鲜红色）。将具有不同变色温度点的感温贴片贴在一起，通过颜色的变化情况，就可以直接读出温度值。目前生产的感温贴片通常是每 5℃一个等级，因此用感温贴片可读出 ±5℃的温度值。

5. 元件替换法

对被怀疑有故障的元件，可采用替换的方法进行验证，即元件替换法。如果故障依旧，说明故障点怀疑不准，可能该元件没有问题。但如果故障排除，则说明该元件及其相关电路部分存在故障，应加以确认。

6. 对比法

如果电路有两个或两个以上的相同部分时，可以对两部分的工作情况进行对比。因为两个部分同时发生相同故障的可能性很小，因此通过比较，可以方便地测出各种情况下的参数差异，通过合理分析，即可确定故障范围和故障情况。如根据相同元件的发热情况、振动情况以及电流、电压、电阻及其他数据，可以确定该元件是否过载、电磁部分是否损坏、线圈绕组是否有匝间短路、电源部分是否正常等。

7. 交换法

当有两个及以上相同的电气控制系统时，可把系统分成几个部分，将不同系统的部件进行交换。当换到某一部分时，电路恢复正常工作，而将故障部分换到其他设备上时，该设备也出现了相同的故障，则说明故障就在该部分。同理，当控制电路内部存在相同元件时，也可将相同元件调换位置，检查相应元件对应的功能是否得到恢复，故障是否又转到另外的部分。如果故障转到另外的部分，则说明调换元件存在故障，如果故障没有变化，则说明故障与调换元件没有关系。

8. 加热法

当电气故障与开机时间呈一定的对应关系时，可采用加热法促使故障更加明显。因为随着开机时间的增加，电气线路内部的温度上升，在温度的作用下，电气线路中的故障元件的电气性能发生改变，因而引起故障。因此采用加热法，可起到诱发故障的作用。具体做法是使用电吹风或其他加热方式，对怀疑元件进行局部加热，如果诱发故障，说明被怀疑元件存在故障，如果没有诱发故障，则说明被怀疑元件可能没有故障，从而起到确定故障点的作用。使用这一方法时应注意安全，加热面不要太大，温度不能过高，以达到电路正常工作时所能达到的最高温度为限，否则可能会造成绝缘材料及其他元件损坏。

9. 分割法

首先将电路分成几个相互独立的部分，弄清其间的联系方式，再对各部分电路进行检测，确定故障的大致范围。然后再将电路存在故障的部分细分，对每一小部分再进行检测，确定故障的范围，继续细分至每一个支路，最后将故障查出来。

（三）电气故障的快速查找法

工作中有时很小的一个故障，查找也十分费力，特别是走线分布复杂，控制功能多样，元件多，分布广的无图纸线路，要查找故障的难度就更大。碰到这样的情况，发生故障后如何做到快速查找呢？可按以下步骤进行。

1. 检查线路状况

由于布线工艺的要求，故障往往发生在导线接头处，导线中间极少发生，因此可首先检查导线接头，看有无松脱、氧化、烧黑等现象，并适当用力晃动导线，再紧固压紧螺钉，如有接触不良，应立即接好，如导线松脱，可首先恢复。然后检查是否有明显的损伤元件，如烧焦、变形等，遇到这类元件，应及时更换，以缩小故障范围，便于下一步故障的查找。

2. 检查电源情况

控制电路检查无误后，方可通电检查，通电时主要检查外部电源情况，是否缺相，电压是否正常，必要时可检查相序和频率。熔断器是否正常是检查电源的一个很重要的工作，在控制电路电源故障中，熔断器故障占了相当比例。电源正常后，如果控制电路仍有故障，可进行下一步骤检查。

3. 对易查件进行检查

检查按钮按下时，动合（常开）触头、动断（常闭）触头是否有该通不通、该断不断的现象，接触器动作是否灵活，触头接触是否良好，保护元件是否动作等，必要时可多次操作进行验证。一般触头闭合时，接触电阻小于 15Ω 即认为是导通状态，大于 $100k\Omega$，则认为是断开状态。如果没有外电路影响，阻值又介于 15Ω 与 $100k\Omega$ 之间则应进行处理，以消除绝缘不良或接触不良的现象。

对于行程开关和其他检测元件，要试验其动作是否正常灵活，输出信号是否正常。因为它们是自动控制电路动作的依据，它们状态如不正常，则整个控制系统工作也不会正常。

经过以上检查后，如果仍不能解决问题，那就需要按图分析查线计算了。应按主回路确定元件名称、性质和功能，以便为控制回路粗略地划分功能范围提供条件。

四、故障的排除与修理

（一）绝缘不良

导线绝缘损坏后，易发生漏电、短路、打火等故障，其排除方法应视不同情况而定。

1. 由污物渗入到导线接头内部引发的绝缘不良故障

由污物渗入到导线接头内部引发的绝缘不良故障，其处理方法是在断电的情况下，用无水酒精或其他易挥发无腐蚀的有机溶剂进行擦洗，将污渍清除干净即可。清洗时应注意3个问题：①溶剂的含水量一定要低，否则会因水分过多，造成设备生锈、干燥缓慢、绝缘材料吸水后性能变差等；②要注意防火，操作现场不允许有暗火和明火；③要选择合适的溶剂，不能损坏原有的绝缘层、标志牌、塑料外壳的亮光剂等。

2. 由老化引起的绝缘不良故障

由老化引起的绝缘不良故障是绝缘层在高温及有腐蚀的情况下长期工作造成的。绝缘老化发生后，常伴有发脆、龟裂、掉渣、发白等现象。遇到这种现象，应立即更换新的导线或新的元件，以免造成更大的损失。同时，还应查出绝缘老化的原因，排除诱发绝缘老化的因素。若是因为导线过热引发的绝缘老化，除应及时排除故障外，还应注意检查导线接头处包裹的绝缘胶带是否符合要求。通常绝缘胶带的厚度以3~5层为宜，不能过厚，否则接头处热量不易散发，很容易引起氧化和接触不良的现象。包裹时还应注意不能过疏、过松，要密实，以便防水防潮。裸露的芯线要修理好，线芯压好，不允许有翘起的线头、毛刺、棱角，以防刺破绝缘胶带造成漏电。

3. 外力造成的绝缘损坏故障

发生外力造成的绝缘损坏故障时，应更换整根导线。如果外力不易避免，则应对导线采取相应的保护措施，如穿上绝缘套管、采用编织导线或将导线盘成螺旋状等。如果不能立即更换导线，作为应急措施，也可用绝缘胶带对受伤处进行包扎，但必须在工作环境允许时才能采用。

（二）导线连接故障

遇到导线连接故障，即导线接触不良时，首先应清除导线头部的氧化层和污物，然后再清除固定部分的氧化层，再重新进行连接。连接时应注意以下几点。

（1）避免两种不同的金属如铝和铜直接相连接，可采用铜铝过渡板。

（2）对于导线太细、固定部分空间过大造成的压不紧情况，可将导线来回折几下，形成多股，或将导线头部弯成回形圈然后压紧，必要时可另加垫圈。

（3）当导线与固定部分不易连接时，可在导线上搪一层锡，固定部分也搪一层锡，一般就能接触良好。

（4）对特殊情况下的大电流长时间工作连线，为了增加其连接部分导电性能，可用锡焊将导线直接焊在一起。此外，采用较大的固定件（以利散热）、加一定的凡士林（以利隔绝空气）、增加导线的紧固力等，都能改善连接部分的导电性能。

（5）导线连接时，所有接头应在接线擎上进行，不得在导线中间剥皮连接，每个接线柱接线一般不得超过两根。导线弯弧形弯时，应按顺时针方向套在接线柱上，避免因螺帽拧紧时导线松脱。

（6）弱电连接比强电连接对可靠性的要求高。因为弱电电压低，不易将导线之间微弱空气间隙和微小杂质击穿，所以一般应采用镀银插件，导线焊接的方式。

（7）在特殊情况下，对于电炉丝的连接，宜在加热丝弹簧中卡入一截面合适的铝丝作为引出线，然后再用螺栓（以增加散热能力）与外引线相连。因为铜丝熔点高，又易于氧化，生成的氧化铜几乎不导电，故不宜用作与电热元件直接连接的引出导线。

（8）对于细导线连接故障，如万用表表头线圈一般应予更换线圈。因为采用高压拉弧法使断头熔焊在一起，或采用手工连接，往往因机械强度不足和绝缘强度不够而造成寿命有限。

五、C650 车床电气控制线路故障排除

C650 型卧式车床电气控制原理图如图 4-9 所示。

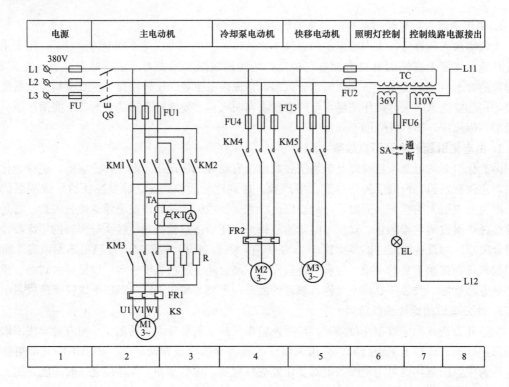

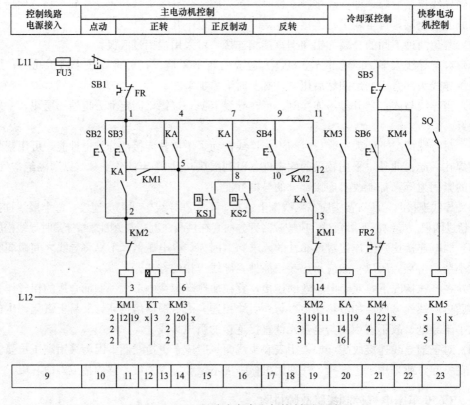

图 4-9　C650 型卧式车床电气控制原理图

该车床共有 3 台电动机：M1 为主轴电动机，拖动主轴旋转并通过进给机构实现进给运动，主要有正转与反转控制、停车制动时快速停转、加工调整时点动操作等电气控制要求；M2 是冷却泵电动机，驱动冷却泵电动机对零件加工部位进行供液，电气控制要求是加工时启动供液，并能长期运转；M3 为快速移动电动机，拖动刀架快速移动，要求能够随时手动控制启动与停止。

（一）C650 车床主电动机电路分析

1. 电源引入与故障保护

三相交流电源 L1、L2、L3 经熔断器 FU 后，由 QS 组合开关引入 C650 车床主电路，主电动机电路中，FU1 熔断器为短路保护环节，FR1 是热继电器加热元件，对电动机 M1 起过载保护作用。

2. 主电动机正反转

KM1 与 KM2 分别为交流接触器 KM1 与 KM2 的主触头。由电气控制基本知识分析可知，KM1 主触头闭合、KM2 主触头断开时，三相交流电源将分别接入电动机的 U1、V1、W1 三相绕组中，M1 主电动机将正转。反之，当 KM1 主触头断开、KM2 主触头闭合时，三相交流电源将分别接入 M1 主电动机的 W1、V1、U1 三相绕组中，与正转时相比，U1 与 W1 进行了换接，M1 主电动机反转。

3. 主电动机全压与减压状态

当 KM3 主触头断开时，三相交流电源电流将流经限流电阻 R 而进入电动机绕组，电动机绕组电压将减小，主电动机处于串电阻减压启动状态。如果 KM3 主触头闭合，则电源电流不经限流电阻而直接接入电动机绕组中，主电动机处于全压运转状态。

4. 绕组电流监控

电流表 A 在电动机 M1 主电路中起绕组电流监控作用，通过 TA 线圈空套在绕组一相的接线上，当该接线有电流流过时，将产生感应电流，通过这一感应电流来显示电动机绕组中当前电流值。其控制原理是当 KT 动断延时断开触头闭合时，TA 产生的感应电流不经过电流表 A，而一旦 KT 动断辅助触点断开，电流表 A 就可检测到电动机绕组中的电流。

5. 电动机转速监控

KS 是和 M1 主电动机主轴同轴安装的速度继电器检测元件，根据主电动机主轴转速对速度继电器触头的闭合与断开进行控制。

6. 冷却泵电动机电路

冷却泵电动机电路中 FU4 熔断器起短路保护作用，FR2 热继电器则起过载保护作用。当 KM4 主触头断开时，冷却泵电动机 M2 停转不供液；而 KM4 主触头一旦闭合，M2 将启动供液。

7. 快移电动机电路

快移电动机电路中 FU5 熔断器起短路保护作用。KM5 主触头闭合时，快移电动机 M3 启动，而 KM5 主触头断开，快移电动机 M3 停止。

主电路通过变压器 TC 与控制线路和照明灯线路建立电联系。变压器 TC 一次侧接入电压为 380V，二次侧有 36V、110V 两种供电电源，其中 36V 给照明灯线路供电，而 110V 给车床控制线路供电。

（二）C650 车床控制线路分析

控制线路读图分析的一般方法是从各类触头的断与合与相应电磁线圈得断电之间的关系入手，并通过线圈得断电状态，分析主电路中受该线圈控制的主触头的断合状态，得出电动机受控运行状态的结论。

控制线路从 6 区至 17 区，各支路垂直布置，相互之间为并联关系。各线圈、触头均为原态（即不受力态或不通电态），而原态中各支路均为断路状态，所以 KM1、KM3、KT、KM2、KA、

KM4、KM5 等各线圈均处于断电状态,这一现象可称为"原态支路常断",是机床控制线路读图分析的重要技巧。

1. 主电动机点动控制

按下 SB2,KM1 线圈通电,根据"原态支路常断",其余所有线圈均处于断电状态。因此主电路中为 KM1 主触头闭合,由 QS 组合开关引入的三相交流电源将经 KM1 主触头、限流电阻接入主电动机 M1 的三相绕组中,主电动机 M1 串电阻减压启动。一旦松开 SB2,KM1 线圈断电,电动机 M1 断电停转。SB2 是主电动机 M2 的点动控制按钮。

2. 主电动机正转控制

按下 SB3,KM3 线圈通电与 KT 线圈同时通电,并通过 20 区的动合辅助触头 KM3 闭合而使 KA 线圈通电,KA 线圈通电又导致 11 区中的 KA 动合辅助触头闭合,使 KM1 线圈通电。而 11~12 区的 KM1 动合辅助触头与 14 区的 KA 动合辅助触头对 SB3 形成自锁。主电路中 KM3 主触头与 KM1 主触头闭合,电动机不经限流电阻 R 则全压正转启动。

绕组电流监视电路中,因 KT 线圈通电后延时开始,但由于延时时间还未到达,所以 KT 动断延时断开触头保持闭合,感应电流经 KT 触头短路,造成电流表 A 中没有电流通过,避免了全压启动初期绕组电流过大而损坏电流表 A。KT 线圈延时时间到达时,电动机已接近额定转速,绕组电流监视电路中的 KT 将断开,感应电流流入电流表 A,将绕组中电流值显示在电流表 A 上。

3. 主电动机反转控制

按下 SB4,通过 9、10、5、6 线路导致 KM3 线圈与 KT 线圈通电,与正转控制相类似,20 区的 KA 线圈通电,再通过 11、12、13、14 使 KM2 线圈通电。主电路中 KM2、KM3 主触头闭合,电动机全压反转启动。KM1 线圈所在支路与 KM2 线圈所在支路通过 KM2 与 KM1 动断触头实现电气控制互锁。

4. 主电动机反接制动控制

(1) 正转制动控制。KS2 是速度继电器的正转控制触头,当电动机正转启动至接近额定转速时,KS2 闭合并保持。制动时按下 SB1,控制线路中所有电磁线圈都将断电,主电路中 KM1、KM2、KM3 主触头全部断开,电动机断电降速,但由于正转转动惯性,需较长时间才能降为零速。一旦松开 SB1,则经 1、7、8、KS2、13、14,使 KM2 线圈通电。主电路中 KM2 主触头闭合,三相电源电流经 KM2 使 U1、W1 两相换接,再经限流电阻 R 接入三相绕组中,在电动机转子上形成反转转矩,并与正转的惯性转矩相抵消,电动机迅速停车。在电动机正转启动至额定转速,再从额定转速制动至停车的过程中,KS1 反转控制触头始终不产生闭合动作,保持常开状态。

(2) 反转制动控制。KS1 在电动机反转启动至接近额定转速时闭合并保持。与正转制动相类似,按下 SB1,电动机断电降速。一旦松开 SB1,则经 1、7、8、KS1、2、3,使线圈 KM1 通电,电动机转子上形成正转转矩,并与反转的惯性转矩相抵消使电动机迅速停车。

5. 冷却泵电动机起停控制

按下 SB6,线圈 KM4 通电,并通过 KM4 动合辅助触头对 SB6 自锁,主电路中 KM4 主触头闭合,冷却泵电动机 M2 转动并保持。按下 SB5,KM4 线圈断电,冷却泵电动机 M2 停转。

6. 快移电动机点动控制

行程开关由车床上的刀架手柄控制。转动刀架手柄,行程开关 SQ 将被压下而闭合,KM5 线圈通电。主电路中 KM5 主触头闭合,驱动刀架快移的电动机 M3 启动。反向转动刀架手柄复位,SQ 行程开关断开,则电动机 M3 断电停转。

7. 照明电路

灯开关 SA 置于闭合位置时,EL 灯亮。SA 置于断开位置时,EL 灯灭。C650 车床电气原理图中电气元件符号及名称见表 4-7。

表 4-7   **C650 车床电气元件符号及名称**

符号	名称	符号	名称
M1	主电动机	SB1	总停按钮
M2	冷却泵电动机	SB2	主电动机正向点动按钮
M3	快速移动电动机	SB3	主电动机正转按钮
KM1	主电动机正转接触器	SB4	主电动机反转按钮
KM2	主电动机反转接触器	SB5	冷却泵电动机停转按钮
KM3	短接限流电阻接触器	SB6	冷却泵电动机启动按钮
KM4	冷却泵电动机启动接触器	TC	控制变压器
KM5	快移电动机启动接触器	FU（1～6）	熔断器
KA	中间继电器	FR1	主电动机过载保护热继电器
KT	通电延时时间继电器	FR2	冷却泵电动机保护热继电器
SQ	快移电动机点动行程开关	R	限流电阻
SA	开关	EL	照明灯
KS	速度继电器	TA	电流互感器
A	电流表	QS	隔离开关

（三）C650 车床电气故障分析

【案例 4-6】故障：主电动机正转制动控制失灵

故障分析：经现场查看，按下 SB1 后，主电动机正转停止，松开 SB1 后反转控制接触器 KM2 没有吸合，所以无反接制动动作，如图 4-10 所示，将万用表旋至 500V 电压挡，黑表棒接 14 号线，红表棒测量 13 号线无电压，当红表棒测量到 8 号线时有电压，怀疑速度继电器 KS2 有问题。将速度继电器接线端子盒打开后，发现 8 号线接头由于松动造成烧蚀氧化，形成断路故障，根据故障现象分析，是由于车床长期使用振动造成的 8 号线松动。后将 8 号线重新接好后故障排除。

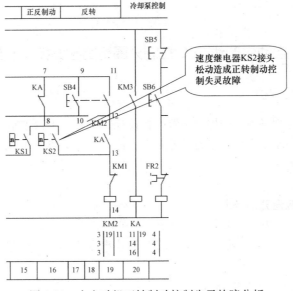

图 4-10　主电动机正转制动控制失灵故障分析

第四章

故障分析：经现场检查，电流表线圈烧坏，造成电流表无指示。更换新电流表后，发现主电动机启动时表针打表头。根据图 4-11 所示线路图分析，电机启动时，KT 动断延时断开触头闭合，电动机启动产生的感应电流不经过电流表 A，而 KT 延时时间到其触头断开，A 电流表就可检测到电动机绕组中的运行电流。初步分析故障原因为 KT 动断延时断开电路有开路故障，经现场检查发现电柜内时间继电器延时断开触点接线端子断线，造成电流表无启动保护造成电流表损坏。

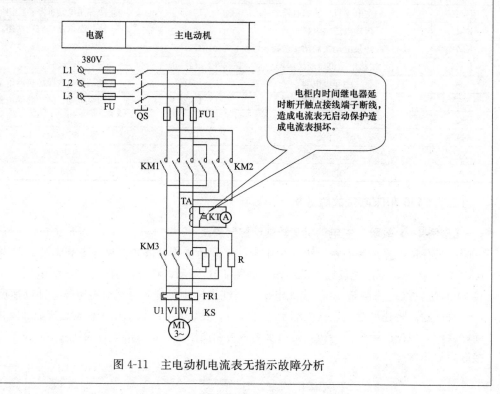

图 4-11　主电动机电流表无指示故障分析

第三节　自动生产线 PLC 控制外围电路检测技术与维修方法

一、PLC 的安装与维护

尽管 PLC 是专门在现场使用的控制装置，在设计制造时已采取了很多措施，使它对工业环境比较适应，但是为了确保整个系统稳定可靠，还是应当尽量使 PLC 有良好的工作环境条件，并采取必要的抗干扰措施。

（一）PLC 的安装

1. PLC 在安装时应避开的场所

PLC 的安装，PLC 适用于大多数工业现场，但它对使用场合、环境温度等还是有一定要求。控制 PLC 的工作环境，可以有效地提高它的工作效率和寿命。在安装 PLC 时，要避开下列场所。

（1）环境温度超过 0～50℃ 的场所。

（2）相对湿度超过 85％ 或者存在露水凝聚（由温度突变或其他因素所引起的）的场所。

（3）太阳光直接照射的场所。

（4）有腐蚀和易燃的气体的场所，如氯化氢、硫化氢等。

（5）有大量铁屑及灰尘的场所。

（6）在频繁或连续的振动，振动频率为 $10\sim55\,\mathrm{Hz}$、幅度为 $0.5\mathrm{mm}$（峰-峰）的场所。

2. PLC 的安装方法

小型 PLC 外壳的 4 个角上，通常均有安装孔。有两种安装方法，一是用螺钉固定，不同的单元有不同的安装尺寸；另一种是 DIN（德国标准化协会）轨道固定。DIN 轨道配套使用的安装夹板，左右各一对。在轨道上，先装好左右夹板，装上 PLC，然后拧紧螺钉。为了使控制系统工作可靠，通常把 PLC 安装在有保护外壳的控制柜中，以防止灰尘、油污、水溅。为了保证 PLC 在工作状态下其温度保持在规定环境温度范围内，安装 PLC 时应有足够的通风空间，PLC 的基本单元和扩展单元之间要有 30mm 以上间隔。如果周围环境超过 55℃，还要安装电风扇强迫通风。

为了避免其他外围设备的电干扰，可编程控制器应尽可能远离高压电源线和高压设备，可编程控制器与高压设备和电源线之间应留出至少 200mm 的距离。

当可编程控制器垂直安装时，要严防导线头、铁屑等从通风窗掉入可编程控制器内部，造成印刷电路板短路，使其不能正常工作甚至永久损坏。

（二）PLC 的接线

1. 电源接线

（1）PLC 供电电源为 50Hz、220V±10% 的交流电。

（2）FX 系列可编程控制器有直流 24V 输出接线端。该接线端可为输入传感（如光电开关或接近开关）提供直流 24V 电源。

（3）如果电源发生故障，中断时间少于 10ms，PLC 工作不受影响。若电源中断超过 10ms 或电源下降超过允许值，则 PLC 停止工作，所有的输出点均同时断开。当电源恢复时，若 PLC 为运行（RUN）状态，则操作自动进行。

（4）对于电源线来的干扰，PLC 本身具有足够的抵制能力。如果电源干扰特别严重，可以安装一个变比为 1∶1 的隔离变压器，以减少设备与地之间的干扰。

2. 接地

（1）良好的接地是保证 PLC 可靠工作的重要条件，可以避免偶然发生的电压冲击危害。接地线与设备的接地端相接，此时基本单元接地。如果要用扩展单元，其接地点应与基本单元的接地点接在一起。

（2）为了抑制加在电源及输入端、输出端的干扰，应给 PLC 接上专用地线，接地点应与动力设备（如电动机）的接地点分开。若达不到这种要求，也必须做到与其他设备公共接地，禁止与其他设备串联接地。接地点应尽可能靠近 PLC。

3. 直流 24V 接线端

（1）使用无源触点的输入器件时，PLC 内部 24V 电源通过输入器件向输入端提供每点 7mA 的电流。PLC 上的 24V 接线端子，还可以向外部传感器（如接近开关或光电开关）提供电流。24V 端子作传感器电源时，COM 端子是直流 24V 地端。如果采用扩展模块，则应将基本单元和扩展单元的 24V 端连接起来。另外，任何外部电源不能接到这个端子。

（2）如果发生过载现象，电压将自动跌落，该点输入对 PLC 不起作用。每种型号的 PLC 的输入点数量是有规定的。对每一个尚未使用的输入点，它不耗电，因此在这种情况下，24V 电源端子向外供电流的能力可以增加。FX 系列 PLC 的空位端子，在任何情况下都不能使用。

4. 输入接线

PLC 一般接受行程开关、限位开关等输入的开关量信号。输入接线端子是 PLC 与外部传感器负载转换信号的端口。输入接线，一般指外部传感器与输入端口的接线。输入器件接通时，输入端接通，输入线路闭合，同时输入指示的发光二极管亮。输入端的一次电路与二次电路之间，采用光电耦合隔离。二次电路带 RC 滤波器，以防止由于输入触点抖动或从输入线路串入的电噪声引起 PLC 误动作。另外，输入接线还应特别注意以下几点。

(1) 输入接线一般不要超过 30m。但如果环境干扰较小，电压降不大时，输入接线可适当长些。

(2) 输入、输出线不能用同一根电缆，输入、输出线要分开。

(3) PLC 所能接受的脉冲信号的宽度，应大于扫描周期的时间。

5. 输出接线

可编程控制器有继电器输出、晶闸管输出、晶体管输出 3 种形式。

输出端接线分为独立输出和公共输出。当 PLC 的输出继电器或晶闸管动作时，同一号码的两个输出端接通。在不同组中，可采用不同类型和电压等级的输出电压。但在同一组中的输出只能用同一类型、同一电压等级的电源。

由于 PLC 的输出元件被封装在印制电路板上，并且连接至端子板，若将连接输出元件的负载短路，将烧毁印制电路板，因此，应用熔丝保护输出元件。

采用继电器输出时，承受的电感性负载大小影响到继电器的工作寿命，因此继电器工作寿命要求长。

PLC 的输出负载可能产生噪声干扰，因此要采取措施加以控制。

(三) PLC 控制系统维护事项

1. 定期检查

(1) 每天定时巡视。每天定时巡视内容包括：各 I/O 板指示灯指示状态表明了控制点的状态信息，通过观察设备运行状态信息判断 PLC 控制是否正常；观察散热风扇运行是否正常；观察 PLC 柜有无异味。

(2) 定期检查。定期检查电源系统的供电情况，观察电源板的指示灯情况，通过测试孔测试 +5V、+12V 电压；检查其工作温度；备用电池电压检查；检查仪表、设备输入信号是否正常；检查各控制回路信号是否正常；检查其工作湿度，保证其工作环境良好。

(3) 定期除尘。由于 PLC 控制系统长期运行，线路板和控制模块会渐渐吸附灰尘，影响散热，易引发电气故障。定期除尘时要把控制系统供电电源关闭，可使用净化压缩空气和吸尘器配合使用。定期除尘可以保持电路板清洁，防止短路故障，提高元器件的使用寿命，对 PLC 控制系统是一种好的防护措施。另外出现故障也便于查找故障点。

(4) 保持外围设备及仪表输入信号畅通。

(5) UPS 是 PLC 控制系统正常工作的重要外围设备，UPS 的日常维护也非常重要，具体维护内容为：①检查输入、输出电压是否正常；②定期除尘，根据经验每半年除尘一次；③检查 UPS 电池电压是否正常。

(6) 经常测量 PLC 与其他仪表的公共接地电阻值，一般应在 0.2Ω 左右，为了更好地保护 PLC 控制系统，建议安装电涌保护器。

2. 更换锂电池步骤

(1) 在更换电池前，首先备份 PLC 的用户程序。

(2) 在拆装前，应先让 PLC 通电 15s 以上（这样可使作为存储器备用电源的电容器充电，在锂电池断开后，该电容可对 PLC 做短暂供电，以保护 RAM 中的信息不丢失)。

（3）断开 PLC 的交流电源。

（4）打开基本单元的电池盖板。

（5）取下旧电池，装上新电池。

（6）盖上电池盖板。

注意：更换电池时间要尽量短，一般不允许超过 3min。如果时间过长，RAM 中的程序将消失。

二、PLC 控制电路故障查找与分析

在许多工业应用场合，PLC 正在取代传统的继电器控制方式，使得控制系统的故障率大大降低，可靠性提高，维修量减少。然而，由于工业生产现场条件复杂，PLC 控制系统难免出现故障。据统计资料表明，此类电气故障的 90％来源于 PLC 以外的部分，仅 10％的电气故障是由于 PLC 本身引起的，在这 10％的 PLC 内部故障中，绝大部分是外围输入、输出电路故障，极少数是 PLC 主控单元故障。

检修故障时，要熟悉所修设备的工作原理及各种动作的顺序关系，在自动运行时各个动作所必须满足的逻辑条件。利用设备使用说明书、电气原理图，PLC 接线图及梯形图等资料，通过现场查看测量，利用 PLC 本身对电源、报警、输入输出指示灯的状态，判断哪一部分可能出现故障。

利用输入、输出指示灯的状态判断分析控制系统故障当 PLC 控制系统发生故障时，不必急于检查外围的电器元件，而是先重点检查 PLC 输入端、输出端指示灯信号是否正常，往往可起到事半功倍的效果。在 PLC 面板上，对应于每一信号的输入点或输出点，都设有指示灯来显示每一点的工作状态。当每一点有信号有输入和输出时，对应该点的指示灯就会发亮。维修人员只要充分利用这些指示灯的工作状况，就能方便地进行故障的分析、判断和确认。因此，在设备正常运行时，应记录 PLC 的正常工作状态。

记录 PLC 的正常工作状态时，首先要确认 PLC 输入、输出指示灯所对应的外围设备名称、位置、以及这些设备所起的作用与电气图纸相符合。然后记录设备正常运行时，各个运行阶段 PLC 输入、输出指示灯的变化顺序。当控制系统出现故障时，首先检查 PLC 的输入、输出指示灯的状态是否和图纸记录的一致。如一致，则可能是对应的外围器件或 PLC 内部继电器发生故障，PLC 内部继电器损坏时，可将损坏的继电器改接到其他空余的输出继电器上。如不一致，则应按照如图 4-12 所示故障检查流程图进行检查判断。

三、PLC 故障维修实训

（一）输出点损坏

小型 PLC 输出一般采用晶体管或小型继电器。许多设备制造厂家在使用 PLC 时，为降低成本，往往用其输出点直接控制接触器线圈或电磁阀线圈，因控制电流过大，容易造成晶体管击穿或继电器触点粘连，造成输出失去控制作用。修复方法如下。

1. 改动输出点

修改程序，把损坏的那个输入输出点换到一个未用到的输入或输出点上去。

如图 4-13 所示 丫－△启动电路及其梯形图，由于原有的输出点 Y1 损坏，此时 Y3 输出端空余，于是准备用 Y3 替代 Y1 输出端。改动后的接线图和梯形图如 4-14 所示，只要在梯形图中将 Y3 和 Y1 并联即可，其余不需改动，因为 Y1 的动合和动断触点在其他程序中被使用，所以 Y1

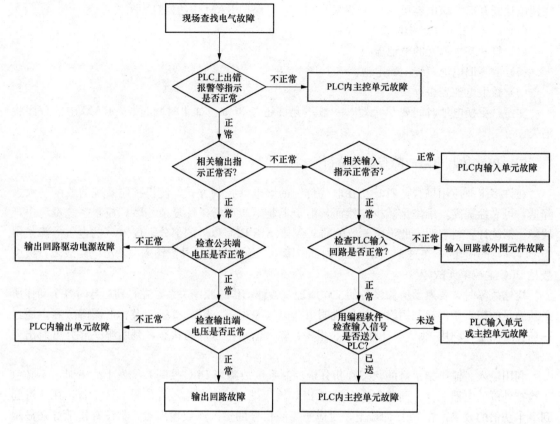

图 4-12　PLC 故障检查流程图

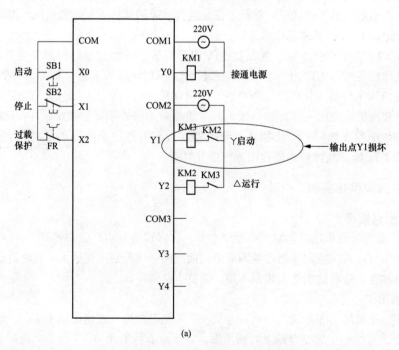

(a)

图 4-13　Y—△启动电路及其梯形图（一）

(a) 接线图

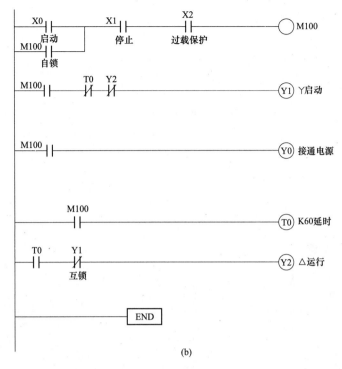

图 4-13　丫－△启动电路及其梯形图（二）

（b）梯形图

不需要删除。同时将接触器 KM3 连接到 Y3 的输出端即可。这种输出点改动方法虽然最简单，但要注意新的输出端的输出电压和原来的输出端电压是否一致，如果不一致，还要通过中间继电器进行转换。

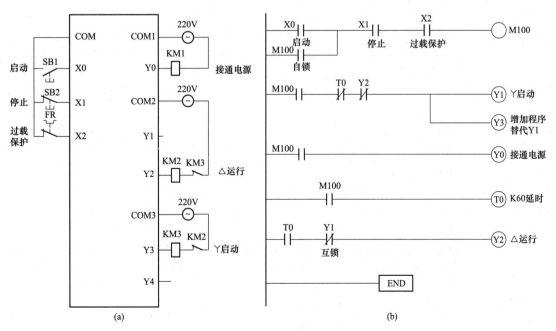

图 4-14　改动后的接线图和梯形图

（a）接线图；（b）梯形图

2. 将所有输出继电器外接

将 PLC 输出接口板内部继电器的控制电压引出，将所有输出继电器外接，如图 4-15 所示。

（1）将接口板上即 PLC 内部控制继电器全部拆除，见图 4-15（a）。

（2）将接口板上控制继电器线圈的线路与相应的输出接线端子线焊接，见图 4-15（b）。

（3）在电柜内合适的位置安装与原 PLC 内部继电器线圈控制电压、电流相当的小型继电器，将小型继电器的线圈控制线接到 PLC 相应的输出端子上，再用每个继电器的输出触点控制相应的接触器或电磁阀，见图 4-15（c）。使用上述方法需要注意外装小型机电器线圈的控制电压、电流应与原 PLC 内部的相当，具体可参照 PLC 的使用说明书。

注意事项：这种方法修理比较复杂，适合一些输出模块的输出点大量损坏的修理，既节约成本，又一劳永逸。有些型号的 PLC 读写时会造成控制程序的丢失，故拆卸时应注意电池，防止 ROM 掉电程序丢失，在拆卸前最好将程序备份，以防万一。

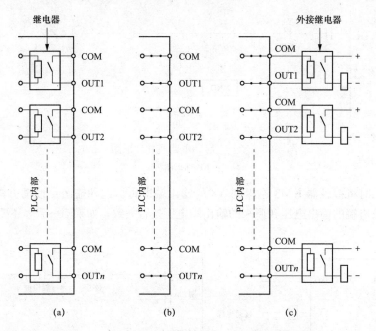

图 4-15　PLC 硬件修理（将所有输出继电器外接）

（二）感性负载故障

PLC 控制电铃示意图如图 4-16 所示，H 是电铃，电压为交流 220V，开始时有响声，当使用一段时间后，声音就变哑，甚至无声。

故障时，PLC 相关的输入、输出指示正常，测得输出端电压只有 90V 左右，有时甚至无电压（不正常），故可断定 PLC 输出单元有故障。该 PLC 输出电路采用的是继电器输出，PLC 输出电路如图 4-17 所示。

因电铃为一感性负载，具有储能作用，当控制触点断开的瞬间会产生数倍于额定电压的反动势；当控制触点吸合时，由于触头存在抖动而产生电弧，PLC 的输出继电器触点易被烧坏。本故障的维修可采取以下办法。

1. 增大触点容量

先更换输出模块，然后在 PLC 与负载之间通过中间继电器 KM（MK2P-1 型，220V）进行转换。增大触点容量硬件原理图如图 4-18 所示。

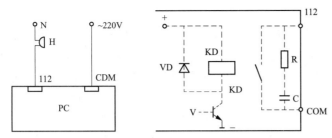
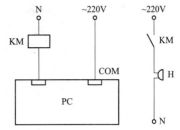

图 4-16　PLC 控制电铃示意图　　图 4-17　PC 输出电路　　图 4-18　增大触点容量硬件原理图

2. 并联 RC 网络

当 PLC 输出端接交流接触器时，可在接触器线圈两端并联电容或 RC 网络，以构成浪涌吸收回路，如图 4-19 所示。

3. 并联续流二极管

当 PLC 输出端接直流继电器时，可在继电器线圈两端并联反向二极管，如图 4-20 所示。

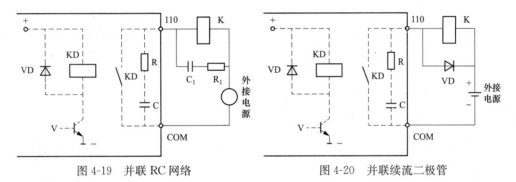

图 4-19　并联 RC 网络　　　　　　　　图 4-20　并联续流二极管

四、PLC 控制电路电气元器件的更换

1. 二线式接近开关的更换

二线式接近开关接线图如图 4-21 所示，二线式接近开关的工作电源来自 PLC 内部，属无源的开关类输入，即不用单独提供电源。一般情况下，棕色线接 PLC 输入端高电平，蓝色线接低电平。二线式接近开关内部原理图如图 4-22 所示，PLC 输入端内部原理图如图 4-23 所示。

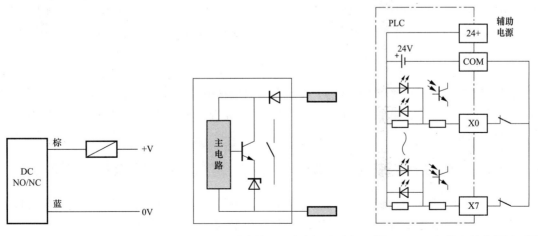

图 4-21　二线式接近开关接线图　　图 4-22　二线式接近开关内部原理图　　图 4-23　PLC 输入端内部原理图

2. 三线式接近开关的更换

三线式接近开关的更换，可按照接近开关外壳上的标注确定接线方法，其中第一根线接 PLC 的输入 24V 电源端子，第二根接 PLC 的输入点，第三根接 PLC 的输入端的 COM 端，要注意分辨 PLC 的输入电路使用的接近开关的极性是 PNP 还是 NPN。有一个简单的分辨方法：如 PLC 输入模块的输入点在高电平有效时为 PNP，相应传感器选择 PNP 型；如 PLC 输入模块的输入点在低电平有效时为 NPN，相应传感器选择 NPN 型。

NPN 接近开关接线图如图 4-24 所示，NPN 接近开关应用原理图如图 4-25 所示，PNP 接近开关接线图如图 4-26 所示，PNP 接近开关应用原理图如图 4-27 所示。

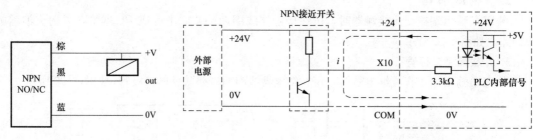

图 4-24　NPN 接近开关接线图　　　　　图 4-25　NPN 接近开关应用原理图

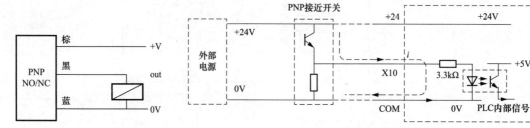

图 4-26　PNP 接近开关接线图　　　　　图 4-27　PNP 接近开关应用原理图

3. 输出端中间继电器或接触器的更换

在 PLC 输出端，有多个 COM，COM 就是代表公共点的意思。COM0、COM1…分别是不相连的公共点。假如 Y0、Y1 共用一个公共点 COM0，而其他的 Y2、Y3、Y4 共用一个公共点 COM1，那么每个公共点可以使用不同的电压等级，如 COM0 使用 DC24V，而 COM1 使用 AC220V 或其他电压等级。即在 PLC 输出端可以输出二种以上电压等级，以满足不同电路需要。如果要求所有负载电压相同，则可将所有 COM 端并接在一起当成一个公共端口。

为了保护 PLC 的输出端（即 PLC 内部继电器），提高承载能力，防止负载短路烧损 PLC 输出点。所以在很多输出电流较大的场合，多采用输出端接中间继电器进行转换，起到保护 PLC 内部继电器的作用。在更换中间继电器或接触器时，一定要看清中间继电器或接触器的线圈工作电压，以免出错。

第四节　自动生产线模拟量的应用与常用变频器控制方法及其故障检测维修

PLC 虽然是在开关量控制的基础上发展起来的工业控制装置，但为了适应现代工业控制系统的需要，其功能在不断增强，第二代 PLC 就能实现模拟量控制。当今第四代 PLC 已增加了许多模拟量处理的功能，完全能胜任各种较为复杂的模拟控制，除具有较强的 PID 控制外，还具有各种各样专用的过程控制模块等。近年来 PLC 在模拟量控制系统中的应用也越来越广泛，已成功地应用于冶金、化工、机械等行业的模拟量控制系统中。

一、模拟量基本工作原理

模拟量控制硬件连线图如图 4-28 所示。

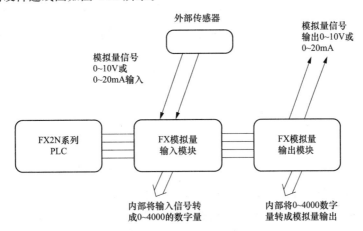

图 4-28　模拟量控制硬件连线图

二、模拟量应用时的一些基本概念及基本指令

（一）缓冲存储器

为了能够方便地实现 PLC 对特殊功能模块的控制，并减少应用指令的条数，统一应用指令的格式，在三菱 FX 系列 PLC 的特殊功能模块中设置了专门用于 PLC 与模块间进行信息交换的区域"缓冲存储器"，英文为"Buffer Memory"，简称 BFM。

缓冲存储器中包括了模块控制信号位、模块参数等控制条件，以及模块的工作状态信息、运算与处理结果、出错信息等内容。

（二）FROM、TO 指令

PLC 对模块的控制，只需要通过 PLC 的 TO 指令（写入指令）在模块的缓冲存储器中的对应的控制数据位中写入控制信号即可。同样，PLC 对模块状态的信息及监测，也只需要通过 PLC 的 FROM 指令（读取指令）把模块的信息从缓冲存储器中读出即可。

1. FROM 指令

FROM 指令是将特殊功能模块缓冲存储器（BFM）的内容读入到 PLC 指定的地址中。是一个读取指令。指令格式如下：

X001：指令执行的条件。当 X001 接通才能执行此 FROM 指令。

FROM：指令代码，代表特殊功能模块缓冲存储器（BFM）的阅读指令。

K0：模块所在 PLC 的实际地址。确定指令所要执行的对象是 PLC 上的哪个模块。如在 FX 系列 PLC 中，从基本单元开始，依次向右的第 1、2、3…个特殊功能模块，对应的模块地址依次为 K0，K1，K2…

K7：指定模块的缓冲存储器地址。K7 代表第 7 号缓冲存储器地址 BFM♯7。

第四章

D1：FROM 指令读取缓冲区数据后，将数据存放的地址。

K1：需要读取的点数，若指定为 K1，表示只读取当前缓冲区的地址，若指定为 K2，表示要读取当前缓冲区及下一个缓冲区的地址；若指定为 K3，表示要读取当前缓冲区及下两个缓冲区的地址，依此类推。

当 X1 接通，则指令将第一块特殊功能模块的第 7 号缓冲区内的数据读出，并将读出的数据保存到 D1 指定的地址里面。若指令最后面的"K1"改换成"K2"，则指令的意思为：将第一块特殊功能模块的第 7、8 号缓冲区内的数据读出，并将读出的数据保存到 D1 及后面的地址 D2 里面。

2. TO 指令

TO 指令是将 PLC 指定的地址的数据写入特殊功能模块的缓冲存储器（BFM）中。是一个写入指令。

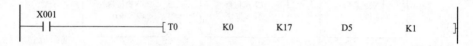

X001：是指令执行的条件。X000 接通，则指令执行，X000 断开，则指令不执行。

T0：指令代码。功能是向特殊功能模块缓冲存储器（BFM）写入数据指令。

K0：模块所在的 PLC 的地址。功能与 FROM 指令中的类似。

K17：该地址模块的缓冲存储器地址。功能与 FROM 指令中的 K7 类似。

D5：要向缓冲区地址写入的实际数据。功能与 FROM 指令中的 D1 类似。

K1：需要传送的点数。功能与 FROM 指令中的类似。

指令将 PLC 的数据寄存器 D5 的数据写入第一块特殊功能模块的第 17 号缓冲区地址内。

FX2N 系列 PLC 中有关模拟量的特殊功能模块有：FX2N-2AD（2 路模拟量输入）、FX2N-4AD（4 路模拟量输入）、FX2N-8AD（8 路模拟量输入）、FX2N-4AD-PT（4 路热电阻直接输入）、FX2N-4AD-TC（4 路热电偶直接输入）、FX2N-2DA（2 路模拟量输出）、FX2N-4DA（4 路模拟量输出）和 FX2N-2LC（2 路温度 PID 控制模块）等。

三、FX2N-2AD 模块的基础及应用

（一）FX2N-2AD 模块简介

1. FX2N-2AD 模块主要性能

FX2N-2AD 模块有 2 路模拟量输入通道，其主要功能是将接收的模拟信号转换成 12 位二进制的数字量，并以补码的形式存于 16 位数据寄存器中。它的传输速率为 15ms/K，综合精度为量程的 1%。

可以选择电压或电流输入，电压输入时，输入信号范围为 DC$-10\sim+10$V，输入阻抗为 $200k\Omega$，分辨率为 5mV；电流输入时，输入信号范围为 DC$-20\sim+20$mA，输入阻抗为 250Ω，分辨率为 $20\mu A$。FX2N-2AD 模块的主要性能见表 4-8。

表 4-8 FX2N-2AD 模块的主要性能

项目	参数		备注
	电压输入	电流输入	
输入点数	2 点（通道）		2 通道输入方式必须一致
输入要求	DC0～10V 或 0～5V	DC4～20MA	

项目	参数		备注
	电压输入	电流输入	
输入极限	DC−0.5～+15V	DC−2～+60MA	输入超过极限可能损坏模块
输入阻抗	≤200kΩ	≤250Ω	
数字输入	12 位		0～4095
分辨率	2.5MV（DC0～10V 输入） 1.25MV（DC0～5V 输入）	4UA（DC4-20MA 输入）	
转换精度	±1（全范围）		
处理时间	2.5ms（1 通道）		
调整	偏移调整/增益调整		电位器调节
输出隔离	光电偶合		模拟电路与数字电路间
占用 I/O 点数	8 点		
消耗电流	24V/50mA；5V/20mA		需要 PLC 供给
编程指令	FROM/T0		

2. FX2N-2AD 模块的接线

FX2N-2AD 模块的接线如图 4-29，每一个通道都有 3 个接线端子，一个 COM 点，一个电压输入端子，一个电流输入端子。

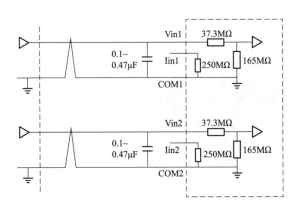

图 4-29　FX2N-2AD 模块的接线

FX2N-2AD 模块不能将一个通道作为模拟电压输入，而将另外一个通道作为电流输入，这是因为两个通道使用相同的偏值量和增益值。当两个通道选择电压输入时，用 Vin1 及 COM。当两个通道选择电流输入时，接线用 Iin1 及 COM，并短路 Vin1 及 Iin1。

3. FX2N-2AD 模块的输入特性

FX2N-2AD 模块的输入特性如图 4-30 所示。每个通道的输入特性都是相同的。

默认状态下，FX2N-2AD 模块 A/D 转换后的数据范围为 0～4000。0～10V 电压输入时，0V 对应的数字量是 0，10V 对应的数字量是 4000；4～20mA 电流输入时，4mA 对应的数字量是 0，20mA 对应的数字量是 4000。因此可以通过读到的数字量，计算出对应的模拟电压或电流的值。

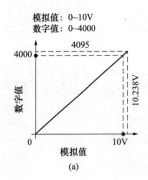

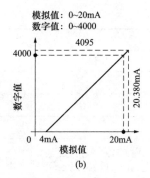

图 4-30　FX2N-2AD 模块的输入特性

(a) 电压输入；(b) 电流输入

【案例 4-8】FX2N-2AD 模块应用

压力变送器的量程为 0～10MPa，输出信号为 4～20mA，使用 FX2N-2AD 模块来测出压力值，设转换后得到的数字为 N，试求以 kPa 为单位的压力值。

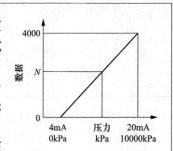

解：0～10MPa（0～10000kPa）对应于转换后的数字 0～4000，计算时，根据 FX2AD 模块的转换特性，可以在直角坐标系中先画出压力，电流及数据量之间的关系，如图 4-31 所示。

通过分析图 4-31，可以得出对应的关系为 N/4000＝实际压力/10000，由此，实际压力就可以根据读取的数据 N 计算出来。注意在运算时一定要先乘后除，否则可能会损失原始数据的精度。

图 4-31　压力、电流及数据量之间的关系

(二)　FX2N-2AD 的缓冲区地址分配

FX2N-2AD 模块的内部缓冲区地址及其意义见表 4-9，在使用 FX2N-2AD 模块编程，就是利用其缓冲区进行编程。

表 4-9　　　　　　　　　　　　　模块的内部缓冲区地址及其意义

BFM 编号	bit15～bit8	bit7～bit4	bit3	bit2	bit1	bit0
♯0	保留	输入数据的当前值（低 8 位数据）				
♯1	保留		输入数据的当前值（高端 4 位数据）			
♯2 到 16	保留					
♯17	保留				模拟—数字转换开始	转换通道
♯18 或更大	保留					

BFM♯0（注意♯号不可省去）中的前 8 位（b0～b7）是 A/D 转换后的前 8 位数据。BFM♯1 中的前 4 位（bit0～bit3）是 A/D 转换后的后 4 位数据；即 FX2N-2AD 模块 A/D 转换后的数据为 12 位数据，12 位数据中的前 8 位保存在 BFM♯0 的 bit0～bit7 里面，后 4 位保存在 BFM♯1 的 bit0～bit3 里面。因此读取数据时，应先读取 BFM♯0 的前 8 位数据，再读取 BFM♯1 的前 4 位数据，然后把读取的数据合并。

BFM♯17 中的 bit0 位用来确定数字转换通道（CH1，CH2），bit0＝0 时，转换通道为通道 1；bit0＝1 时，转换通道为通道 2；bit1 位用来执行 A/D 转换，bit1 位由 0→1 后，就可以执行 A/D 转换。

（三）FX2N-2AD 模块的编程步骤

FX2N-2AD 模块的编程步骤为指定转换通道→执行 A/D 转换→读取转换后的数字量。

1. 先指定转换通道

指定转换通道即控制 BFM♯17 的 B0 位，"0"是通道 1，"1"是通道 2。此步可以通过 TO 指令把 0 或者 1 写入 BFM♯17，就可以控制 bit0 位为 1 或者为 0。

2. 执行 A/D 转换

通道指定后，就可以进行模拟量→数字量。此步可以通过 TO 指令把 BFM♯17 的 bit1 位写入 0，再写入 1。

3. 读取 A/D 转换后的数字量

读取 A/D 转换后的数字量即读取数据，因为 A/D 转换的 12 数据分别存放在不同的 BFM 内，因此要分为 2 个步骤进行，先读取 BFM♯0 内的前 8 位数据，也就 A/D 转换后 12 位数据的前 8 位，再读 BFM♯1 内的前 4 位数据，也就 AD 转换后 12 位数据的后 4 位，然后再把 BFM♯0 内读取的 8 位及 BFM♯1 内读取的 4 位数据进行组合，则组合成的 12 位数据即位 AD 转换后的实际数据。

（四）FX2N-2AD 模块读取模拟量的标准程序

以下为读取模拟量的标准程序，当读取条件 X001 接通，则 PLC 将从第一块模拟量模块的通道 1 中读取数据，并将读取的数字量数据保存在 D100 里面。

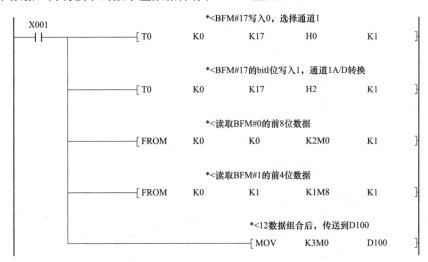

FX2N-2AD 模块 K2M0 是从 BFM♯0 读取的前 8 位数据，K1M8 是从 BFM♯1 读取的前 4 位数据，因此 K2M0 与 K1M8 的组合即为 AD 转换的 12 位数据，K2M0 与 K1M8 的组合就是 K3M0，因此 K3M0 就是 AD 转换后的数据。

程序中读取 BFM♯0 的 8 位数据存入 K2M0，读取 BFM♯1 的 4 位数据存入 K1M8，这里的 K2M0 与 K1M8 不是随便定义的，因为读取的这两个数据要进行组合，K2M0 与 K1M8 的组合正好是 K3M0。假如读取 BFM♯0 的 8 位数据存入 K2M0，读取 BFM♯1 的 4 位数据存入 K1M10，这样 K2M0 与 K1M10 就不能组合成 K3M0，因此还要进行数据的组合运算，就会比较麻烦。

四、FX2N-4AD 模块的基础及应用

（一）FX2N-4AD 模块简介

FX2N-4AD 模拟量输入模块是 FX 系列专用的模拟量输入模块。该模块有 4 个输入通道

（CH），通过输入端子变换，可以任意选择电压或电流输入状态。电压输入时，输入信号范围为 DC－10～＋10V，输入阻抗为 200kΩ，分辨率为 5mV；电流输入时，输入信号范围为 DC－20～ ＋20mA，输入阻抗为 250Ω，分辨率为 20μA。

（二）FX2N-4AD 模块的接线

FX2N-4AD 模块的接线如图 4-32 所示，其中模拟输入信号采用双绞屏蔽电缆与 FX2N-4AD 模块连接，电缆应远离电源线或其他可能产生电气干扰的导线。如果输入有电压波动，或在外部接线中有电气干扰，可以接一个 0.1～0.47μF（25V）的电容。如果是电流输入，应将端子 V＋ 和 I＋连接。FX2N-4AD 模块接地端与 PLC 主单元接地端连接，如果存在过多的电气干扰，再将外壳地端 FG 和 FX2N-4AD 模块接地端连接。

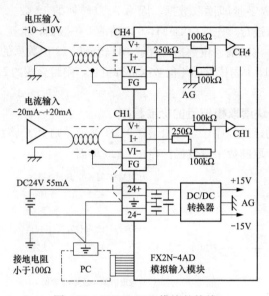

图 4-32　FX2N-4AD 模块的接线

（三）FX2N-4AD 模块的主要性能

FX2N-4AD 的主要性能表见表 4-10。

表 4-10　　　　　　　　　　　　FX2N-4AD 模块的主要性能表

项目	参数		备注
	电压输入	电流输入	
输入点数	4 点（通道）		
输入要求	DC－10～＋10V	DC－20mA～＋20mA	
输入极限	DC－15V～＋15V	DC－32～＋32mA	输入超过极限可能损坏模块
输入阻抗	≤200kΩ	≤250Ω	
数字输入	12 位	－2047～＋2047	
分辨率	5mV（10V 默认范围：1/2000）	20UA（20mA 默认范围：1/1000）	
转换精度	±1（全范围）		
处理时间	15ms/通道（常速）或 6ms/通道（高速）		
调整	偏移调整/增益调整		电位器调节
输出隔离	光电偶合		模拟电路与数字电路间

续表

项目	参数		备注
	电压输入	电流输入	
占用 I/O 点数	8 点		
消耗电流	24V/50mA；5V/20mA		需要 PLC 供给
编程指令	FROM/TO		

（四）FX2N-4AD 模块的输入特性

FX2N-4AD 模块的输入特性如图 4-33 所示。

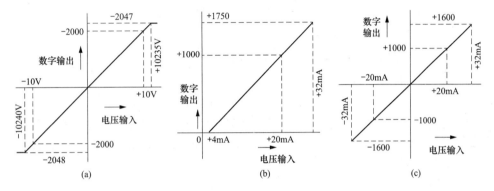

图 4-33　FX2N-4AD 的输入特性

（a）−10V～10V；（b）+4mA～+20mA；（c）−20mA～+20mA

（五）FX2N-4AD 模块的缓冲区地址分配

FX2N-4AD 模块的缓冲区地址分配见表 4-11。

表 4-11　　　　　　　　　　　FX2N-4AD 模块的缓冲区地址分配

BFM 编号	内容		备注
♯0	通道初始化，用 4 位十六进制数 H××××表示，4 位数字从右至左分别控制 1、2、3、4 这 4 个通道		每位数字取值范围为 0～3，其含义如下： 0 表示输入范围为−10V～+10V； 1 表示输入范围为+4mA～+20mA； 2 表示输入范围为−20mA～+20mA； 3 表示该通道关闭； 默认值为 H0000
♯1	通道1	采样次数设置	采样次数是用于得到平均值，其设置范围为 1～4096，默认值为 8
♯2	通道2		
♯3	通道3		
♯4	通道4		
♯5	通道1	平均值存放单元	根据♯1～♯4 缓冲寄存器的采样次数，分别得出的每个通道的平均值
♯6	通道2		
♯7	通道3		
♯8	通道4		
♯9	通道1	当前值存放单元	每个输入通道读入的当前值
♯10	通道2		
♯11	通道3		
♯12	通道4		

第
四
章

BFM 编号	内容	备注
♯13～♯14	保留	
♯15	A/D 转换速度设置	设为 0 时：正常速度，15ms/通道（默认值） 设为 1 时：高速度，6ms/通道
♯16～♯19	保留	
♯20	复位到默认值和预设值	默认值为 0；设为 1 时，所有设置将复位默认值
♯21	禁止调整偏置和增益值	bit1、bit0 位设为 1、0 时，禁止； bit1、bit0 位设为 0、1 时，允许（默认值）
♯22	偏置、增益调整通道设置	bit7 与 bit6、bit5 与 bit4、bit3 与 bit2、bit1 与 bit0 分别表示调整通道 4、3、2、1 的增益与偏置值
♯23	偏置值设置	默认值为 0000，单位为 mV 或 μA
♯24	增益值设置	默认值为 5000，单位为 mV 或 μA
♯25～♯28	保留	
♯29	错误信息	表示本模块的出错类型
♯30	识别码（K2010）	固定为 K2010，可用 FROM 读出识别码来确认此模块
♯31	禁用	

注 每位数字取值范围为 0～3，其含义为：0—输入范围为－10～+10V；1—输入范围为+4～+20mA；2—输入范围为－20+20mA；3—该通道关闭。
缺省值为 H0000。

BFM♯0：用来指定每一个通道的输入类型。BFM♯1～4用来指定每一个通道的采样次数，即读取数据时一次取几个值。BFM♯5～8为模块自动计算出的BFM♯1～4采样次数的平均值。BFM♯30为模块固有的识别码，固定为2010。

（六）FX2N-4AD 模块读取模拟量的标准程序

以下为读取模拟量的标准程序，当读取条件 X0 接通，则 PLC 将从第一块模拟量模块的通道 1 中读取数据，并将读取的数字量数据保存在 D100 里面。

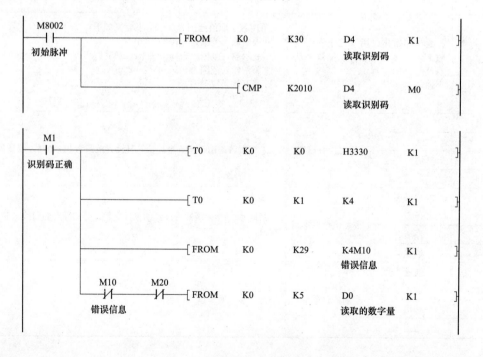

【案例 4-9】压力传感器接线

现有一个两线制的压力传感器，一个三线制的压力传感器，该如何正确把压力传感器的信号线接入 FX2N-4AD 模块？

两线的压力变送器输出信号一般是 4～20MA，供电电压是 24VDC，两线实际是一根红色（代表供电的 24V 正）一根黑色或蓝色（代表信号输出正）接线方法是红线接电源正，蓝线接信号正，然后把电源负和信号负短接。

而三线一般是电压输出，接线一根（红色电源正），一根黑色（电源负），一根黄色（信号输出正）输出的地端与电源相共接。电源线与信号线两者一般不能互相替换。

五、FX2N-2DA 模块的基础及应用

（一）FX2N-2DA 模块简介

FX2N-2DA 模拟量输出模块也是 FX 系列专用的模拟量输出模块。该模块将 12 位的数字值转换成相应的模拟量输出。FX2N-2DA 模块有 2 路输出通道，通过输出端子变换，也可任意选择电压或电流输出状态。电压输出时，输出信号范围为 DC-10～$+10$V，可接负载阻抗为 $1k\Omega$～$1M\Omega$，分辨率为 5mV，综合精度 0.1V；电流输出时，输出信号范围为 DC$+4$～$+20$mA，可接负载阻抗不大于 250Ω，分辨率为 $20\mu A$，综合精度 0.2mA。

FX2N-2DA 模块的工作电源为 DC24V，模拟量与数字量之间采用光电隔离技术。FX2N-2AD 模块的 2 个输出通道，要占用基本单元的 8 个映像表，即在软件上占 8 个 I/O 点数，在计算 PLC 的 I/O 时可以将这 8 个点作为 PLC 的输出点来计算。

FX2N-2DA 的主要性能表见表 4-12。

表 4-12   FX2N-2DA 的主要性能表

项目	参数		备注
	电压输出	电流输出	
输入点数	2 点（通道）		2 通道输出方式可不一致
输入要求	DC0～10V 或 0～5V	DC4mA～20mA	
输入极限	DC-0.5V～15V	DC-2mA～$+60$mA	
输入阻抗	$\geq 2k\Omega$	$\leq 500\Omega$	
数字输入	12 位		0～4095
分辨率	2.5mV（DC0～10V 输出）1.25mV（DC0～5V 输出）	$4\mu A$（DC4mA-20mA 输出）	
转换精度	± 1（全范围）		
处理时间	4ms（1 通道）		
调整	偏移调整/增益调整		电位器调节
输出隔离	光电偶合		模拟电路与数字电路间
占用 I/O 点数	8 点		
消耗电流	24V/85mA；5V/20mA		需要 PLC 供给
编程指令	FROM/TO		

（二）FX2N-2DA 模块的接线

FX2N-2DA 模块的接线如图 4-34 所示，图中模拟输出信号采用双绞屏蔽电缆与外部执行机构连接，电缆应远离电源线或其他可能产生电气干扰的导线。当电压输出有波动或存在大量噪声干

扰时，可以接一个 $0.1\mu F \sim 0.47\mu F$（25V）的电容。对于是电压输出，输出信号线为 V＋及 VI－，并将端子 I＋和 VI－连接。对于是电流输出，输出信号线为 I＋和 VI－。FX2N-2DA 模块接地端与 PLC 主单元接地端连接。

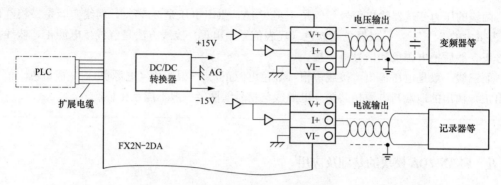

图 4-34　FX2N-2DA 模块的接线

图 4-34 中还显示了模拟量输出模块的用途，如可以控制变频器或记录仪等设备。

（三）FX2N-2DA 模块的输出特性

FX2N-2DA 模块的输出特性如图 4-35 所示。

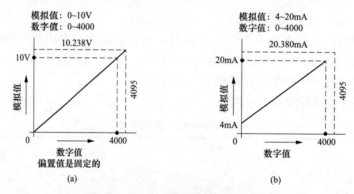

图 4-35　FX2N-2DA 模块的输出特性

（a）电压输出；（b）电流输出

当 13 位或更多位的数据输入时，只有最后 12 位是有效的，高端位忽略。可在 $0 \sim 4095$ 范围内使用数字值。可对两个通道中的每个进行输出特性的设置。当数字量是 4000 时，输出的电压为 10V，电流为 20mA，当数字量是 0 时，输出的电压为 0，电流也为 0。可以通过设定数字量的大小，从而输出不同大小的电压或电流信号。输出的数字与对应的电压/电流值可以通过调整增益及偏移而改变。

（四）FX2N-2DA 模块缓冲寄存器（BFM）的分配

FX2N-2DA 模块缓冲寄存器（BFM）的分配见表 4-13。

表 4-13　　　　　　　　　　　FX2N-2DA 模块缓冲寄存器（BFM）的分配

BFM 编号	bit15～bit8	bit7～bit3	bit2	bit1	bit0
＃0～＃15	保留				
＃16	保留	输出数据的当前值（8 位数据）			
＃17	保留		D/A 低 8 位数据保持	通道 1D/A 转换开始	通道 2D/A 转换开始
＃18 或更大	保留				

BFM♯16 为输出数据的 8 位数据。因需要输出的数据是 12 位数据，而 BFM♯16 一次只能输出 8 位数据，故需要分 2 次输出。BFM♯17 将 bit0 由 1 变成 0，CH2 的 D/A 转换开始，将 bit1 由 1 变成 0，CH1 的 D/A 转换开始，将 bit2 由 1 变成 0，D/A 转换的低 8 位数据保持（即 BFM♯16 输出 8 位数据后通过此 bit2 位来保持住，然后再由 BFM♯16 输出 4 位数据）。

在 FX2N-2DA 模块中转换数据当前值只能保持 8 位数据，但是实际模拟量转换时要进行 12 位转换，所以，必须进行 2 次传送，才能完成 12 位的转换。

（五）FX2N-2DA 模块标准程序

以下为用 PLC 的数据来控制模拟量大小的标准程序，当条件 X0 接通，则 PLC 数据写入第一块模拟量模块通道 1，执行模拟量的控制与调节。

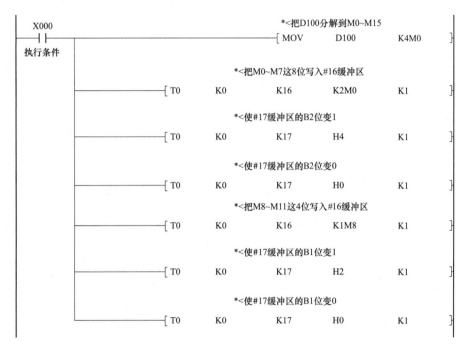

此程序即 2DA 模块的标准程序，目的是通过改变 D100 的数据大小来控制 2DA 模块的模拟量输出的大小。程序先把 D100 分解成 16 位，先把前 8 位数据写入♯16 缓冲区（此缓冲区为数据输入区），然后把这 8 位保持，再写另外 4 位输入到♯16 缓冲区，组成 12 位数据，然后再执行此通道的 D/A 转换。

六、PLC 控制变频器及变频器维护保养

（一）变频器多段速控制

1. 变频器多段建设置

下面以变频器 FR-700 为例说明，变频器 FR-700 多段速设置见表 4-14。

表 4-14 变频器 FR-700 多段速设置

速度	RH	RM	RL	初始值	对应变频器参数编号	设定频率/Hz
1 速	1	0	0	50Hz	4	10
2 速	0	1	0	30Hz	5	15
3 速	0	0	1	10Hz	6	20
4 速	0	1	1	9999	24	25

续表

速度	RH	RM	RL	初始值	对应变频器参数编号	设定频率/Hz
5 速	1	0	1	9999	25	30
6 速	1	1	0	9999	26	35
7 速	1	1	1	9999	27	40

2. 控制回路接线

变频器 FR-700 控制回路接线如图 4-36 所示。

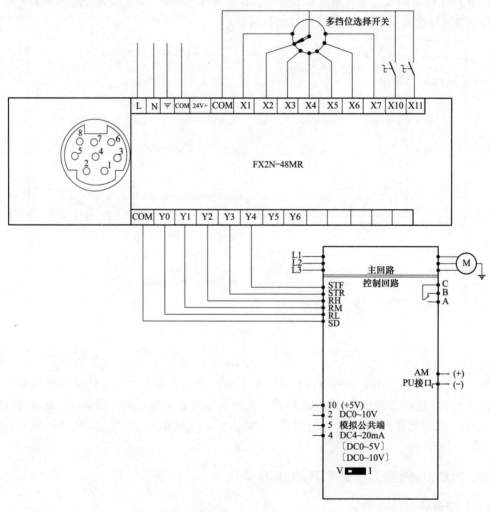

图 4-36　变频器 FR-700 控制回路接线图

3. I/O 端子分配

I/O 端子分配见表 4-15。

表 4-15　　　　　　　　　　　　　　　　I/O 端子分配

速度控制	对应输入端信号	对应输出端信号
速度 1	X1	Y2
速度 2	X2	Y1
速度 3	X3	Y0

续表

速度控制	对应输入端信号	对应输出端信号
速度 4	X4	Y0，Y1
速度 5	X5	Y2，Y0
速度 6	X6	Y2，Y1
速度 7	X7	Y0，Y1，Y2
正转	X10	Y4
反转	X11	Y3

4. 梯形图程序

变频器多段速控制梯形图程序如下：

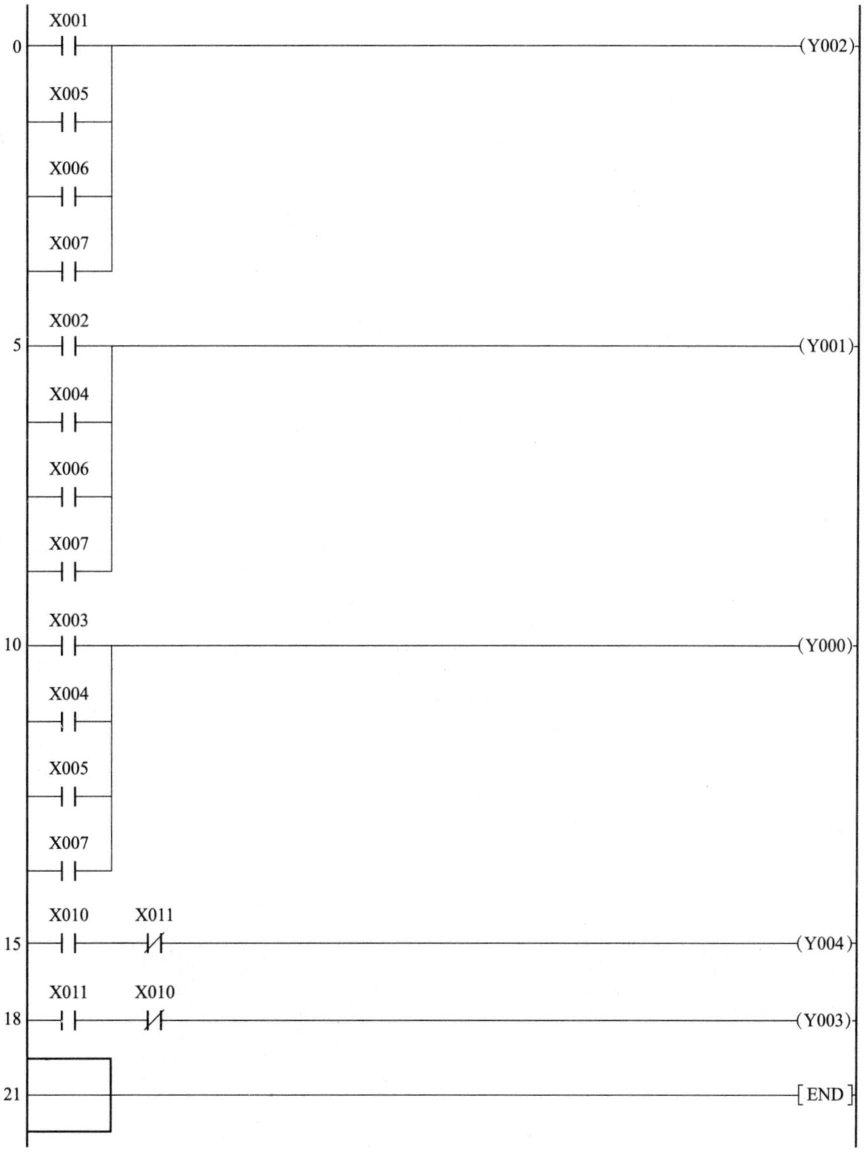

（二）三菱 FX2N-4DA 模块对变频器的控制

在工业自动化控制系统中，经常会用到 PLC 的模拟量模块，如 FX2N-4DA 模块，本书通过

PLC的模拟量模块和变频器的组合应用，了解PLC的模拟量模块在控制系统中的用法。

1. FX2N-4DA 模块简介

（1）FX2N-4DA 模拟特殊模块有 4 个输出通道接收数字信号并转换成等价的模拟信号。这称为 D/A 转换。

（2）FX2N-4DA 和 FX2N 主单元之间通过缓冲存储器变换数据。FX2N-4DA 共有 32 个缓冲存伸器（每个是 16 位）。

2. FX2N-4DA 模块主要技术指标

（1）提供 12 位高精度分辨率（包括符号）。

（2）提供 4 通道电压输出（DC－10～＋10V）或电流输出（DC－20～＋20mA）。

（3）对每一通道可以规定电压或电流输出。

FX2N-4DA 模块的详细参数见表 4-16。

表 4-16　　　　　　　　　　FX2N-4DA 模块的详细参数

项目	输出电压	输出电流
模拟量输出范围	DC－10～10V （外部负载电阻 2kΩ～1MΩ）	0～20mA （外部负载电阻：500 欧）
数字输出	带符号的 16 位二进制（对数值有效位：11 位和 1 位符号位）	
分辨率	5mV（10V×1/2000）	20mΛ（20mA×1/1000）
总体精度	±1%（满量程 10V）	±1%（满量程 20mA）
转换速度	4 通道 2.1ms（使用的通道数变化不会改变转换速度）	
隔离	在模拟和数字电路之间光电隔离； 直流/直流变压器隔离主单元电源； 在模拟通道之间没有隔离	
电源规格	DC5V，30mA（主单元提供的内部电源） D24V±10%，55mA（主单元提供的内部电源）	
占用的输入输出点数	占 8 个输入或输出点	
适用的控制器	FX1N/FX2N	
尺寸（宽×厚×高）	55mm×87mm×90mm	
质量（重量）	0.3kg	

3. 模块的安装和配线

（1）连接到可编程控制器的方法。由 FROM/TO 指令控制的各种特殊模块，如模拟输入模块、高速记数模块等，都可以连接到 FX2N 可编程控制器（MPU），或者连接到其他扩展模块或单元的右边。最多可以有 8 个特殊模块按 No.0～No.7 的数字顺序连接到一个 MPU 上。PLC 连接模块示意图如图 4-37 所示。

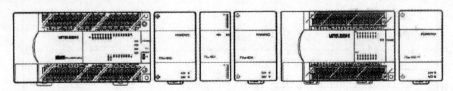

FX2N-48MR-ES/UL　FX2N-4AD　　FX2N-16EX　　FX2N-4DA　　FX2N-32ER　　FX2N-4AD-PT
　　　　　　　　　　　　　　特殊模块　　　　　　　　　　　　　　　　　　　　特殊模块

图 4-37　PLC 连接模块示意图

(2) FX2N-4DA 模块端子接线图如图 4-38 所示。

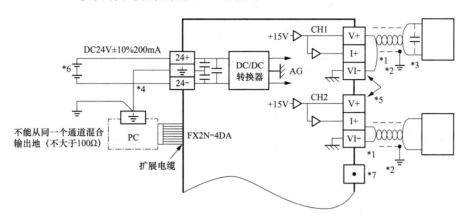

图 4-38　FX2N-2DA 模块端子接线图

(3) FX2N-4DA 有 32 个缓冲寄存器（BFM），定义如下。

1）[BFM♯0] 输出模式选择：BFM♯0 的值使每个通道的模拟输出在电压输出和电流输出之间切换。采用 4 位十六进制数的形式。第一位数字是通道 1（CHI）的命令；而第二位数字则是通道 2 的（CH2）。依此类推。这 4 个数字的数字值分别代表 CH4，CH3，CH2，CH1。0→0 表示设置电压输模式（−10V～+10V）；0→1 表示设置电流输出模式（+4mA～20mA）；0→2 表示设置电流输出模式（0mA～20mA）。比如：设 BFM♯0 的值设定为 H=2100，则代表：CH1 和 CH2：电压输出（−10V～+10V）；CH3：电流输出（+4mA～+20mA）；CH4：电流输出（0mA～+20mA）。

2）[BFM♯1，♯2，♯3 和 ♯4]：输出数据通道 CHI，CH2，CH3 和 CH4。BFM♯1 为 CH1 的输出数据（初始值：0）；BFM♯2 为 CH2 的输出数据（初始值：0）；BFM♯3 为 CH3 的输出数据（初始值：0）；BFM♯4 为 CH4 的输出数据（初始值：0）。

3）[BFM♯5]：数据保持模式。当可编程控制器处于停止（STOP）模式，RUN 模式下的最后输出值将被保持。要复位这些值以使其成为偏移值，可将十六进制值写入 [BFM♯5] 中。0=0 表示保持输出；0=1 表示复位到偏移值。

比如，设 H=0011 则代表 CH1 和 CH2=偏移值，CH3 和 CH4=保持输出。

4）♯6、♯7 保留。

5）其他 BFM 数据含义见表 4-17。

表 4-17　　　　　　　　　　　　　其他 BFM 数据含义

	BFM	说明	
	♯8（E）	CH1、CH2 的偏移/增益设定命令，初始值 H0000	
	♯9（E）	CH3、CH4 的偏移/增益设定命令，初始值 H0000	
	♯10	偏移数据　CH1 * 1	
	♯11	增益数据　CH1 * 2	
	♯12	偏移数据　CH2 * 1	
W	♯13	增益数据　CH2 * 2	单位：mV 或 μA * 3
	♯14	偏移数据　CH3 * 1	初始偏移值：0　输出
	♯15	增益数据　CH3 * 2	初始增益值：+5,000 模式 0
	♯16	偏移数据　CH4 * 1	
	♯17	增益数据　CH4 * 2	

续表

BFM		说明
W	♯20（E）	初始值，初始值＝0
	♯21E	禁止调整 I/O 特性（初始值：1）
♯22－♯28		保留
♯29		错误状态
♯30		K3020 识别码
♯31		保留

4. 接线原理图

接线原理图如图 4-39 所示。

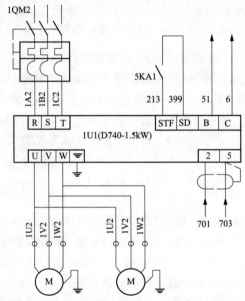

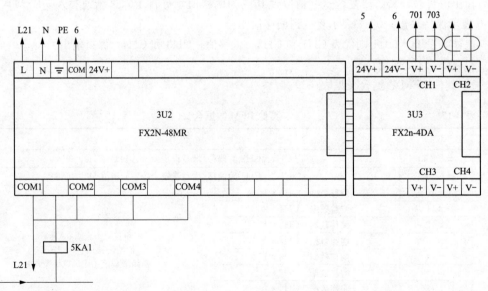

图 4-39 接线原理图

5. 梯形图程序

PLC 梯形图程序如下：

```
     M8002
 0   ─┤├──────────────────────────────[ FROM  K0    K30   D77   K1  ]
      │
      └──────────────────────────────[ CMP   K3020 D77   M4       ]

     M5
17  ─┤├──────────────────────────────[ TO    K0    K0    H0    K1  ]
      │
      └──────────────────────────────[ TO    K0    K1    D80   K4  ]

     M8000
36  ─┤├──────────────────────────────────────────────────(Y000)
```

（三）常见变频器故障及排除方法

1. 上电后键盘无显示

（1）检查输入电源是否正常，若正常，可测量直流母线 P、N 端（三菱变频器）电压是否正常；若没电压，可断电检查充电电阻是否损坏断路。

（2）经查 P、N 端电压正常，可更换键盘及键盘线，如果仍无显示，则需断电后检查主控板与电源板连接的 26P 排线（三菱变频器）是否有松脱现象或损坏断路。

（3）若上电后开关电源工作正常，继电器有吸合声音，风扇运转正常，但键盘无显示，则可判定键盘的晶振或谐振电容坏，此时可更换键盘或修理键盘。

（4）如果上电后其他一切正常，但键盘无显示，则开关电源可能未工作，此时需停电后拔下 P、N 端电源，检查 IC3845（三菱变频器）的静态是否正常（凭经验进行检查）。如果 IC3845 静态正常，但开关电源并未工作，断电检查开关变压器二次侧的整流二极管是否有击穿短路。

（5）上电后 18V/1W 稳压二极管有电压，仍无显示，可除去外围一些插线，包括继电器线插头、风扇线插头，查风扇、继电器是否有短路现象。

（6）P、N 端上电后，18V/1W 稳压二极管两端电压为 8V 左右，用示波器检查 IC3845 的输入端④脚是否有锯齿波，输出端⑥脚是否有输出。

（7）检查开关电源的输出端 +5V、±15V、+24V 及各路驱动电源对地以及极间是否有短路。

2. 键盘显示正常，但无法操作

（1）若键盘显示正常，但各功能键均无法操作，此时应检查所用的键盘与主控板是否匹配，即是否含有 IC75179；对于带有内外键盘操作的机器，应检查一下所设置的拨码开关是否正确。

（2）如果显示正常，只是一部分按键无法操作，可检查按键微动开关是否不良。

3. 电位器不能调速

（1）检查控制方式是否正确。

（2）检查给定信号选择和模拟输入方式参数设置是否有效。

（3）主控板拨码开关设置是否正确。

（4）若以上均正确，则可能为电位器不良，应检查阻值是否正常。

4. 过流保护（OverCurrent）

（1）当变频器键盘上显示"FO OC"时"OC"闪烁，此时可按"∧"键进入故障查询状态，可查到故障时运行频率、输出电流、运行状态等，可根据运行状态及输出电流的大小，判定其"OC"保护是负载过重保护还是 VCE 保护（输出有短路现象、驱动电路故障及干扰等）。

（2）若查询时确定由于负载较重造成加速上升时电流过大，此时适当调整加速时间及合适的

U-f 特性曲线。

（3）如果没接电动机，空运行变频器跳"OC"保护，应断电检查 IGBT 是否损坏，检查 IG-BT 的续流二极管和接地间的结电容是否正常。若正常，则需检查驱动电路：①检查驱动线插接位置是否正确，是否有偏移，是否虚插；②检查是否是因 HALL 及接线不良导致"OC"；③检查驱动电路放大元件（如 IC33153 等）或光耦是否有短路现象；④检查驱动电阻是否有断路、短路及电阻变值现象。

（4）若在运行过程中跳"OC"，则应检查电机是否堵转（机械卡死），造成负载电流突变引起过流。

（5）在减速过程中跳"OC"，则需根据负载的类型及轻重，相应调整减速时间及减速模式等。

5. 过载保护（OverLoad）

（1）当变频器键盘上显示"FO OL"时"OL"闪烁，此时可按"∧"键进入故障查询状态，可查到故障时运行频率、输出电流、运行状态等，可根据运行状态及输出电流的大小，若输出电流过大，则可能负载过重引起，此时应调整加、减速时间以及合适的 *U-f* 特性曲线从而达到转矩提升。若仍过载，则应考虑减轻负载或更换更大容量的变频器。

（2）若查询故障时输出电流并不大，此时应检查电子热过载继电器参数是否适当。

（3）检查 HALL 接线是否有不良。

6. 过热保护（OverHeat）

（1）检查温度开关线插头是否插好，用万用表检测温度开关线是否断开，若断开则可断定温度开关线断路或温度开关损坏。

（2）风扇不良导致过热保护。

（3）环境温度过高，散热效果较差，变频器内部温度较高导致过热保护。

（4）对于带有整流桥的七单元 IGBT 的变频器，其温度检测是利用 IGBT 内部的热敏电阻的阻值变化进行温度检测的，若出现"OH"过热保护，有如下原因：①比较器坏，输出高电平所致；②比较器比较电阻变值，比较电压较低；③IGBT 内部的热敏电阻阻值异常。

7. 过压保护（0V）

（1）变频器在减速过程中出现过压保护，是由于负载惯性较大所致，此时应延长减速时间，若仍无效，可加装制动单元和制动电阻来消耗能量。

（2）因更换电源板或主控板所引起的过压保护，需调整 VPN 参数电阻。

（3）输入电源电压高于变频器额定电压太多，也能出现过压。

8. 欠压保护（LULV）

（1）检查输入电源电压是否正常，接线是否良好，是否缺相。

（2）检查"04"值参数电阻是否适当。

（3）因更换电源板或主控板所引起的欠压保护，需调整 VPN 参数电阻。

（4）电压检测回路、运放等器件不良也能导致欠压。

9. 有频率显示，但无电压输出

（1）变频器运行后，有运行频率，但在 U、V、W 之间无电压输出，此时需检查载波频率参数是否有丢失。

（2）若载波频率参数正常，可运行变频器，用示波器检查其驱动波形是否正常。

（3）若驱动波形不正常，则需检查主控板 CPU 发出的 SPWM 波形是否正常，若异常，则CPU 故障；若主控板的 SPWM 波形正常，则需断电更换 26P 排线再试，若驱动板驱动波形仍不正常，则驱动电路部分有故障，需修理或更换。

10. 继电器不吸合

（1）首先应检查输入电源是否异常（如缺相等）。

（2）检查电源板与电容板之间的连线是否正确，是否有松动现象。

（3）检查主控板与电源板之间的 26P 排线是否有接触不良或断线现象，导致 REC 控制信号无效，继电器不吸合。

（4）继电器吸合回路元器件坏也导致继电器不吸合。

（5）继电器内部坏（如线圈断线等）。

第五节　自动生产线设备步进电动机控制方法及其故障检测维修

步进电动机作为执行元件，是机电一体化的关键产品之一，广泛应用在各种自动化控制系统中。随着微电子和计算机技术的发展，步进电动机的需求量与日俱增，在各个国民经济领域都有应用。

一、步进电动机的基本工作原理

步进电动机是一种将电脉冲转化为角位移的执行机构。当步进驱动器接收到一个脉冲信号，它就驱动步进电动机按设定的方向转动一个固定的角度（称为"步距角"），它的旋转是以固定的角度一步一步运行的。可以通过控制脉冲个数来控制角位移量，从而达到准确定位的目的；同时可以通过控制脉冲频率来控制电动机转动的速度和加速度，从而达到调速的目的。步进电动机可以作为一种控制用的特种电动机，利用其没有积累误差（精度为 100%）的特点，广泛应用于各种开环控制。现在比较常用的步进电动机包括反应式步进电动机（VR）、永磁式步进电动机（PM）、混合式步进电动机（HB）和单相式步进电动机等。

反应式步进电动机一般为三相，可实现大转矩输出，步进角一般为 1.5°，但噪声和振动都很大。早在 20 世纪 80 年代，在欧美等发达国家就已被淘汰；混合式步进电动机结合了永磁式和反应式的优点。它又分为两相和五相：两相的步进角一般为 1.8°而五相的步进角一般为 0.72°。这种步进电动机的应用最为广泛。

二、反应式步进电动机工作原理

由于反应式步进电动机工作原理比较简单，因此这里首先介绍。

1. 结构

反应式步进电动机的转子均匀分布着很多小齿，定子齿有 3 个励磁绕组，其几何轴线依次分别与转子齿轴线错开 0，$1/3\tau$，$2/3\tau$（相邻两转子齿轴线间的距离为齿距以 τ 表示），即 A 与齿 1 相对齐，B 与齿 2 向右错开 $1/3\tau$，C 与齿 3 向右错开 $2/3\tau$，A′与齿 5 相对齐，（A′就相当于 A，齿 5 就相当于齿 1），图 4-40 所示为定转子的展开图。

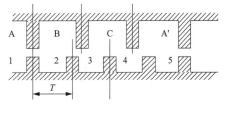

图 4-40　定转子的展开图

2. 旋转

A 相通电，B、C 相不通电时，由于磁场作用，齿 1 与 A 相对齐，（转子则不受任何力）；B 相通电，A、C 相不通电时，齿 2 应与 B 对齐，此时转子向右移过 $1/3\tau$，此时齿 3 与 C 偏移为 $1/3\tau$，齿 4 与 A 偏移 $(\tau-1/3\tau)=2/3\tau$，C 相通电，A、B 相不通电时，齿 3 应与 C 对齐，此时转子又向右移过 $1/3\tau$，此时齿 4 与 A 偏移为 $1/3\tau$ 对齐。之后又是 A 相通电，B、C 相不通电，此时齿 4

与 A 对齐，转子又向右移过 $1/3\tau$。这样经过 A，B，C，A 分别通电状态，齿 4（即齿 1 前一齿）移到 A 相，电动机转子向右转过一个齿距，如果不断地按 A，B，C，A…通电，电动机就以每步（每脉冲）$1/3\tau$，向右旋转；如按 A，C，B，A…通电，电动机就反转。

由此可见：电动机的位置和速度由导电次数（脉冲数）和频率成一一对应关系。而方向由通电顺序决定。不过，出于对力矩、平稳、噪声及减少角度等方面考虑。往往采用 A-AB-B-BC-C-CA-A 这种导电状态，这样将原来每步的 $1/3\tau$ 改变为 $1/6\tau$。甚至于通过二相电流不同的组合，使其 $1/3\tau$ 变为 $1/12\tau$、$1/24\tau$ 等，这就是电动机细分驱动的基本理论依据。

三、步进驱动系统常见故障分析及处理

1. 步进驱动器端子

步进电动机一般要配有步进驱动器才能工作，一般两相步进电动机驱动器端子示意图如图 4-41 所示。

（1）PLS+、PLS−：步进驱动器的脉冲信号端子。接收上位机（PLC）发来的脉冲信号。

（2）DIR+、DIR−：步进驱动器的方向信号端子。

（3）FREE+、FREE−：脱机信号。步进电动机的没有脉冲信号输入时具有自锁功能，也就是锁住转子不动，而当有脱机信号时解除自锁功能，转子处于自由状态并且不响应步进脉冲。

（4）V+、GND：驱动器直流电源端子。步进电动机驱动器也有交流供电类型。

（5）A+、A−、B+、B−：分别接步进电动机的两相线圈。

2. 步进驱动器的接线

FX 系列 PLC 单元能同时输出两组 100kHz 脉冲，是低成本控制伺服与步进电动机的较好选择。但 PLC 要选择 1S 或 1N 系列的晶体管类型的 PLC。图 4-42 是步进电动机驱动器与三菱 FX1S-10MT 系列 PLC 的接线图。

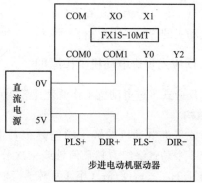

图 4-41　步进电动机驱动器端子示意图　　图 4-42　步进电动机驱动器与三菱 FX1S-10MT 系列 PLC 的接线图

Y0 是 PLC 的脉冲输出点。因为三菱晶体管输出型的 PLC 有两个高速脉冲输出点（Y0 及 Y1），因此此处既可接 Y0，也可接 Y1，但请不要接 Y0、Y1 以外的信号。Y2 是控制电动机转向的方向信号，即 Y2 接通正转，Y2 断开则反转。接线时，要外部提供 5V 电源，若外部提供的是 12V 或 24V 电源，可在回路中串入一个 1kΩ 或 2kΩ 的电阻，以限制输出电流。

3. 脉冲输出指令

（1）DRVI 相对位置控制指令（适用的 PLC 为晶体管输出类型，如 FX1S、FX1N）。指令格式如下：

指令说明：当 X001 接通，DRVI 指令开始通过 Y000 输出脉冲，其中：D0 为脉冲输出数量（PLS）；D2 为脉冲输出频率（Hz）；Y000 为脉冲输出地址（晶体管输出类型，仅限 Y000 及 Y001）；Y004 为脉冲方向信号；如果 D0 为正数，则 Y4 变为 ON，如果 D0 为负数，则 Y4 变为 OFF。若在指令执行过程中，指令驱动的接点 X001 变为 OFF，将减速停止。此时执行完成标志 M8029 不动作。所谓相对驱动方式，是指指定附带正/负符号的由当前位置开始的移动距离的方式。对应的步进电动机脉冲示意图如图 4-43 所示。

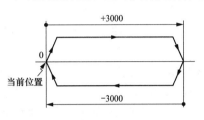

图 4-43　对应的步进电动机脉冲示意图

从 0 点位置开始运动，发送给驱动器＋3000 的脉冲后，步进电动机向前运行 3000 个脉冲的距离。此时若发送－3000 的脉冲，则步进电动机反向运行 3000 个脉冲的距离。

（2）DRVA 绝对位置控制指令（适用的 PLC 为晶体管输出类型，如 FX1S、FX1N）。指令格式如下：

指令说明：当 X001 接通，DRVA 指令开始通过 Y000 输出脉冲。其中：D0 为脉冲输出数量（PLS）；D2 为脉冲输出频率（Hz）；Y000 为脉冲输出地址（晶体管输出类型，仅限 Y000 及 Y001）；Y004 为脉冲方向信号；如果 D0 为正数，则 Y4 变为 ON，如果 D0 为负数，则 Y4 变为 OFF。若在指令执行过程中，指令驱动的接点 X001 变为 OFF，将减速停止。此时执行完成标志 M8029 不动作。从 Y000 输出的脉冲数将保存在 D8140（低位）及 D8141（高位）特殊寄存器内，从 Y001 输出的脉冲数将保存在 D8142（低位）及 D8143（高位）特殊寄存器内，设定的脉冲发完后，执行结束标志 M8029 动作。D8148 为脉冲频率的加减速时间，默认值为 100ms。所谓绝对驱动方式，是指指定由原点（0 点）开始距离的方式。步进电动机脉冲示意图如图 4-44 所示。

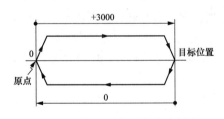

图 4-44　步进电动机脉冲示意图

从 0 点位置开始运动，发送＋3000 个脉冲后，步进电动机运行到＋3000 位置的坐标位置，然后发送 0 个脉冲后，步进电动机运行到 0 点位置的坐标。

（3）ZRN 原点回归指令。指令格式如下：

步进电动机运行示意图如图 4-45 所示，在当前位置 A 处，驱动条件 X01 接通，则开始执行原点回归。在原点回归过程中，还未感应到近点信号 X3 时，滑块以 D4 的速度高速回归。在感应到近点信号 X3 后，滑块减速到 D7（爬行速度），开始低速运行。当滑块脱离近点信号 X3 后，滑块停止运行，原点确定，原点回归结束。

若在原点回归过程中，驱动条件 X01 断开，则滑块将不减速而停止（立即停止）。当原点回

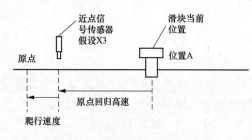

图 4-45　步进电动机运行示意图

归结束后，在停止脉冲输出的同时，向当前值寄存器（Y0：D8141，D8140）（Y1：D8143，D8142）写入 0。因此 ZRN 指令中，D4（第一个数据）用于指定原点回归时的高速运行速度；D7（第二个数据）用于指定原点回归时的低速运行速度；X3（近点信号）用于指定原点回归接近时的传感器信号；Y0 为脉冲输出地址。在执行 DRVI 及 DRVA 等指令时，PLC 利用自身产生的正转脉冲或反转脉冲进行当前位置的增减，并将其保存在当前值寄存器（Y0：D8141，D8140）（Y1：D8143，D8142）。由此，机械的位置始终保持着，但当 PLC 断电时这些位置当前值会消失，因此上电时和初始运行时，必须执行原点回归，将机械动作的原点位置的数据事先写入。

4. 步进电动机的位置及速度计算

PLC 脉冲输出指令中，脉冲输出频率，单位为 Hz，也即 pps（脉冲/秒），就是 1s 发多少个脉冲。假设脉冲频率设为 1000Hz，也就是 1s 输出 1000 个脉冲通断信号，也即脉冲频率为 1000pps。根据脉冲频率，就可以计算出步进电动机的转速。

【案例 4-10】计算电动机的行程及转速

假设步进电动机的细分数为 2000，即电动机转一圈需要 2000 个脉冲，也即 2000ppr（脉冲/转），现脉冲数为 1000r，脉冲频率为 1000pps，计算步进电动机的行程及转速。

电动机的行程为 1000r（2000ppr）= 0.5r。

电动机的转速为：（1000pps）/2000ppr = 0.5r/s = 30r/min。

【案例 4-11】计算指令中的脉冲个数及脉冲频率

假设步进驱动器细分数为 2000ppr，若要以 Nr/min 的速度行走 2 圈，计算指令中的脉冲个数及脉冲频率应该是多少？

脉冲个数计算：假设脉冲个数为 X，则 $X/2000\text{ppr} = 2$，所以 $X = 4000$，即 PLC 要发 4000 个脉冲，才能让电动机转 2 圈。

脉冲频率计算：假设脉冲频率为 Ypps，则 $Y/2000\text{ppr} = N/60$，即：$Y/2000 = N/60$，即 $Y = (2000/60) \times N$。

【案例 4-12】步进电动机的来回控制

1. 控制要求

步进电动机来回控制运转示意图如图 4-46 所示。

步进电动机起始点在 A 点，AB 之间是 2000 脉冲的距离，BC 之间是 3500 脉冲的距离，步进电动机的控制要求

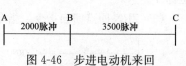

图 4-46　步进电动机来回控制运转示意图

如下：①按下启动按钮，步进电动机先由 A 移动到 B，此过程速度为 60r/min。②电动机到达 B 点后，停 3s，然后由 B 移动到 C，此过程速度为 90r/min。③电动机到达 C 点后，停 2s，然后由 C 移动到 A，此过程速度为 120r/min。

2. 分析

（1）此案例的接线部分不做介绍了。选择驱动器时确定步进电动机的相数及转矩、电流等参数。

（2）几个信号做如下规定：启动按钮为 X000，脉冲输出点为 Y000，脉冲方向为 Y002（假设 Y002 断开正转，接通反转）。

本案例采用相对位置控制指令（DRVI）进行控制。首先设定步进驱动的细分数为 2000ppr，然后计算脉冲频率，假设脉冲频率应为 XHz，实际运行的转速为 Nr/min，则对应的关系式为 $\frac{X}{2000} = \frac{N}{60}$，即 $X = \frac{2000 \times N}{60}$。

因此，当速度是 60r/min 时，频率应为 2000Hz；当速度是 80r/min 时，频率应为 3000Hz；当速度是 120r/min 时，频率应为 4000Hz。

3. 程序编写

PLC 程序如下：

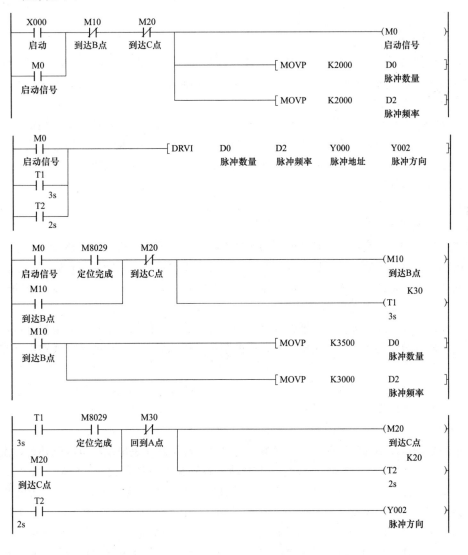

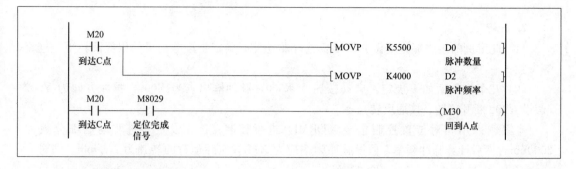

四、步进驱动系统维修

1. 步进电动机运动异常

步进电动机启动运行时,有时动一下就不动了或原地来回动,运行时有时还会失步,此时应考虑以下方面的检查。

(1) 电动机力矩是否足够大,能否带动负载。一般推荐用户选型时要选用力矩比实际需要大 $50\%\sim100\%$ 的电动机,因为步进电动机不能过负载运行,哪怕是瞬间,都会造成失步,严重时会停转或不规则原地反复动。

(2) 上位控制器来的输入走步脉冲的电流是否够大(一般要大于 10mA),以使光耦稳定导通,输入的频率是否过高,导致接收不到,如果上位控制器的输出电路是 CMOS 电路,则也要选用 CMOS 输入型的驱动器。

(3) 启动频率是否太高,在启动程序上是否设置了加速过程。最好从电动机规定的启动频率内开始加速到设定频率,哪怕加速时间很短,否则可能就不稳定,甚至处于惰态。

(4) 电动机未固定好时,有时会出现此状况,属于正常。实际上此时造成了电动机的强烈共振而导致进入失步状态。因此,电动机必须固定好。

(5) 对于五相电机来说,若相位接错,电动机也不能工作。

2. 熔丝一再熔断

有时步进电动机一启动,驱动器外接熔丝即烧毁,设备不能运行。检查还会发现某功率管损坏,换上功率管再通电后,熔断器再度熔断,换上的管子也损坏。熔断器一再熔断,说明驱动器肯定存在某一不正常的大电流。损坏的功率管通常为步进电动机电源驱动管,步进电动机为高压启动,因而要承受高压大电流。

静态检查,发觉脉冲环形分配器的线路中,其电源到地端的阻值很小,但也没有短路。根据线路中的元器件数量及其功耗分析电源到地端的阻值不应如此之小,因此怀疑线路中已有元器件损坏。

通电检查,发现驱动器中某芯片异常发热。断电后将该芯片的电源引脚切断,静态检查,电源到地的阻值增大应属正常。测该芯片的电源到地的阻值很小。经线路分析,确认该芯片为该板中的主要元件,即环形脉冲分配器。

为进一步确认该芯片的问题,首先换耐压电流功率相当的步进电动机电源驱动管,恢复该芯片的电源引脚,用发光二极管电路替代步进电动机各绕组作模拟负载。通电后,发光二极管皆亮,即各绕组皆通电,这是不符合线路要求的,且输入步进脉冲无反应,因此确认该芯片已损坏。但是该芯片市场上是没有直接卖的,在驱动器壳体内空间允许的情况下,可以采用组合线路,即用手头上已有的 D 触发器和与非门的组合设计一个环形脉冲发生器,制作在一个小印制板上,拆除原芯片将小印制板通过引脚装在原芯片的焊盘上。仍用发光二极管作模拟负载,通电后加入步进脉冲，发光二极管按相序依次发光。至此可拆除模拟负载，接入主机，通电，设备运行正常。

维修人员不仅要能分析现象（过流），找出比较明显的原因（功率管损坏），还要能步步深入地分析故障初因（脉冲发生器损坏），并且能运用手头上现有的元器件组合替代难于解决的器件问题。

第六节　自动生产线设备伺服电动机控制方法及其故障检测维修

伺服系统的结构分为伺服电动机和伺服驱动器。伺服系统工作原理如图 4-47 所示，虚线框内表示伺服驱动器内部元器件。

上位机发出脉冲串经电子齿轮送到放大器内的偏差计数器，偏差计数器经放大电路把脉冲送入伺服电动机，伺服电动机运转后带动编码器旋转，编码器旋转后产生反馈脉冲送入偏差计数器，作减法运算，当偏差计数器内脉冲数为 0 时，伺服电动机停止。

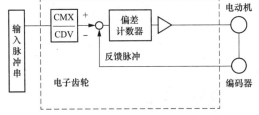

图 4-47　伺服系统工作原理

一、伺服电动机控制系统安装、调试与运行

（一）交流伺服电动机的结构

交流伺服电动机主要有定子和转子及编码器 3 个主要部分，此外还有端盖和风扇等，其结构如图 4-48 所示。

图 4-48　交流伺服电动机的结构

1. 定子

交流伺服电动机的定子如图 4-49 所示，由铁心和线圈构成。交流伺服电动机的定子是三相绕组，通以三相交流电后产生一个旋转磁场，其工作原理与普通三相电动机一样。

2. 转子

交流伺服电动机的转子是一个永磁体，如图 4-50 所示在定子产生的旋转磁场作用下，转子和磁场同步旋转，因此常把伺服电动机称为同步电动机。

图 4-49　交流伺服电动机的定子

3. 编码器

编码器如图 4-51 所示，它是套在转子的转轴上，当转子转动的时候，编码器的码盘也跟着转动。伺服电动机的编码器是光电编码器，在此以三菱伺服电动机为例，其编码器分辨率是 131072，即 131072ppr。当电动机旋转时，编码器输出脉冲反馈到伺

服驱动器。

图 4-50　交流伺服电动机的转子　　　　图 4-51　编码器

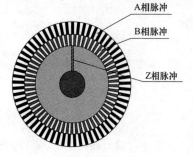

图 4-52　码盘

编码器由码盘、发光管、光电接收管、放大整形电路等组成。码盘如图 4-52 所示。外围的一圈条纹是 A 相脉冲，中间的条纹是 B 相脉冲，最里面的那条条纹是 Z 相脉冲。如果编码器分辨率越高，那么条纹也就越密。但 Z 相脉冲只有一条条纹，也就是编码器旋转一周，Z 相只输出一个脉冲。

编码器的总体结构如图 4-53 所示。当码盘随着转轴旋转时，由于码盘是明暗相间的条纹，就会产生光信号，而光电接收管可以把光信号转化成电信号，再通过放大整形电路，变成需要的矩形脉冲，如图 4-54 所示。这样产生了 A 相、B 相、Z 相脉冲，由于 A 相的条纹与 B 相的条纹是相间隔的，因此 A 相与 B 相之间的相位差是 90°。

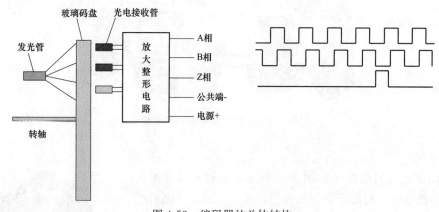

图 4-53　编码器的总体结构

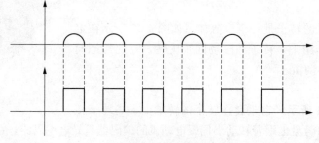

图 4-54　矩形脉冲

编码器的作用是作为伺服系统的速度反馈和位置反馈元件。

速度反馈原理：v＝转动一周产生的脉冲数/转动一周的时间。

位置反馈原理：移动的距离＝脉冲的个数×脉冲当量。

（二）伺服驱动器原理

图 4-55 所示为伺服驱动器的原理图，其中，1 号区域是伺服驱动器的主电路，主电路的结构是采用交—直—交的结构，主电路的结构与变频器的结构相类似；2 号区域是伺服驱动器特有的部分，它主要构成一个三环（位置环、速度环、电流环）结构，这点是变频器没有的，伺服系统能够进行精确控制主要就是靠三环结构；3 号区域是接口部分，是伺服驱动器与外围的信号进行连接，数据交换。

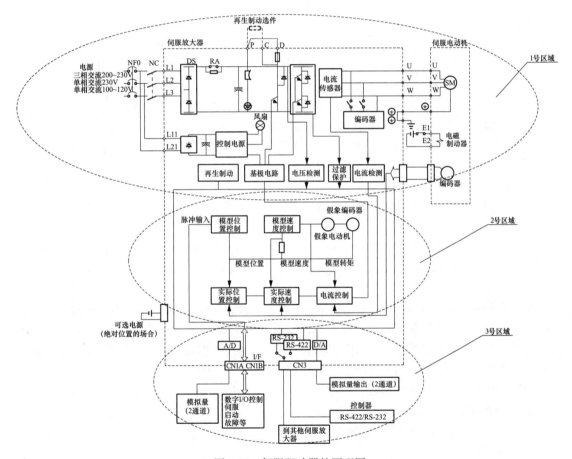

图 4-55　伺服驱动器的原理图

1. 主电路

首先接入伺服驱动器的电压是交流 220V 而不是 380V，因此需要在前面接一个变压器（图中未画出）。三相交流电通过 DS 整流并滤波变成直流电，直流电再通过逆变器变成交流电输出给伺服电动机。逆变原理就是通常所说的 PWM 脉宽调制方式。

2. 三环控制电路

最里面的一环是电流控制，称之为电流环。中间的一环是速度控制，称之为速度环。外面的一环是位置控制，称之为位置环。位置环输出给速度环，速度环输出给电流环，电流环输出到基极电路，控制逆变器。假想电动机和假想编码器是在没有电动机的情况下调试用的。

3. 接口电路

CN1A、CN1B 接口主要是接收的外围模拟量和外围的 I/O 量。CN3 主要是通信功能，比如与其他伺服驱动器和计算机等的通信，通信接口是 RS-232 或者 RS-485，还有个功能是模拟量输出，可以反映伺服驱动器的运行情况。另外一个是编码器接口 CN2，主要连接编码器。

（三）伺服系统的工作模式

伺服系统的工作模式分为位置控制模式、速度控制模式及转矩控制模式 3 种。这 3 种控制模式中，可根据控制要求选择其中的一种或者两种模式，当选择两种控制模式时，需要通过外部开关进行选择。

1. 位置控制模式

位置控制模式是利用上位机产生的脉冲来控制伺服电动机转动，脉冲的个数决定伺服电动机转动的角度（或者是工作台移动的距离），脉冲频率决定电动机的转速。如数控机床的工作台控制就属于位置控制模式。控制原理与步进电动机类似。上位机若采用 PLC，则 PLC 将脉冲送入伺服放大器，伺服放大器再来控制伺服电动机旋转。即 PLC 输出脉冲，伺服放大器接受脉冲。PLC 发脉冲时，需选择晶体管输出型。

对伺服驱动器来说，最高可以接收 500kHz 的脉冲（差动输入），集电极输入是 200kHz。电动机输出的力矩由负载决定，负载越大，电动机输出的力矩越大，当然不能超出电动机的额定负载。

急剧的加减速或者过载而造成的主电路过流会影响功率器件，因此伺服放大器嵌位电路以限制输出转矩，转矩的限制可以通过模拟量或者参数设置来进行调整。

2. 速度控制模式

速度控制模式是维持电动机的转速保持不变。当负载增大时，电动机输出的力矩增大。负载减小时，电动机输出的力矩减小。

速度控制模式速度的设定可以通过模拟量（0～±10V DC）或通过参数来进行调整，最多可以设置 7 速。控制的方式和变频器相似。但是速度控制可以通过内部编码器反馈脉冲作反馈，构成闭环。

3. 转矩控制模式

转矩控制模式是维持电动机输出的转矩进行控制，如恒张力控制，收卷系统的控制，需要采用转矩控制模式。转矩控制模式中，由于电动机输出的转矩是一定的，所以当负载变化时，电动机的转速在发生变化。转矩控制模式中的转矩调整可以通过模拟量（0～±8V DC）或者参数设置内部转矩指令控制伺服输出的转矩。

（四）伺服系统的安装与接线

1. 伺服驱动器的功能图

图 4-56 所示为伺服驱动器的构造及各部件的功能图（三菱 MR-J2S-100A）。

2. 主电路接线原理图

伺服系统主电路接线原理图如图 4-57 所示。

（1）在主电路侧（三相 220V，L1、L2、L3）需要使用接触器，并能在报警发生时从外部断开接触器。

（2）控制电路电源（L11、L21）应和主电路电源同时投入使用或比主电路电源先投入使用。如果主电路电源不投入使用，显示器会显示报警信息。当主电路电源接通后，报警即消除，可以正常工作。

（3）伺服放大器在主电路电源接通约 1s 后便可接收伺服开启信号（SON）。所以，如果在三相电源接通的同时将 SON 设定为 ON，那么约 1s 后主电路设为 ON，进而约 20ms 后，准备完毕信号（RD）将置为 ON，伺服驱动器处于可运行状态。

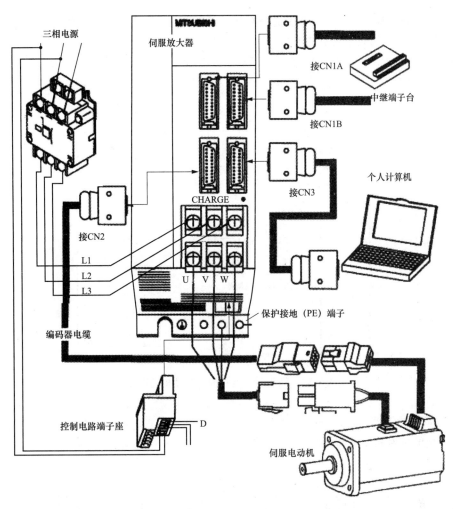

图 4-56　伺服驱动器的构造及各部件功能图

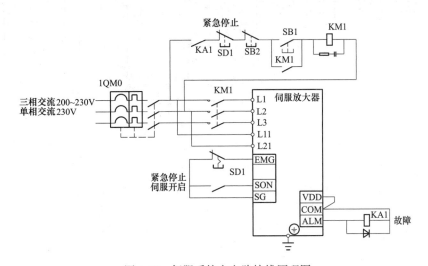

图 4-57　伺服系统主电路接线原理图

（4）复位信号（RES）为 ON 时主电路断开，伺服电动机处于自由停车状态。

3. 伺服驱动器和伺服电动机的连接

伺服驱动器和伺服电动机的连接如图 4-58 所示。

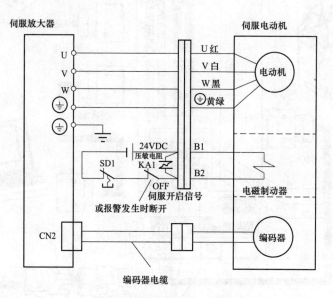

图 4-58　伺服驱动器和伺服电动机的连接

4. 伺服系统的接地

伺服系统的接地如图 4-59 所示。

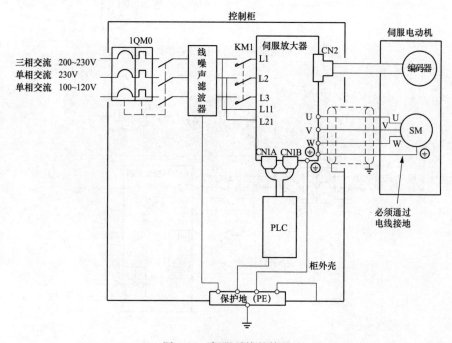

图 4-59　伺服系统的接地

（五）伺服驱动器各端子的功能及控制电路设计

1. 伺服驱动器各端子的功能

不同控制模式下（P—位置控制模式；S—速度控制模式；T—转矩控制模式），伺服驱动器 CN1A 及 CN1B 针脚号的功能分别见表 4-18 和表 4-19。

表 4-18 　　　　　　　　　　　　CN1A 针脚号

接头	针脚号	I/O	对于各控制模式的 I/O 信号		
	1	\	LG	LG	LG
	2	I	NP	\	\
	3	I	PP	\	\
	4	\	P15R	P15R	P15R
	5	O	LZ	LZ	LZ
	6	O	LA	LA	LA
	7	O	LB	LB	LB
	8	I	CR	SP1	SP1
	9	\	COM	COM	COM
	10	\	SG	SG	SG
CN1A	11	\	OPC	\	\
	12	I	NG	\	\
	13	I	PG	\	\
	14	O	OP	OP	OP
	15	O	LZR	LZR	LZR
	16	O	LAR	LAR	LAR
	17	O	LBR	LBR	LBR
	18	O	INP	SA	\
	19	O	RD	RD	RD
	20	\	SG	SG	SG

表 4-19 　　　　　　　　　　　　CN1B 针脚号

接头	针脚号	I/O			
	1	\	LG	LG	LG
	2	I	\	VC	VLA
	3	\	VDD	VDD	VDD
	4	O	DO1	DO1	DO1
	5	I	SON	SON	SON
CN1B	6	O	TLC	TLC	TLC
	7	I	\	SP2	SP2
	8	I	PC	STI	RS2
	9	I	TL	ST2	RS1
	10	\	SG	SG	SG
	11	\	P15R	P15R	P15R

	12	I	TLA	TLA	TC
	13	\	COM	COM	COM
	14	I	RES	RES	RES
	15	I	EMG	EMG	EMG
CN1B	16	I	LSP	LSP	\
	17	I	LSN	LSN	\
	18	O	ALM	ALM	ALM
	19	O	ZSP	ZSP	ZSP
	20	\	SG	SG	SG

伺服驱动器 CN1A 及 CN1B 各端子的功能说明见表 4-20。

表 4-20   **CN1A 及 CN1B 各端子的功能说明**

符号	信号名称	符号	信号名称
SON	伺服开启	VLC	速度限制中
LSP	正转行程末端	RD	准备完毕
LSN	反转行程末端	ZSP	零速
CR	清除	INP	定位完毕
SP1	速度选择 1	SA	速度到达
SP2	速度选择 2	ALM	故障
PC	比例控制	WNG	警告
STI	正向转动开始	BWNG	电池警告
ST2	反向转动开始	OP	编码器 Z 相脉冲（集电极开路）
TL	转矩限制选择	MBR	电磁制动器连锁
RES	复位	LZ	编织器 Z 相脉冲（差动驱动）
EMG	外带紧急停止	LZR	
LOP	控制切换	LA	编织器 A 相脉冲（差动驱动）
VC	模拟量速度指令	LAR	
VLA	模拟量速度限制	LB	编织器 B 相脉冲（差动驱动）
TLA	模拟量转矩限制	LBR	
TC	模拟量转矩指令	VDD	内部接口电源输出
RS1	正转选择	COM	数字接口电源输入
RS2	反转选择	OPC	集电极开路电源输入
PP	正向/反向脉冲串	SG	数字接口公共端
NP		PI5R	15VCD 电源输出
PG		LG	控制公共端
NG		SD	屏蔽端
TLC	转矩限制中	\	\

根据表 4-18～表 4-20，可知 CN1B-5 脚、CN1B-15 脚、CN1B-16 脚和 CN1B-17 针脚号的作用如下。

（1）CN1B-5 脚 SON：伺服开始，要使伺服电动机工作，伺服开始信号一定要接通。

（2）CN1B-16 脚 LSP：正转行程末端，此信号接通，则伺服可以正转，若此信号断开，则伺服将停止正转，即伺服正转过程中此信号一定要接通。

（3）CN1B-17 脚 LSN：反转行程末端，此信号与 LSP 类似。

（4）CN1B-15 脚 EMG：紧急停止，伺服运行过程中此信号断开，则伺服停止，故此信号一定要接通。

2. 伺服驱动器内部接线图

伺服驱动器主要有 3 种控制方式，在不同工作模式时，伺服驱动器内部端子的功能也不同，图 4-60 所示为 3 种不同控制模式下的信号端子功能及回路图。

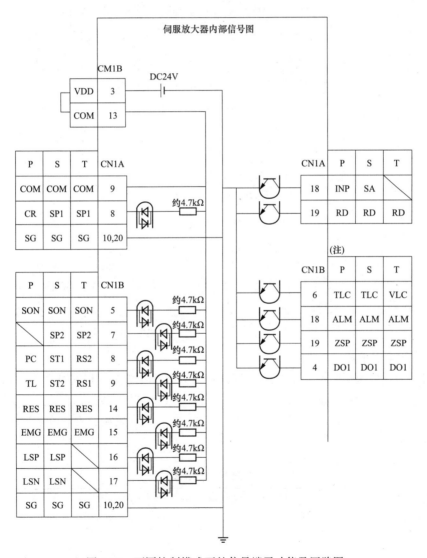

图 4-60　不同控制模式下的信号端子功能及回路图

按照图 4-60，可画出驱动器输入与输出端子的接线图，如图 4-61 所示。

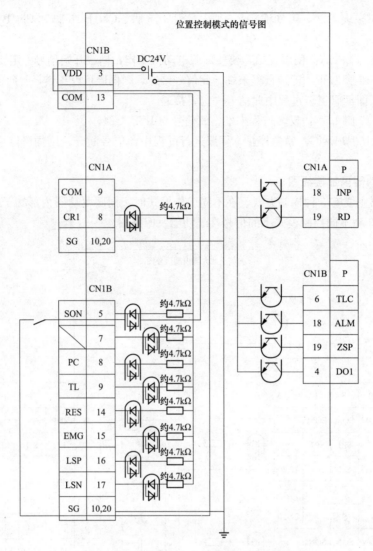

图 4-61　驱动器输入与输出端子的接线图

（六）伺服系统的参数

　　要准确高效的使用伺服系统，必须准确设置伺服驱动器的参数。根据安全系数和使用频率选择参数。三菱伺服驱动器的参数有基本参数、扩展参数 1 和扩展参数 2。在出厂状态下，用户可以修改基本参数，但不能修改扩展参数，如要修改扩展参数，则需要先修改参数 No.19。参数 No.19 含义见表 4-21。

表 4-21　　　　　　　　　　　　　　　　参数 No.19 含义

参数 No.19 的设定值	设定值的操作	基本参数 No.0～No.19	扩展参数 1，No.20～No.49	扩展参数 2，No.50～No.84
0000（初始值）	可读	○	\	\
	可写	○	\	\
000A	可读	仅 No.19	\	\
	可写	仅 No.19	\	\

续表

参数 No.19 的设定值	设定值的操作	基本参数 No.0～No.19	扩展参数 1，No.20～No.49	扩展参数 2，No.50～No.84
000B	可读	○	○	＼
	可写	○	＼	＼
000C	可读	○	○	＼
	可写	○	＼	＼
000E	可读	○	○	○
	可写	○	○	○
100B	可读	○	＼	＼
	可写	仅 No.19	＼	＼
100C	可读	○	○	＼
	可写	仅 No.19	＼	＼
100E	可读	○	○	○
	可写	仅 No.19	＼	＼

在使用三菱 J2S 伺服驱动器时，首先要设置参数 No.19，然后再对其他参数进行设置。设定参数 No.19 后，需要断开电源，再重新上电，参数才会有效。一般而言，调试时把参数 No.19 设置成 000E，表示任何参数可读可写，当调试结束时，再把参数 No.19 设置成 000A，表示只有参数 No.19 可读可写，防止其他人员乱按而引起误操作。

1. 参数 No.0

参数 No.0 为控制模式设定见表 4-22。

表 4-22　　　　　　　　　　参数 No.0（控制模式设定）

NO	符号	名称和功能	初始值	设定范围	控制模式
0	*STY	控制模式，再生制动选件选择 用于选择控制模式和再生选件 `0  0` 控制模式的选择： 0—位置； 1—位置和速度； 2—速度； 3—速度和转矩； 4—转矩； 5—转矩和位置； 选择再生制动选件： 0—不用； 1—备用{请不要设定}； 2—MR-RB032； 3—MR-RB12； 4—MR-RB32； 5—MR-RB30； 6—MR-RB50 注意 错误设定可导致再生制动选件损坏 如果选择与伺服电动机不匹配的再生制动选件将发生"参数变异"报警（AL.37）	0000	0000h — 0605h	P.S.T

注　符号 STY 前面的"＊"，表示设置后要断电重启才生效。

2. 参数 No. 3 和参数 No. 4

参数 No. 3 是电子齿轮的分子，参数 No. 4 是电子齿轮的分母。电子齿轮的设定见表 4-23。

表 4-23 参数 No. 3 与 No. 4（电子齿轮的设定）

3	CMX	电子齿轮分子（指令脉冲倍率分子）： 设定电子齿轮比的分子； 如果设定值为 0，可根据连续的伺服电动机的分辨率自动的设定这个参数； 如在使用 HC-MFS 系列电动机的场合，自动设定为 131072	1	0.1～65535	P
4	CDV	电子齿轮分母（指令脉冲倍率分母）： 设定电子齿轮比的分母	1	1～65535	P

在进行位置控制模式时，需要设置电子齿轮，电子齿轮的设置和系统的机械结构，控制精度有关。电子齿轮的设定范围为：1/50＜CMX/CDV＜50。

假设上位机（PLC）向驱动器发出 1000 个脉冲（假设电子齿轮比为 1 比 1），则偏差计数器就能产生 1000 个脉冲，从而驱动伺服电动机转动。伺服电动机转动后，编码器则会产生脉冲输出，反馈给偏差计数器，编码器产生一个脉冲，偏差计数器则减一，产生两个脉冲则减二，因此编码器旋转后一直产生反馈脉冲，偏差计数器一直作差减运算，当编码器反馈 1000 个脉冲后，偏差计数器内脉冲就减为 0，此时，伺服电动机就会停止。因此，实际上，上位机发出脉冲，则伺服电动机就旋转，当编码器反馈的脉冲数等于上位机发出的脉冲数后，伺服电动机停止。因此有

上位机所发的脉冲数＝编码器反馈的脉冲数

（1）电子齿轮的概念及计算。电子齿轮实际上是一个脉冲放大倍率。实际上，上位机所发的脉冲经电子齿轮放大后再送入偏差计数器，因此上位机所发的脉冲，不一定就是偏差计数器所接收到的脉冲，有

上位机发出的脉冲数×电子齿轮＝偏差计数器接收的脉冲

偏差计数器接收的脉冲数＝编码器反馈的脉冲数

（2）编码器分辨率。编码器分辨率即为伺服电动机的编码器的分辨率，也就是伺服电动机旋转一圈，编码器所能产生的反馈脉冲数。编码器分辨率是一个固定的常数，伺服电动机选好后，编码器分辨率也就固定了。

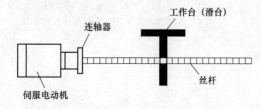

图 4-62 伺服电动机带动丝杠示意图

（3）丝杠螺距。丝杠即为螺纹式的螺杆，电动机旋转时，带动丝杠旋转，丝杠旋转后，可带动滑块作前进或后退的动作。伺服电动机带动丝杠示意图如图 4-62 所示。

丝杠的螺距即为相邻的螺纹之间的距离。实际上丝杠的螺距即丝杠旋转一周工作台所能移动的距离。螺距是丝杠的固有的参数，是一个常量。

（4）脉冲当量。脉冲当量即为上位机（PLC）发出一个脉冲，实际工作台所能移动的距离。因此脉冲当量也就是伺服系统的精度。

比如说脉冲当量规定为 $1\mu m$，则表示上位机（PLC）发出一个脉冲，实际工作台可以移动 $1\mu m$。因为 PLC 最少只能发一个脉冲，因此伺服系统的精度就是脉冲当量的精度，也就是 $1\mu m$。

【案例 4-13】计算电子齿轮

（1）以图 4-62 为例，伺服编码器分辨率为 8192，丝杠螺距是 10mm，脉冲当量为 $10\mu m$，计算电子齿轮。

解： 脉冲当量为 $10\mu m$，表示 PLC 发一个脉冲工作台可以移动 $10\mu m$，那么要让工作台移动一个螺距（10mm），则 PLC 需要发出 1000 个脉冲，相当于 PLC 发出 1000 个脉冲，工作台可以移动一个螺距。那工作台移动一个螺距，丝杠需要转一圈，伺服电动机也是需要转一圈，伺服电动机转一圈，编码器能产生 8192 个脉冲。

因为 PLC 发的脉冲数×电子齿轮＝编码器反馈的脉冲数，有 1000×电子齿轮＝8192，故电子齿轮＝8192/1000。

（2）伺服电动机通过变速机构和丝杠相连，伺服编码器分辨率为 131072，如图 4-63 所示。丝杠的螺距是 5mm，脉冲当量是 $1\mu m$。求电子齿轮。

解： 要丝杠转动一周，由于有变速机构，电动机要转 3/2 周。所以上位机发脉冲的个数是 5000，电动机反馈回来的脉冲是 131072×3/2。有 5000×电子齿轮＝131072×3/2，电子齿轮＝24576/625。

（3）伺服电动机带动旋转工作台时，假设要求脉冲当量是 $0.01°$，伺服编码器分辨率为 131072，如图 4-64 所示。求电子齿轮。

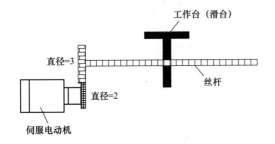

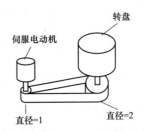

图 4-63　伺服电动机带动丝杠示意图　　　图 4-64　伺服电动机带动转盘示意图

解： 转盘转动一周，电动机转动两周，所以上位机产生 36000 个脉冲，电动机反馈脉冲数是 131072×2，36000×电子齿轮＝131072×2，故电子齿轮＝8192/1125。

3. 参数 No.5

参数 No.5 为定位范围设定，见表 4-24。当位置控制模式时，INP 是集电极输出的一个晶体管，如果设置值为 100，当离目标还差 100 个脉冲时，INP 就有输出了。

表 4-24　　　　　　　　　　　参数 No.5（定位范围设定）

5	INP	定位范围： 用电子齿轮计算前的指令脉冲为单位设定； 设定输出定位完毕（INP）信号的范围	100	脉冲	0～10000	P

4. 参数 No.7

参数 No.7 为位置指令的加减速时间设定，见表 4-25。

表 4-25　　　　　　　　参数 No.7（位置指令的加减速时间设定）

7	PST	位置指令的减速时间常数（位置斜坡功能）；用于设定位置的低通滤波器时间常数；通过参数 No.55，可选择设定起调时间或线性加减速时间；选择线性加减速时，设定范围为 0～10ms；如果设定值为 10ms 以上，也认为是 10ms	3	ms	0～20000	P

续表

7	PST	注意：选择线性加减速时，请不要使用控制模式切换功能（参数 No. 0）和电源瞬时停电再启动功能（参数 No. 20），否则在控制模式切换或电源再启动时会造成伺服电动机突然停止	3	ms	0～20000	P

参数设置得越低，表示加减速时间越短，如果设置的过低，会产生振荡。因此一般保留出厂值不做修改。

同步用编码器发出指令后，即使是在伺服电动机处于运行时启动，同步运行也可以平稳地开始，如图 4-65 所示。

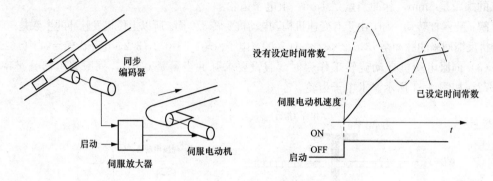

图 4-65　位置指令加减速时间常数设定示例

5. 参数 No. 8～参数 No. 10

参数 No. 8～参数 No. 10 为内部速度指令设定，见表 4-26。

表 4-26　　　　　　　　参数 No. 8～参数 No. 10（内部速度指令设定）

基本参数	8	SC1	内部速度指令1：用于设定内部速度指令1	100	r/min	0～瞬时容许速度	S
			内部速度限制1：用于设定内部速度限制1				T
	9	SC2	内部速度指令2：用于设定内部速度指令2	500	r/min	0～瞬时容许速度	S
			内部速度限制2：用于设定内部速度限制2				T
	10	SC3	内部速度指令3：用于设定内部速度指令3	1000	r/min	0～瞬时容许速度	S
			内部速度限制3：用于设定内部速度限制3				T

SP1 和 SP2 是用来控制电动机速度的。如果是三段调速的话，可以修改参数 No. 8～参数 No. 10 来设定。如果是转矩控制，设置值代表最高转速控制。外部输入信号与速度指令对应见表 4-27。

表 4-27　　　　　　　　　　　外部输入信号与速度指令对应

外部输入信号		速度指令值
SP1	SP2	
0	0	模拟量速度指令（VC）
1	0	内部速度指令 1（参数 No.8）
0	1	内部速度指令 2（参数 No.9）
1	1	内部速度指令 3（参数 No.10）

6. 参数 No.11 和参数 No.12

参数 No.11 与参数 No.12 为加减速时间常数设定，见表 4-28。

表 4-28　　　　　　　参数 No.11 和参数 No.12（加减速时间常数设定）

11	STA	加速时间常数 加速时间常数用于设定从零加速到额定速度所需要的加速时间 如图 4-66 所示。	0	ms	0~2000	S·T
12	STB	减速时间常数 用于设定使用模拟量速度指令或内部速度指令 1~3 时，从额定速度减速到零速所需的减速时间。				

例：伺服电动机额定速度为 3000r/min 时，如设定参数的值为 3s，则伺服电动机从 0r/min 加速到 3000r/min 需 3s，从 0r/min 加速到 1000r/min 需要 1s。此时加速时间常数如图 4-66 所示。

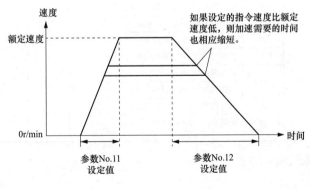

图 4-66　加速时间常数

7. 参数 No.14

参数 No.14 为转矩指令时间常数设定，见表 4-29。出厂值为 0 代表以最快的速度达到设定的转矩值，并不代表没有滞后。转矩指令时间常数如图 4-67 所示。

表 4-29　　　　　　　　　　　　　参数 No.14

14	TQC	转矩指令时间常数： 用于设定转矩指令的低通滤波器时间常数	0	ms	0~20000	T

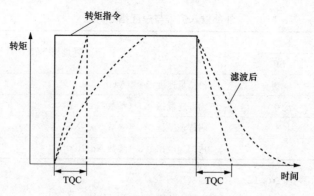

图 4-67 转矩指令时间常数

8. 参数 No. 17

参数 No. 17 为模拟量输出选择设定，见表 4-30。

表 4-30   参数 No. 17（模拟量输出选择设定）

模拟量输出选择：
用于选择模拟量输出信号的内容。

0		0	

设定值	模拟量输出选择	
	通道2	通道1
0	电动机速度(8V/最大速度)	
1	输出转矩(±8V/最大转矩)	
2	电动机速度(±8V/最大速度)	
3	输出转矩(±8V/最大转矩)	
4	电流指令(±8V/最大指令电流)	
5	指令脉冲频(±8V/500kpps)	
6	滞留脉冲(±10V/128脉冲)	
7	滞留脉冲(±10V/2048脉冲)	
8	滞留脉冲(±10V/8192脉冲)	
9	滞留脉冲(±10V/32768脉冲)	
A	滞留脉冲(±10V/131072脉冲)	
B	母线电压(±8V/400V)	

| 17 | MOD | | 0000 | 0000h～0B0Bh | P·S·T |

模拟量输出接线图如图 4-68 所示。

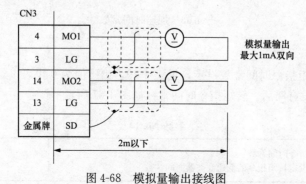

图 4-68 模拟量输出接线图

【案例 4-14】伺服电动机的速度控制

1. 控制要求

按下启动按钮，伺服电动机按图 4-69 所示速度曲线循环运行，按下停止按钮，电动机马上停止。当出现故障报警信号时，系统停止运行，报警灯闪烁。速度要求见表 4-31。

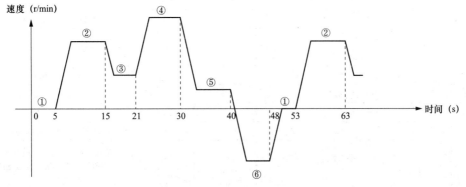

图 4-69 伺服电动机速度曲线

表 4-31	速 度 要 求	(r/s)
速度 1		0
速度 2		1000
速度 3		800
速度 4		1500
速度 5		400
速度 6		-900

2. 系统分析

从控制要求看出，一共有 6 段速度，要求循环运行，每一段都有时间控制，因此可以通过 PLC 来控制。

（1）系统原理图。根据控制要求设计系统原理图，如图 4-70 所示。在设计电路时，可以先设计主电路，主电路是表示系统中各设备的供电情况，再设计控制回路，控制回路主要体现 PLC 与伺服驱动器之间的控制关系。

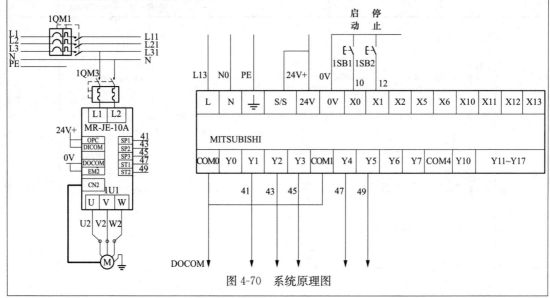

图 4-70 系统原理图

（2）系统参数设置。系统参数设置见表 4-32。

表 4-32　　　　　　　　　　　系 统 参 数 设 置

参数	名称	出厂值	设定值	说明
No. 0	控制模式选择	0000	0002	设置成速度控制模式
No. 8	内部速度 1	100	0	0r/min
No. 9	内部速度 2	500	1000	1000r/min
No. 10	内部速度 3	1000	800	800r/min
No. 11	加速时间常数	0	1000	1000ms
No. 12	减速时间常数	0	1000	1000ms
No. 41	用于设定 SON、LSP、LSN 的自动置 ON	0000	0111	SON、LSP、LSN 内部自动置 ON
No. 43	输入信号选择 2	0111	0AA1	在速度模式、转矩模式下把 CN1B-5（SON）改成 SP3
No. 72	内部速度 4	200	1500	1500r/min
No. 73	内部速度 5	300	400	400r/min
No. 74	内部速度 6	500	900	900r/min

（3）编写控制程序。分析电动机运行的速度和 PLC 输出之间的逻辑关系，见表 4-33。

表 4-33　　　　　　　　电动机运行的速度和 PLC 输出之间的逻辑关系

外部输入信号					速度指令
ST1（Y4）	ST2（Y5）	SP1（Y1）	SP2（Y2）	SP3（Y3）	
0	0	0	0	0	电动机停止
1	0	1	0	0	速度 1（No. 8＝0）
1	0	0	1	0	速度 2（No. 9＝1000）
1	0	1	1	0	速度 3（No. 10＝800）
1	0	0	0	1	速度 4（No. 72＝1500）
1	0	1	0	1	速度 5（No. 73＝400）
0	1	0	1	1	速度 6（No. 74＝900）

编写程序如下：

```
     X000
0    ──┤├──────────────────────────────────────[ PLS    M0    ]

     X001
3    ──┤├──────────────────────────────────[ ZRST   S0     S25   ]
       │
       └──────────────────────────────────────────( Y000 )

     M0
10   ──┤├──────────────────────────────────────[ SET    S0    ]

13   ──────────────────────────────────────────[ STL    S0    ]

     X000
14   ──┤├──────────────────────────────────────[ SET    S20   ]
```

第
四
章

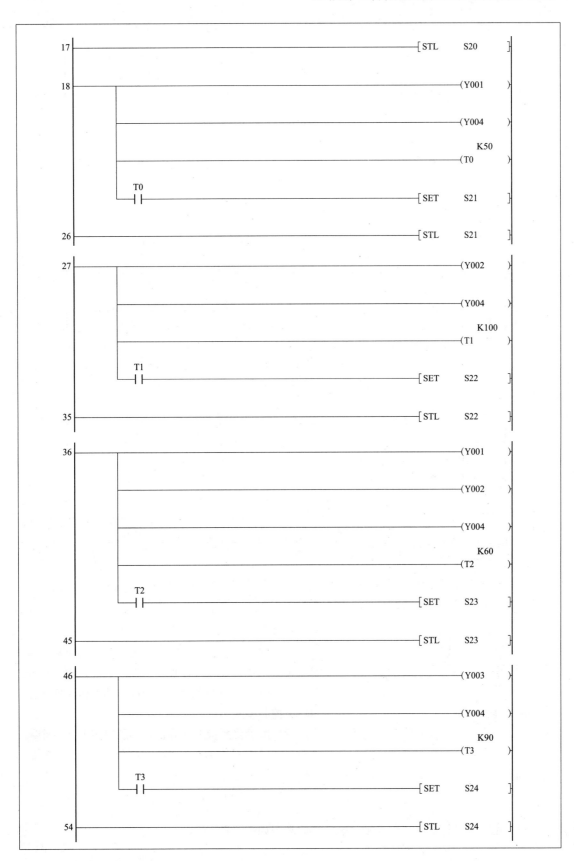

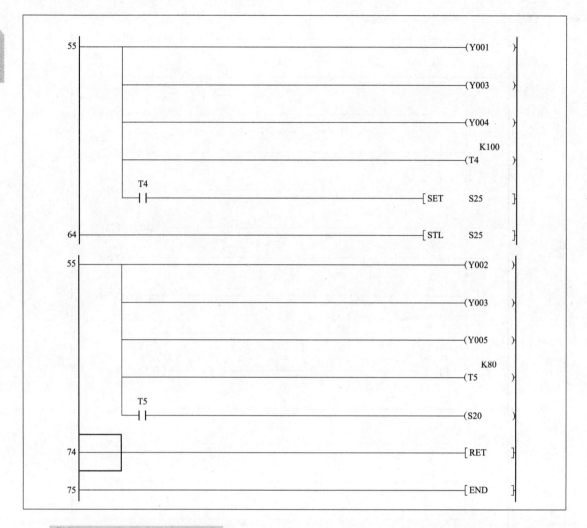

【案例 4-15】设计收卷纸系统

1. 控制要求

设计一个收卷纸系统，要求在收卷时纸张所受到的张力保持不变，当收卷到 100m 时，电动机停止。切刀纸工作，把纸切断。收卷纸系统工作示意图如图 4-71 所示。

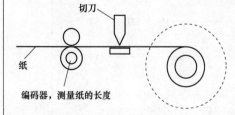

图 4-71　收卷纸系统工作示意图

2. 系统分析

（1）这是一个收卷系统，要求在收卷的过程中受到的张力不变，开始时，收卷半径小，要求电动机转得快，当收卷半径变大时，电动机转速变慢。因此采用转矩控制模式。

（2）由于要测量纸张的长度，所以需要装一个编码器，假设编码器的分辨率是 1000，安装编码器的辊子周长是 50mm。所以纸张的长度和编码器输出脉冲的关系式为

$$编码器输出的脉冲数 = \frac{纸张的长度\ m}{50} \times 1000 \times 1000$$

（3）电气原理图设计。收卷纸系统电气原理图如图 4-72 所示。

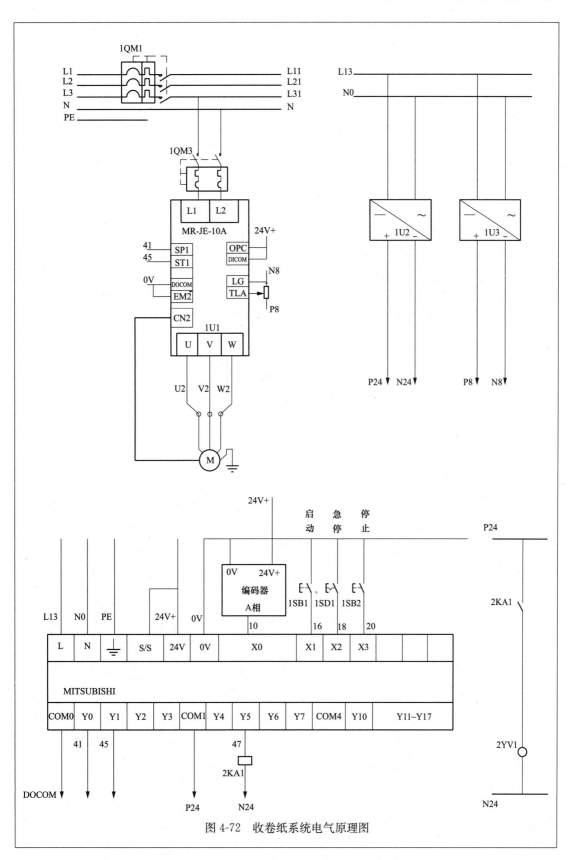

图 4-72 收卷纸系统电气原理图

（4）参数设置。参数设置见表 4-34。

表 4-34　　　　　　　　　　　　　　参 数 设 置

参数	名称	出厂值	设定值	说明
No. 0	控制模式选择	0000	0004	设置成转矩控制模式
No. 2	自动调整	0105	0105	设置为自动调整
No. 8	内部速度 1	100	1000	1000r/min
No. 11	加速时间常数	0	500	500ms
No. 12	减速时间常数	0	500	500ms
No. 20	功能选择 2	0000	0010	停止时伺服锁定，停电时不能自动重新启动
No. 41	用于设定 SON、LSP、LSN 是否内部自动设置 ON	0000	0001	SON 内部置 ON，LSP、LSN 外部置 ON

（5）程序设计。编写梯形图程序如下：

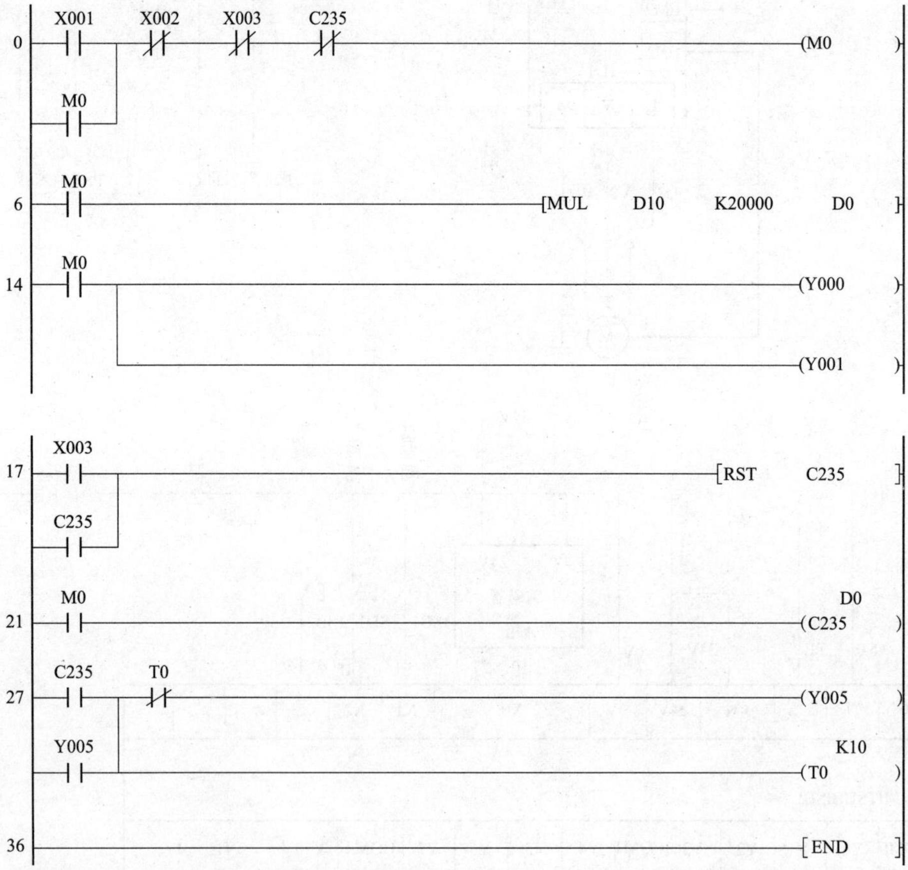

【案例 4-16】自动吸放料系统

1. 控制要求

伺服电动机带动丝杠转动，丝杠带动工作杆作前进后退的运动。在工作杆上装有电磁铁，用来吸取小料件，各工位间距离如图 4-73 所示。

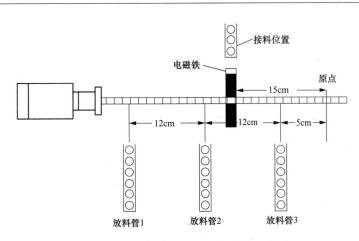

图 4-73 伺服电动机带动丝杠转动示意图

工作流程：工作杆移动到接料位置吸料，吸料 1s 后，工作杆移动到放料管 1、2、3 放料。一开始先在放料管 1 处放料，放料管 1 装满 6 个后，下次自动转移放料管 2 放料，同样，放料管 2 装满 6 个后，下次自动转移放料管 3 放料，如此循环放料。整个系统具有手动、回原点、自动操作功能。一个吸料、放料周期控制在 5s 以内。通过外部操作面板实现全部操作功能。

系统参数：伺服电动机编码器分辨率为：131072，丝杠的螺距为 1cm，脉冲当量定义为 1μm。

2. 系统分析

（1）首先此系统采用伺服位置控制方式，上位机采用 FX1S-30MT 的 PLC 来控制。因此各工位间的距离通过 PLC 发出的脉冲数量来控制，速度由脉冲频率控制。

（2）控制面板或人机画面布置及信号分配如图 4-74 所示。

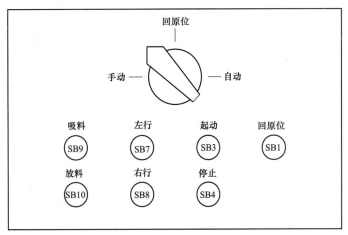

图 4-74 控制面板或人机画面布置及信号分配

（3）电气原理图。设计的电气原理图如图 4-75 所示。

（4）伺服系统计算。

1）电子齿轮比计算。因脉冲当量为 1μm，则 PLC 发出一个脉冲，工作杆可以移动 1μm。丝杠螺距为 1cm，则要使工作杆移动一个螺距，PLC 需要发出 10000 个脉冲，有 $10000 \times$ CMX/CDV＝130172，故电子齿轮比 CMX/CDV＝131072/10000＝8192/625。

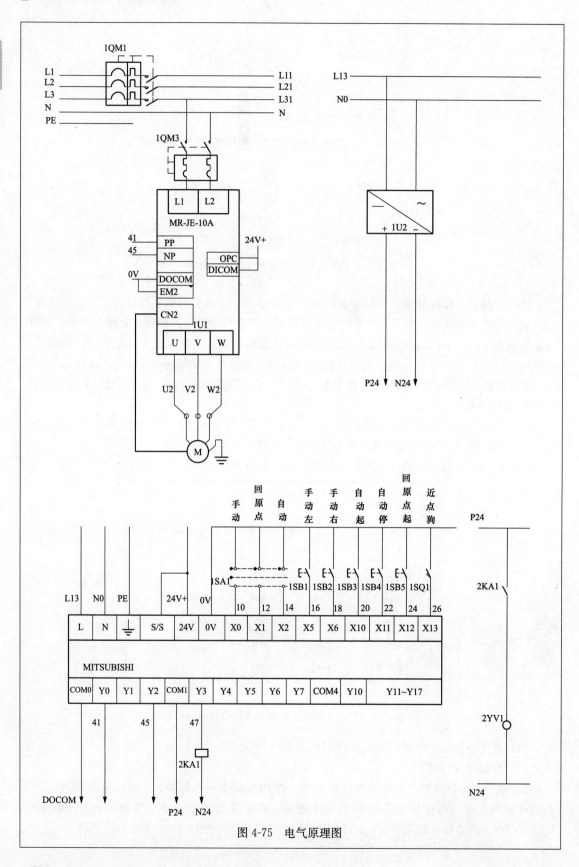

图 4-75 电气原理图

2）脉冲距离计算。①从原点到接料位置 15cm，而一个脉冲能移动 $1\mu m$，则 15cm 需要发出 150000 个脉冲；②从接料位置到放料管 1 位置是 14cm，则 PLC 要发 140000 个脉冲；③从接料位置到放料管 2 位置是 2cm，则 PLC 要发 20000 个脉冲；④从接料位置到放料管 3 位置是 10cm，则 PLC 要发 100000 个脉冲。

3）脉冲频率（伺服电动机转速计算）。①点动速度一般没具体要求，这里定义为 0.5r/s，则要求点动时的脉冲频率为 $0.5 \times 10000 = 5000$Hz；②原点回归高速定义为 0.75r/s，低速（爬行速度）为 0.25r/s，则要求原点回归高速频率为 7500Hz，低速为 2500Hz；③因为要求中，工作周期为 5s，因此定义自动运行频率为 40000Hz，即 1s 钟 4 转，即 1s 能走 4cm。

（5）参数设置。参数设置见表 4-35。

表 4-35　　　　　　　　　　　　　　参　数　设　置

参数	名称	出厂值	设定值	说明
No. 3	电子齿轮分子	1	8192	设置成上位机发出 10000 个脉冲电动机转一周
No. 4	电子齿轮分母	1	625	
No. 21	功能选择 3	0000	0001	用于选择脉冲串输入信号波形（设定脉冲加方向控制）

（6）PLC 编程。

1）手动（点动）程序如下：

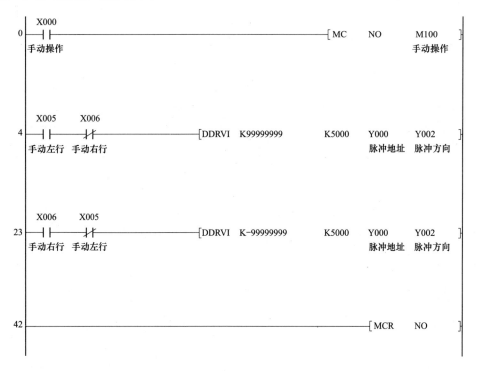

2）原位回归程序如下：

3）自动运行程序如下：

```
        X001
44      ├┤├─────────────────────────────────────────[ MC     NO      M101  ]
        回原点操作                                                      回原点操作


        X012    M2
48      ├┤├────┤／├────────────────────────────────────────────────(M1      )
        回原点   原点回归                                               原点回归
        按钮     结束                                                   开始

        M1
        ├┤├
        原点回归开始


        M1      M2
52      ├┤├────┤／├──────────────────[ ZRN    K7500   K2500   X013    Y000  ]
        原点回归  原点回归                                     近点信号  脉冲地址
        开始      结束


        M8029
63      ├┤├─────────────────────────────────────────────[ SET     M2    ]
        定位完成                                                    原点回归
        信号                                                        结束


65      ─────────────────────────────────────────────────[ MCR     NO    ]


        X002
67      ├┤├─────────────────────────────────────────[ MC     NO      M102  ]
        自动操作                                                      自动操作


        X010    M2
71      ├┤├────┤├───────────────────────────────────────────────(M3      )
        自动启动  原点回归                                            自动操作
                 结束                                                开始

        M3
        ├┤├
        自动操作
        开始


        M3
75      ├┤├──────────────────[ DDRVI  K150000  K40000   Y000    Y002  ]
        自动操作                                          脉冲地址  脉冲方向
        开始
```

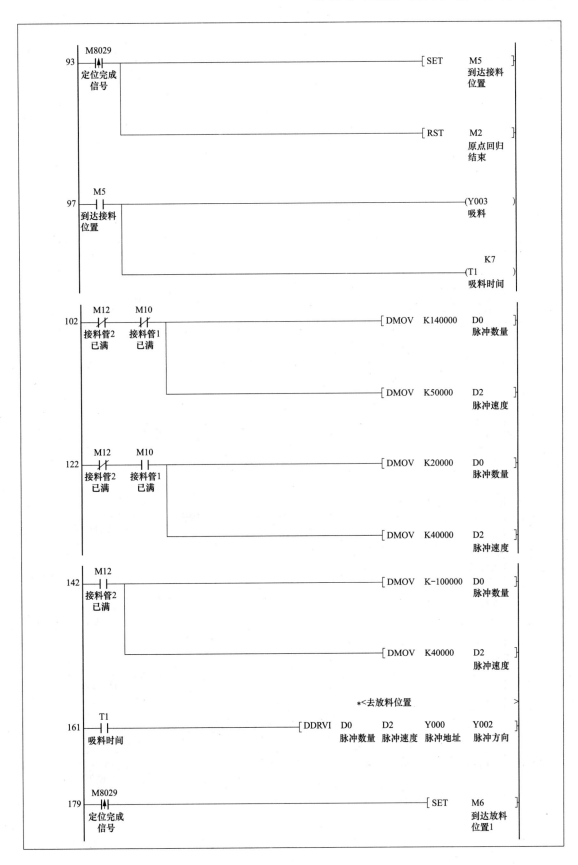

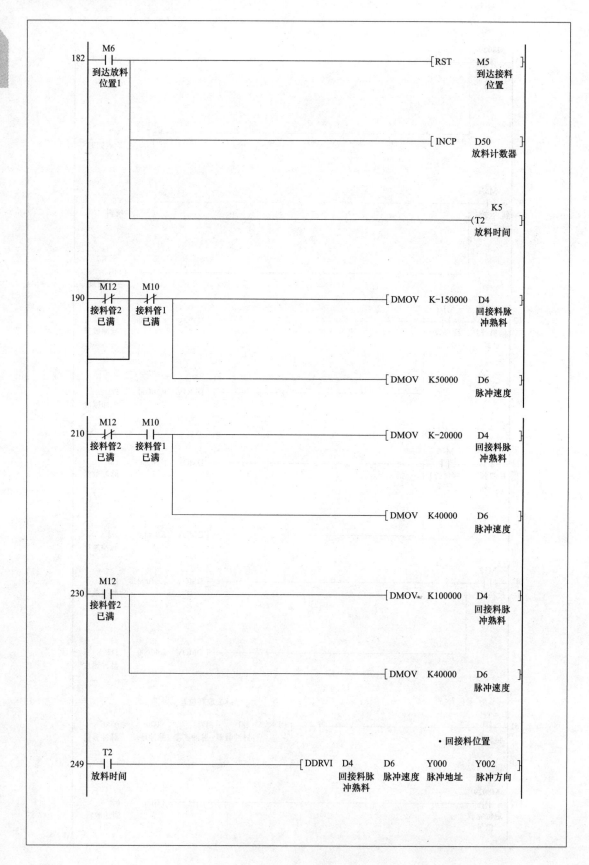

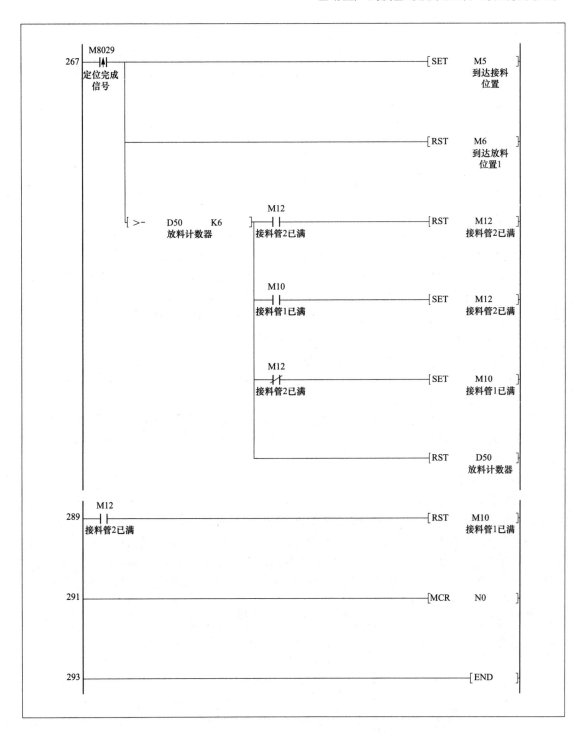

第七节 自动生产线设备气动系统维护与维修

一、气动系统的维护保养

　　一台气动装置，如果不注意维护保养工作，就会过早损坏或频繁发生故障，使装置的使用寿命大大降低。在对气动装置进行维护保养时，应针对发现的事故苗头，及时采取措施，这样可减少和防止故障的发生，延长元件和系统的使用寿命。因此，企业应制定气动装置的维护保养管理规范，加强管理教育，严格管理。

维护保养工作的中心任务是保证供给气动系统清洁干燥的压缩空气；保证气动系统的气密性；保证油雾润滑元件得到必要的润滑；保证气动元件和系统得到规定的工作条件（如使用压力、电压等），以保证气动执行机构按预定的要求进行工作。当气动装置出现异常时，应切断电源，停止供气，并将系统内残压释放完，才能进行检查修理工作。

气动系统的维护工作可以分为经常性的维护工作和定期的维护工作。前者是指每天必须进行的维护工作，后者可以是每周、每月或每季度进行的维护工作。维护工作应有记录，以利于今后的故障诊断和处理。

（一）经常性的维护工作

日常维护工作的主要任务是冷凝水排放、检查润滑油和空压机系统的管理。

冷凝水排放涉及整个气动系统，从空压机、后冷却器、气罐、管道系统直到各处空气过滤器、干燥器和自动排水器等。在作业结束时，应当将各处冷凝水排放掉，以防夜间温度低于 0℃ 而导致冷凝水结冰。由于夜间管道内温度下降，会进一步析出冷凝水，故气动装置在每天运转前，也应将冷凝水排出。注意察看自动排水器是否工作正常，水杯内不应存水过量。

在气动装置运转时，每天应检查一次油雾器的滴油量是否符合要求，油色是否正常，即油中不要混入灰尘和水分等，混入水分的油呈白浊状态。

空压机系统的日常管理工作是：是否向后冷却器供给了冷却水（指水冷式）；空压机有否异常声音和异常发热，润滑油位是否正常。

使用电源的气动元件，为防止触电，注意维护时不要把手及物体放入元件内。不得已时要先切断电源，确认装置已停止工作，并排放掉残压后才能进行维护。注意不要用手触碰高温部位。

（二）定期的维护工作

1. 每周维护工作

每周维护工作的主要内容是漏气检查和油雾器管理，并注意空压机是否要补油、传动带是否松动、干燥器的露点有否变动、执行元件有无松动处等。目的是尽早发现事故的苗头。

漏气检查应在白天车间休息的空闲时间或下班后进行。这时，气动装置已停止工作，车间内噪声小，但管道内还有一定的空气压力，根据漏气的声音便可知何处存在泄漏，泄漏的部位及原因见表 4-36。严重泄漏处必须立即处理，如软管破裂，连接处严重松动等。其他泄漏应做好记录。

表 4-36 泄漏的部位及原因

泄漏部位	泄漏原因
管子连接部位	连接部位松动
管接头连接部位	接头松动
软管	软管破裂或被拉脱
空气过滤器的排水阀	灰尘嵌入
空气过滤器的水杯	水杯龟裂
减压阀阀体	紧固螺钉松动
减压阀的溢流孔	灰尘嵌入溢流阀座，阀杆动作不良，膜片破裂，但恒量排气式减压阀有微漏是正常的
油雾器器体	密封垫不良
油雾器调节针阀	针阀阀座损伤，针阀未紧固
油雾器油杯	油杯龟裂
换向阀阀体	密封不良，螺钉松动，压铸件不合格

续表

泄漏部位	泄漏原因
换向阀排气口漏气	密封不良弹簧折断或损伤，灰尘嵌入，气缸的活塞密封圈密封不良，气压不足
安全阀出口侧	压力调整不符合要求，弹簧折断，灰尘嵌入，密封圈损坏
快排阀漏气	密封圈损坏，灰尘嵌入
气缸本体	密封圈磨损，螺钉松动，活塞杆损伤

　　油雾器最好选用一周补油一次的规格。补油时，要注意油量减少情况。若耗油量太少，应重新调整滴油量。调整后滴油量仍少或不滴油，应检查通过油雾器的流量是否减少，油道是否堵塞。

2. 每月或每季度的维护工作

　　每月或每季度的维护工作应比每日和每周的维护工作更仔细，但仍限于外部能够检查的范围。其主要内容是：仔细检查各处泄漏情况，紧固松动的螺钉（包括接线端子处）和管接头，检查换向阀排出空气的质量，检查各调节部分的灵活性，检查指示仪表的正确性，检查电磁阀切换动作的可靠性，检查气缸活塞杆的质量以及一切从外部能够检查的内容。每季度的维护工作见表 4-37。

表 4-37　　　　　　　　　　每季度的维护工作

元件	维护内容
自动排水器	能否自动排水，手动操作装置能否正常动作
过滤器	过滤器两侧压差是否超过允许压降
减压阀	旋转手柄，压力可否调节；当系统的压力为零时，观察压力表的指针能否回零
压力表	观察各处压力表指示值是否在规定范围内
安全阀	使压力高于设定压力，观察安全阀能否溢流
压力开关	在最高和最低的设定压力，观察压力开关能否正常接通和断开
换向阀的排气口	查油雾喷出量，查有无冷凝水排出，查有无漏气
电磁阀	查电磁线圈的温升，查阀的切换动作是否正常
速度控制阀	调节节流阀开度，能否对气缸进行速度控制或对其他元件进行流量控制
气缸	查气缸运动是否平稳，速度及循环周期有无明显变化；安装螺钉、螺母、拉杆有无松动、气缸安装架有否松动和异常变形；活塞杆连接有无松动；活塞杆部位有无漏气；活塞杆表面有无锈蚀、划伤和偏磨，端部是否出现冲击现象；行程中有无异常、磁性开关动作位置有无偏移
空压机	进口过滤器网眼有否堵塞
干燥器	冷媒压力有否变化、冷凝水排出口温度变化情况

　　检查漏气时应采用在各检查点涂肥皂液等办法，因其显示漏气的效果比听声音更灵敏。

　　检查换向阀排出空气的质量时应注意以下 3 方面：①了解排气中所含润滑油量是否适度，其方法是将一张清洁的白纸放在换向阀的排气口附近，阀在工作 3～4 个循环后，若白纸上只有很轻的斑点，表明润滑良好；②了解排气中是否含有冷凝水；③了解不该排气的排气口是否有漏气。少量漏气预示着元件的早期损伤（间隙密封阀存在微漏是正常的）。若润滑不良，应考虑油雾器的安装位置是否合适，所选规格是否恰当，滴油量调节得是否合理及管理方法是否符合要求。若有冷凝水排出，应考虑过滤器的位置是否合适，各类除水元件设计和选用是否合理，冷凝水管理是否符合要求。泄漏的主要原因是阀内或缸内的密封不良，复位弹簧生锈或折断、气压不足等所致。正常使用条件下，半年内弹簧不会出现问题。间隙密封阀的泄漏较大时，可能是阀芯、阀套磨损所致。

像安全阀、紧急开关阀等，平时很少使用，定期检查时，必须确认它们的动作可靠性。

让电磁阀反复切换，从切换声音可判断阀的工作是否正常。对交流电磁阀，若有蜂鸣声，应考虑动铁心与静铁心是否没有完全吸合，或吸合面有灰尘，分磁环脱落或损坏等。

气缸活塞杆常露在外面。观察活塞杆是否被划伤、腐蚀和存在偏磨。根据有无漏气，可判断活塞杆与端盖内的导向套、密封圈的接触情况、压缩空气的处理质量，气缸是否存在横向载荷等。

气液单元的油应 6 个月至 1 年更换一次。当油中混入冷凝水变成白浊状态或变色时，必须换新油。

图 4-76 所示为故障检修流程图，适用于系统故障查找。根据实际系统和维护条件，在一定程度上，还可以对该流程进行修改，以使其与实际工况更加吻合。

二、气动系统的故障诊断与对策

（一）故障种类

由于故障发生的时期不同，故障的内容和原因也不同。因此，可将故障分为初期故障、突发故障和老化故障。

1. 初期故障

在调试阶段和开始运转的二、三个月内发生的故障称为初期故障。初期故障产生的原因通常有以下几种。

（1）元件加工、装配不良。如元件内孔的研磨不符合要求，零件毛刺未清除干净，不清洁安装，零件装错、装反，装配时对中不良，紧固螺钉拧紧力矩不恰当，零件材质不符合要求，外购零件（如密封圈、弹簧）质量差等。

（2）设计失误。设计元件时，对零件的材料选用不当，加工工艺要求不合理等。对元件的特点、性能和功能了解不够，造成回路设计时元件选用不当。设计的空气处理系统不能满足气动元件和系统的要求，回路设计出现错误。

（3）安装不符合要求。安装时，元件及管道内吹洗不干净，使灰尘、密封材料碎片等杂质混入，造成气动系统故障，安装气缸时存在偏载。管道的防松、防振动等没有采取有效措施。

（4）维护管理不善。如未及时排放冷凝水，未及时给油雾器补油等。

2. 突发故障

系统在稳定运行时期内突然发生的故障称为突发故障。如，油杯和水杯都是用聚碳酸酯材料制成的，若它们在有机溶剂的雾气中工作，就有可能突然破裂；空气或管路中，残留的杂质混入元件内部，突然使相对运动件卡死；弹簧突然折断、软管突然爆裂、电磁线圈突然烧毁；突然停电造成回路误动作等。

有些突发故障是有先兆的，如排出的空气中出现杂质和水分，表明过滤器已失效，应及时查明原因，予以排除，不要酿成突发故障；但有些突发故障是无法预测的，只能采取安全保护措施加以防范，或准备一些易损备件，以便及时更换失效的元件。

3. 老化故障

个别或少数元件达到使用寿命后发生的故障称为老化故障。参照系统中各元件的生产日期、开始使用日期，使用的频繁程度以及已经出现的某些征兆，如声音反常、泄漏越来越严重等，大致预测老化故障的发生期限是可能的。

（二）故障诊断方法

常用的故障诊断方法，为经验法与推理分析法。

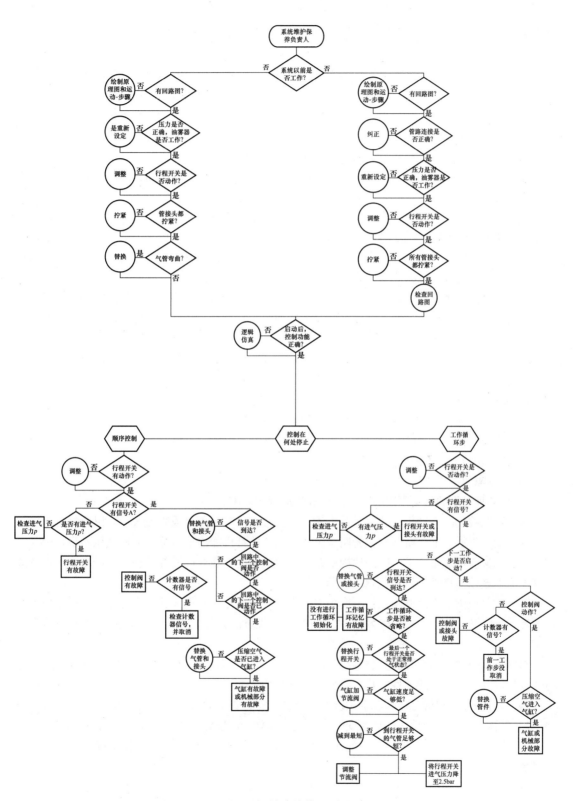

图 4-76　故障检修流程图

1. 经验法

主要依靠实际经验,并借助简单的仪表,诊断故障发生的部位,找出故障原因的方法,称为经验法。经验法可按中医诊断病人的四字"望、闻、问、切"进行。

(1)望。如:看执行元件的运动速度有无异常变化;各测压点的压力表显示的压力是否符合要求,有无大的波动;润滑油的质量和滴油量是否符合要求;冷凝水能否正常排出;换向阀排气口排出空气是否干净;电磁阀的指示灯显示是否正常;紧固螺钉及管接头有无松动;管道有无扭曲和压扁;有无明显振动存在;加工产品质量有无变化等。

(2)闻。闻包括耳闻和鼻闻。如:气缸及换向阀换向时有无异常声音;系统停止工作但尚未泄压时,各处有无漏气,漏气声音大小及其每天的变化情况;电磁线圈和密封圈有无因过热而发出的特殊气味等。

(3)问。问即查阅气动系统的技术档案,了解系统的工作程序、运行要求及主要技术参数;查阅产品样本,了解每个元件的作用、结构、功能和性能;查阅维护检查记录,了解日常维护保养工作情况;访问现场操作人员,了解设备运行情况,了解故障发生前的征兆及故障发生时的状况,了解曾经出现过的故障及其排除方法。

(4)切。如:触摸相对运动件外部的手感和温度,电磁线圈处的温升等。触摸2s即感到烫手,则应查明原因;触摸气缸、管道等处有无振动感,气缸有无爬行感,各接头处及元件处手感有无漏气等。

经验法简单易行,但由于每个人的感觉、实际经验和判断能力的差异,诊断故障会存在一定的局限性。

2. 推理分析法

利用逻辑推理、步步逼近,寻找出故障的真实原因的方法称为推理分析法。

(1)推理步骤。从故障的症状到找出故障发生的真实原因,可按下面3步进行。

1)从故障的症状,推理出故障的本质原因。

2)从故障的本质原因,推理出可能导致故障的常见原因。

3)从各种可能的常见原因中,推理出故障的真实原因。

比如:阀控气缸不动作的故障,其本质原因是气缸内气压不足或阻力太大,以致气缸不能推动负载运动。气缸、电磁换向阀、管路系统和控制线路都可能出现故障,造成气压不足,而某一方面的故障又有可能是由于不同的原因引起的。由故障的本质原因逐级推理出来的众多可能的故障常见原因是依靠推理和经验积累起来的。

(2)推理原则。推理原则是:由简到繁、由易到难、由表及里地逐一进行分析,排除掉不可能的和非主要的故障原因;故障发生前曾调整或更换过的元件先查;优先查故障概率高的常见原因。

1)仪表分析法。利用检测仪器仪表,如压力表、差压计、电压表、温度计、电秒表及其他电子仪器等,检查系统或元件的技术参数是否合乎要求。

2)部分停止。即暂时停止气动系统某部分的工作,观察对故障征兆的影响。

3)试探反证法。即试探性地改变气动系统中部分工作条件,观察对故障征兆的影响。

4)比较法。即用标准的或合格的元件代替系统中相同的元件,通过工作状况的对比,来判断被更换的元件是否失效。

为了从各种可能的常见故障原因中推理出故障的真实原因,可根据上述推理原则和推理方法,画出故障诊断逻辑推理框图,以便于快速准确地找到故障的真实原因。

【案例 4-17】阀控气缸不动作

阀控气缸不动作的故障分析框图如图 4-77 所示。

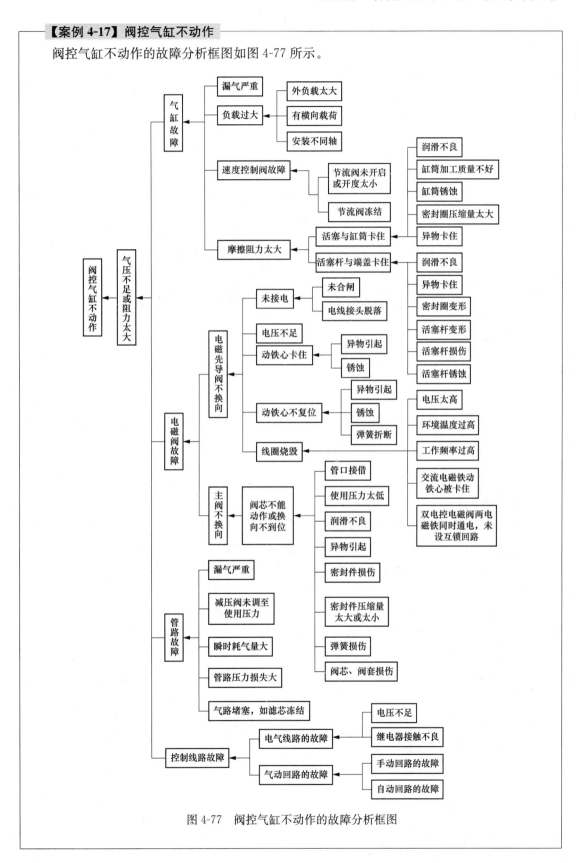

图 4-77　阀控气缸不动作的故障分析框图

图 4-78 所示为阀控气缸不动作的故障诊断逻辑推理框图。

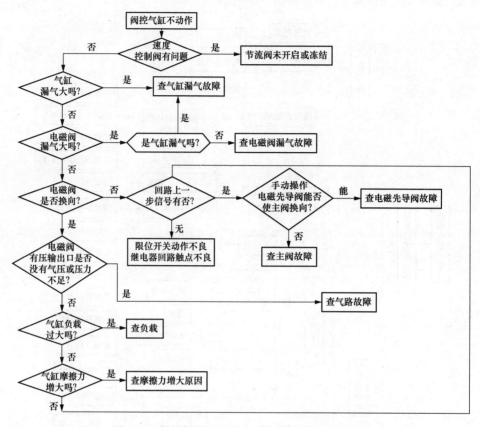

图 4-78　阀控气缸不动作的故障诊断逻辑推理框图

　　阀控气缸不动作的故障诊断图如图 4-79 所示。首先察看气缸和电磁阀的漏气状况，这是很容易判断的。气缸漏气大，应查明气缸漏气的故障原因。电磁阀漏气，包括不应排气的排气口漏气。若排气口漏气大，应查明是气缸漏气还是电磁阀漏气。对图 4-79 所示回路，当气缸活塞杆已全部伸出时，R_2 孔仍漏气，可卸下管道②，若气缸口漏气大，则是气缸漏气，反之为电磁阀漏气。漏气排除后，气缸动作正常，则故障真实原因即是漏气所致。若漏气排除后，气缸动作仍不正常，则漏气不是故障的主要原因，应进一步诊断。

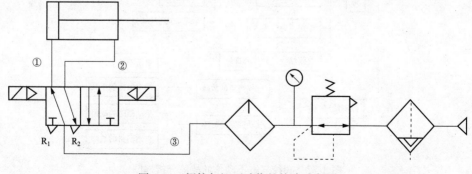

图 4-79　阀控气缸不动作的故障诊断图

　　若缸和阀都不漏气或漏气很小，应先判断电磁阀能否换向。可根据阀芯换向时的声音或电磁阀的换向指示灯来判断。若电磁阀不能换向，先要检查气动回路上一步是否有信号。若没有信号，应查回路故障。若有信号，可使用试探反证法，操作电磁先导阀的手动按钮来判断是电磁先导阀故障还是主阀故障。若主阀能切换，即气缸能动作了，则必是电磁先导阀故障。若主阀仍不能切换，便是主阀故障。然后进一步查明电磁先导阀或主阀的故障原因。

　　若电磁阀能切换，但气缸不动作，则应查明有压输出口是否没有气压或气压不足。可使用试探反证法，当电磁阀换向时活塞杆不能伸出，可卸下图 4-79 中的连接管①。若阀的输出口排气充分，则必为气缸故障。若排气不足或不排气，可初步排除是气缸故障。进一步查明气路是否堵塞或供压不足。可检查减压阀上的压力表，看压力是否正常。若压力正常，再检查管路③各处有无严重泄漏或管道被扭曲、压扁等现象。若不存在上述问题，则必是主阀阀芯被卡死。若查明是气路堵塞或供压不足，即减压阀无输出压力或输出压力太低，则进一步查明原因。

　　电磁阀输出压力正常，气缸却不动作，可使用部分停止法，卸去气缸外负载。若气缸动作恢复正常，则应查明负载过大的原因。若气缸仍不动作或动作不正常，则可进一步查明是否摩擦力过大。

【案例 4-18】顺序控制回路故障

　　3 个气缸的循环动作是 $A_1B_1C_0B_0A_0C_1$，最终设计出的气动控制回路图如图 4-80 所示。若气动回路发生的故障是 A_1 行程停止运行，应先检查有无严重漏气或连接管被堵死的现象。若有这些现象经排除后故障仍未消除，则故障诊断可按图 4-81 所示逻辑框图进行。

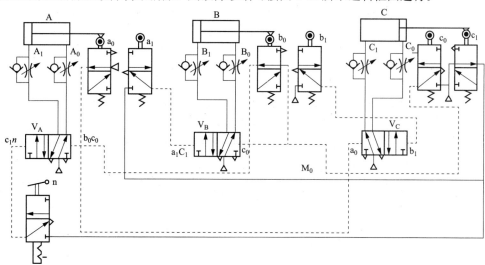

图 4-80　程序 $A_1B_1C_0B_0A_0C_1$ 的气动控制回路图

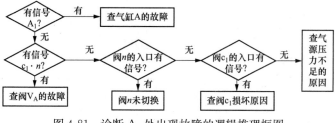

图 4-81　诊断 A_1 处出现故障的逻辑推理框图

由于 A 缸活塞杆不能伸出，先检查 A_1 管道内是否有信号（此处讲"有"信号，是指有能推动活塞正常动作或换向阀正常换向的气压力，否则为"无"）。若 A_1 有信号，但不能实现 A_1 动作，便是 A 缸存在故障。A 缸不能动作，还可能是换向阀 V_A 的阀芯被卡死，启动阀 n 未切换，机控阀 c_1 的故障和气源压力不足等原因。

(三) 常见故障及其对策

1. 压力异常

气路没有气压的故障原因及其对策见表 4-38。

表 4-38　　　　　　　　　气路没有气压的故障原因及其对策

故障原因	对策
气动回路中的开关阀、启动阀、速度控制阀等未打开	予以开启
换向阀未换向	查明原因后排除
管路扭曲、压扁	纠正或更换管路
滤芯堵塞或冻结	更换滤芯
介质或环境温度太低，造成管路冻结	及时清除冷凝水，增设除水设备

供应不足的故障原因及其对策见表 4-39。

表 4-39　　　　　　　　　供压不足的故障原因及其对策

故障原因	对策
耗气量太大，空压机输出流量不足	选择输出流量合适的空压机或增设一定容积的气罐
空压机活塞环等磨损	更换零件，在适当部位装单向阀，维持执行元件内压力，以保证安全
漏气严重	更换损坏的密封件或软管，紧固管接头及螺钉
减压阀输出压力低	调节减压阀至使用压力
速度控制阀开度太小	将速度控制阀打开到合适开度
管路细长或管接头选用不当，压力损失大	重新设计管路，加粗管径，选用流通能力大的管接头及气阀
各支路流量匹配不合理	改善各支路流量匹配性能，采用环形管道供气

异常高压的故障原因及其对策见表 4-40。

表 4-40　　　　　　　　　异常高压的故障原因及其对策

故障原因	对策
因外部振动冲击产生了冲击压力	在适当部位安装安全阀或压力继电器
减压阀损坏	更换

2. 油泥太多

油泥太多的故障原因及其对策见表 4-41。

表 4-41　　　　　　　　　油泥太多的故障原因及其对策

故障原因	对策
压缩机油选用不当	选用高温下不易氧化的润滑油
压缩机的给油量不当	给油过多，在排出阀上滞留时间长，助长碳化；给油过少，造成活塞烧伤等。应注意给油量适当

续表

故障原因	对策
空压机连续运转时间过长	温度高，润滑油易碳化，应选用大流量空压机，实现不连续运转，气路中装油雾分离器，清除油泥
压缩机运动件动作不良	当排出阀动作不良时，温度上升，润滑油易碳化，气路中装油雾分离器

3. 装置停止工作时有排气声

装置停止工作时有排气声的故障诊断逻辑推理框图如图 4-82 所示。

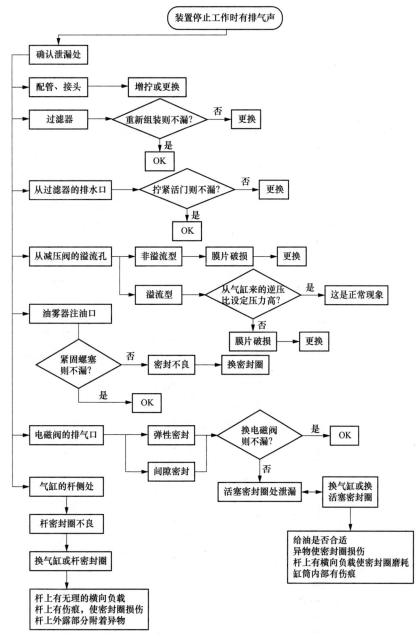

图 4-82　装置停止工作时有排气声的故障诊断逻辑推理框图

4. 后冷却器故障

后冷却器故障及排除对策见表 4-42。

表 4-42 后冷却器故障及排除对策

	故障现象	故障原因	对策
共同现象	压缩空气中混入冷凝水	冷凝水排出不当	1. 定期进行排水; 2. 检查自动排水功能,失效则应修理或更换
		二次侧温度下降	二次侧应设置干燥器
	打开排水阀不排水	固态异物堵住排水口	清扫
	从排水阀漏气	排水阀松动	增拧
		排水阀密封部嵌入异物或密封部有伤	拆开清洗或更换
	带自动排水机构,但冷凝水不排出,间歇排水声音也没有	自动排水机构有故障	
	从连接口漏气	连接口松动	增拧
		紧固螺钉松动	换垫圈后再紧固
风冷式后冷却器	风扇不转	电路断线	修理
		开关触点磨耗	更换开关
		安装螺钉脱落,扇叶碰到罩等	取下罩,重新调整扇叶,正确安装
		过载运转或单相运转(三相时),电动机烧损	更换电动机
	出口压缩空气温度高	出口温度计不良	更换温度计
		冷却风扇不转	更换温度计
		冷却风扇反转	三相接线中的两相互换
		散热片阻塞	清扫
		环境温度高	换风扇,吸入通道供给外界低温空气
		后冷却器容量不足,即二次侧流量过大	换冷却能力大的型号
		下部冷却管的内侧积存水	排冷凝水
		通风不畅	检查安装场所
		进口压缩空气温度高	查空压机
水冷式后冷却器	出口压缩空气温度高	出口温度计不良	换温度计
		却冷却水量不足	增大冷却水量
		附着水垢	分解冷却水侧、清理
		后冷却器容量不足	更换冷却能力大的型号
		进口空气温度高	查空压机
		冷却水温上升	查冷却功能
		散热片阻塞	清扫
	水侧混入空气或空气侧混入水	冷却管破损	1. 更换冷却器; 2. 检查水质,腐蚀性强的场合要中和
	本体内部烧损	由于断水或冷却水极少,不能冷却压缩空气,附着内部的劣质油雾起火	1. 更换冷却器; 2. 设置断水报警器; 3. 检查空压机,确认冷却机构正常

5. 气罐故障

气罐故障及排除对策见表 4-43。

表 4-43   **气罐故障及排除对策**

故障现象	故障原因	对策
气罐内压力不上升	压力表不良	换压力表
	空压机系统有故障	检修空压机
异常升压	空压机压力调节机构有故障	检修空压机
	安全阀故障	检修安全阀

6. 干燥器故障

冷冻式干燥器故障及排除对策见表 4-44。

表 4-44   **冷冻式干燥器故障及排除对策**

故障现象	故障原因	对策
出口压缩空气的温度高（即冷却不足）	进口压缩空气温度高	检查空压机、后冷却器
	环境温度高	1. 用导管引入外部冷空气； 2. 冷凝器部吹气降温
	二次侧流量过大	改选更大的干燥器
	冷凝器阻塞	清扫
	通风不畅	检查安装场所
	冷媒泄漏	检查泄漏原因，修理，充填冷媒
二次侧有水流出	自动排水器不良	修理或更换
	冷却不足	参见上述现象的对策
	二次侧温度下降（如外界吹风、内部绝热膨胀等）	二次侧若使用喷嘴等，温度会急骤下降，一定有水流出；应重新评估配管、喷嘴等
	旁通配管的阀打开了	关闭该阀
	在二次侧，与没有设置空气干燥器的配管共同流动	检查配管系统
二次侧没有空气流出	1. 冷却器内水分冻结所致； 2. 冷凝器上经常碰上外部冷风	在冷凝器上安装外罩
	冷媒泄漏。发生泄漏处碰上含水分的空气，则冷却温度下降	检查冷媒回路
二次侧配管上结露	热交换器故障，使空气不能变暖	检查修理或更换
	容量控制阀调节不当	重新调节
运转停止	二次侧流量过大	改选更大的干燥器
	进口压缩空气温度高	检查空压机、后冷却器
	环境温度高	在通风口、冷凝器部吹风降温
	冷凝器阻塞	清扫
	通风不畅	检查安装场所
	冷媒气体过量	减至适量
	电压波动过大	查电压

吸附式干燥器故障及排除对策见表 4-45。

表 4-45   **吸附式干燥器故障及排除对策**

故障现象	故障原因	对策
露点不能降低	吸附剂劣化	更换
	混入油	安装油雾分离器等
	电磁阀故障，空气不能流动	修理或更换
	再生空气不流动	孔口堵塞，清扫
	压力降低	检查配管气路
	计时器故障	修理或更换
压力降太大	过滤器阻塞	清扫或更换
压力变动大	二通电磁阀故障	修理或更换
	计时器设定不良	

7. 过滤器故障

主管路过滤器故障及排除对策见表 4-46。

表 4-46   **主管路过滤器故障及排除对策**

故障现象	故障原因	对策
压力降增大，使流量减少	滤芯阻塞	换滤芯
紧靠主管路过滤器之后出现异常多的冷凝水	冷凝水到达了滤芯位置	1. 排放冷凝水； 2. 安装自动排水器

空气过滤器故障及排除对策见表 4-47。

表 4-47   **空气过滤器故障及排除对策**

故障现象	故障原因	对策
压力降太大	通过流量太大	选更大规格过滤器
	滤芯堵塞	更换或清洗
	滤芯过滤精度太高	选合适过滤精度
水杯破损	在有机溶剂的环境中使用	选用金属杯
	空压机输出某种焦油	更换空压机润滑油，使用金属杯
从输出端流出冷凝水	未及时排放冷凝水	每天排水或安装自动排水器
	自动排水器有故障	修理或更换
	超过使用流量范围	在允许的流量范围内使用
输出端出现异物	滤芯破损	更换滤芯
	滤芯密封不严	更换滤芯密封垫
	错用有机溶剂清洗滤芯	改用清洁热水或煤油清洗
打开排水阀不排水	固态异物堵住排水口	清除
装了自动排水器，冷凝水也不排出	过滤器安装不正，浮子不能正常动作	检查并纠正安装姿势
	1. 灰尘堵塞节流孔； 2. 存在锈末等，使自动排水器的动作部分不能动作； 3. 冷凝水中的油分等黏性物质阻碍浮子的动作	停气分解，进行清洗

续表

故障现象	故障原因	对策
带自动排水器的过滤器，从排水口排水不停	1. 排水器的密封部位有损伤； 2. 存在锈末等，使自动排水器的动作部分不能动作； 3. 冷凝水中的油分等黏性物质，阻碍浮子的动作	停气分解，进行清洗并更换损伤件
水杯内无冷凝水，但出口配管内却有大量冷凝水流出	过滤器处的环境温度过高，压缩空气温度也过高，到出口处才冷却下来	过滤器安装位置不当，应安装在环境温度及压缩空气温度较低处
从水杯安装部位漏气	1. 紧固环松动； 2. O形圈有伤； 3. 水杯破损	增拧紧固环仍漏气，应停气分解，更换损伤件
从排水阀漏气	1. 排水阀松动； 2. 异物嵌入排水阀的阀座上或该阀座有伤； 3. 水杯的排水阀安装部位破损	增拧排水阀后仍漏气，则应停气分解，清除异物或更换损伤件

8. 减压阀故障

减压阀故障及排除对策见表 4-48。

表 4-48   减压阀故障及排除对策

故障现象	故障原因	对策
压力不能调整	进出口装反了	正确安装
	1. 调压弹簧损坏； 2. 复位弹簧损坏； 3. 膜片破损； 4. 阀芯上的橡胶垫损伤	分解，更换损伤件
	1. 阀芯上嵌入异物； 2. 阀芯的滑动部位有异物卡住	分解，清扫
旋转手轮，调压弹簧已释放，但二次侧压力不能完全降下[①]	1. 阀芯处有异物或有损伤； 2. 阀芯的滑动部固着在阀芯导座上； 3. 复位弹簧损伤	分解，清扫，更换密封件
二次侧压力慢慢上升	阀芯上的橡胶垫有小伤痕或嵌入小的异物	清扫、更换
二次侧压力慢慢下降	膜片有裂纹（由于二次侧设定压力频繁变化及流量变化大所致）	更换
	调压手轮破损	更换
二次侧压力上不去	先导通路堵塞（对内部先导式减压阀、精密减压阀）	清洗通路，在减压阀前设置油雾分离器
输出压力波动过大	减压阀通径小、进口配管通径小（一次侧有节流，供气不畅）和出口配管通径小（还会影响到内部先导式电磁阀的换向及气缸正常动作），当输出流量变动大时，必然输出压力波动大	根据最大输出流量，重新选定减压阀通径，并检查进出口配管系统口径
	进气阀芯导向不良	更换
	溢流孔堵塞	分解，清扫

续表

故障现象	故障原因	对策
不能溢流（对溢流型）	溢流孔堵塞	分解，清扫
	橡胶垫的溢流孔座的橡胶太软	更换
溢流口总漏气（对非常泄式）	进出口装反了	改正
	输出侧压力意外升高	查输出侧回路
	1. 溢流阀座有伤或嵌入异物； 2. 膜片有裂纹	清扫或更换
阀体漏气	上阀盖紧固螺钉松动	均匀紧固
	膜片破损（含膜片与硬芯松动）	更换

① 只要二次侧压力能上升，就不会是调压弹簧损伤、膜片龟裂及阀芯与阀杆上 O 形圈损伤之故。因调压弹簧变软，可朝压力变低的方向调压。若调压弹簧折损，则二次侧压力只能为零，不会压力还能上升。膜片龟裂，仍可进行有限的压力调整。阀芯与导杆（阀杆）之间的 O 形圈损伤会影响导通的流量大小，但还会有一定的调压功能。

9. 油雾分离器故障

油雾分离器故障及排除对策见表 4-49。

表 4-49　　　　　　　　　　　　　油雾分离器故障及排除对策

故障现象	故障原因	对策
压力降增大，使流量减少	聚结式滤芯阻塞	更换滤芯
紧靠油雾分离器之后，出现异常多的冷硬水冷凝水	冷凝水已到达滤芯位置	应及时排放冷凝水
装了自动排水器，冷凝水也不排出	油雾分离器的安装不正，浮子不能正常动作	纠正油雾分离器的安装姿势
	冷凝水中的油分等黏性物质阻碍浮子动作	停气、分解、清洗
装了自动排水器，从排水口排水不停	排水口的密封件损伤	更换
	冷凝水中的油分等黏性物质阻碍浮子动作	停气、分解、清洗
二次侧有油雾输出	滤芯破损或滤芯密封不严	修理或更换
	通过的流量过大	按最大通过流量重新选型
漏气	排水阀紧固不严	重新紧固
	油杯 O 形圈损坏	更换

10. 油雾器故障

油雾器故障及排除对策见表 4-50。

表 4-50　　　　　　　　　　　　　油雾器故障及排除对策

故障现象	故障原因	对策
压缩空气流动，但不滴油或滴油量太小	油雾器进出口装反了	改正
	通过流量小，形成压差不足以形成油滴	按使用条件及最小滴下流量重新选型
	节流阀未开启或开度不够	调节节流阀至必要开度

故障现象	故障原因	对策
压缩空气流动，但不滴油或滴油量太小	油杯内油量过多（超过上限）或不足（低于下限）	油量应加至合适范围内
	油道阻塞（导油管滤芯阻塞、单向阀处阻塞、滴下管阻塞）	停气分解、检查、清洗
	气路阻塞，使油杯上腔未加压（杯内有气泡产生）	停气分解、清洗（注意座阀式阀座处）
	注油塞垫圈损坏，油杯密封圈损坏或紧固环不紧，使油杯上腔不能加压（有漏气现象）	停气分解，更换密封圈，紧固环拧紧
	油黏度过大	换油
	压缩空气短时间间歇流动，来不及滴油	改用强制给油式
	舌状活门失效	更换
耗油过多	节流阀开度过大	调至合理开度
	节流阀失效	更换
油量不能调节	1. 节流阀处嵌入灰尘等 2. 节流阀或阀座有伤	分解检查、清洗或更换
从节流阀处向外漏油	节流阀过松	调至合理开度
	O形圈有伤	更换
从油杯安装部位漏气	1. 紧固环松动 2. O形圈有伤 3. 油杯破损	增拧贤固环后仍漏气，应停气检查，更换损坏件
虽滴油正常，但出现润滑不良现象	1. 二次侧配管过长，油雾输送不到应润滑部位 2. 竖直向上管在2m以上，油雾输送不到应润滑部位 3. 一个油雾器同时向2个及2个以上气缸供油雾，由于缸径及行程等不同，有的气缸得不到油雾	重新设计油雾器至执行元件之间的流路或改用集中润滑元件

差压型油雾器故障及排除对策见表 4-51。

表 4-51 　　　　　　　　　　　差压型油雾器故障及排除对策

故障现象	故障原因	对策
产生微雾少	滤芯阻碍	清洗
	产生油雾的喷口阻塞	清洗或更换
	混入冷凝水	检查一次侧的过滤器
不能产生差压差压	通过差压调整阀的流量小于最小的必要流量	应按流量特性曲线检查
	差压调整阀的调节阀杆松动	重新调整后锁住
	压力表不良	更换
从差压调整阀的溢流口有大量空气泄出	先导阀座部有污染物或有伤	分解、清洗或更换损伤件

11. 气缸故障

气缸漏气故障及排除对策见表 4-52。

表 4-52   **气缸漏气故障及排除对策**

故障现象		故障原因	对策
外泄露	活塞杆处	导向套、杆密封圈磨损，活塞杆偏磨	更换，改善润滑状况；使用导轨
		活塞杆有伤痕、腐蚀	更换，及时清除冷凝水
		活塞杆与导向套间有杂质	除去杂质，安装防尘圈
	缸体与端盖处	密封圈损坏	更换
		固定螺钉松动	紧固
	缓冲阀处	密封圈损坏	更换
内泄漏（即活塞两侧窜气）		活塞密封圈损坏	更换
		活塞配合面有缺陷	更换
		杂质挤入密封面	除去杂质
		活塞被卡住	重新安装，消除活塞杆的偏载

气缸运行途中停止故障原因及排除对策见表 4-53。

表 4-53   **气缸运行途中停止故障原因及排除对策**

故障原因	对策
负载与气缸轴线不同心	使用浮动接头连接负载
气缸内混入固态污染物	改善气源质量
气缸内密封圈损坏	更换
负载导向不良	重新调性负载的导向装置

装置忽动忽不动、不稳定故障原因及排除对策见表 4-54。

表 4-54   **装置忽动忽不动、不稳定故障原因及排除对策**

故障原因	对策
限位开关动作不良	更换
继电器触点不良	更换
配线松动	增拧（振动大的场合要十分注意）
电磁阀的插头、插座接触不良	改善或更换
电磁线圈接触不良	更换
电磁阀的阀芯部动作不良	注意电磁先导阀因固态污染物阻塞造成动作不良，检查清净化系统

气缸行程途中速度忽快忽慢故障原因及排除对策见表 4-55。

表 4-55   **气缸行程途中速度忽快忽慢故障原因及排除对策**

故障原因	对策
负载变动	若负载变动不能改变，则应增大缸径、降低负载率
滑动部动作不良	对滑动部进行再调整。若不能消除活塞杆上无理的力，则应安装浮动接头，设置外部导向机构，解决滑动阻力问题
因其他装置工作造成压力变动大	1. 提高供给压力； 2. 增设气罐

气缸爬行故障原因及排除对策见表 4-56。

表 4-56　　　　　　　　　　　气缸爬行故障原因及排除对策

故障原因	对策
供给压力小于最低使用压力	提高供给压力，途中设置储气罐，以减少压力变动
同时有其他耗气量大的装置工作	增设储气罐，增设空压机，以减少压力变动
负载的滑动摩擦力变化较大	1. 配置摩擦力不变动的装置； 2. 增大缸径、降低负载率； 3. 提高供给压力
气缸摩擦力变动大	1. 进行合适的润滑； 2. 杆端装浮动接头，消除无理的力
负载变动大	1. 增大缸径，降低负载率； 2. 提高供给压力
气缸内泄漏大	更换活塞密封圈或气缸

气缸速度变快故障原因及排除对策见表 4-57。

表 4-57　　　　　　　　　　气缸速度变快故障原因及排除对策

故障原因	对策
调速阀的节流阀松动，调速阀的单向阀嵌入固态物	再调整节流阀后锁住，清洗单向阀
负载变动	1. 重新调整调速阀； 2. 调整使用压力
负载滑动面的摩擦力减小	

气缸速度变慢故障原因及排除对策见表 4-58。

表 4-58　　　　　　　　　　气缸速度变慢故障原因及排除对策

故障原因	对策
调速阀松动	调整合适开度后锁定
负载变动	1. 重新调整调速阀； 2. 调整使用压力
压力降低	1. 重新调整至供给压力并锁定； 2. 若设定压力缓慢下降，注意过滤器是否滤芯阻塞
润滑不良，导致摩擦力增大	进行合适的润滑
气缸密封圈处泄漏	1. 密封圈泡胀，更换，并检查清净化系统； 2. 缸筒、活塞杆等有损伤，更换
低温环境下高频工作，在换向阀出口的消声器上，冷凝水会逐渐冻结（因绝热膨胀，温度降低），导致气缸速度逐渐变慢	1. 提高压缩空气的干燥程度； 2. 可能的话，提高环境温度，降低环境空气的湿度

气缸速度难以控制故障原因及排除对策见表 4-59。

表 4-59　　　　　　　　　气缸速度难以控制故障原因及排除对策

故障原	对策
调速阀的节流阀不良，调速阀的单向阀嵌入固态污染物	阀针与阀座不吻合，单向阀不能关闭，都会造成流量不能调节；清洗或更换
调速阀通径过大	调速阀通径与气缸应合理匹配

续表

故障原因	对策
调速阀离气缸太远	调速阀至气缸的配管容积相对于气缸容积若比较大，则气缸速度调节的响应性变差，尤其是气缸动作频率较高时，故调速阀应尽量靠近气缸安装
缸径过小	缸径过小，缸速调节也较困难，故缸径与调速阀应匹配合理

每天首次启动或长时间停止工作后，气动装置动作不正常故障原因及排除对策见表 4-60。

表 4-60　　　　　　　　气动装置动作不正常故障原因及排除对策

故障原因	对策
因密封圈始动摩擦力大于动摩擦力，造成回路中部分气阀、气缸及负载滑动部分的动作不正常	注意气源净化，及时排除油污及水分，改善润滑条件

气缸处于中停状态仍有缓动故障原因及排除对策见表 4-61。

表 4-61　　　　　　气缸处于中停状态仍有缓动故障原因及排除对策

故障原因	对策
气缸存在内漏或外漏	更换密封圈或气缸，使用中止式三位阀
由于负载过大，使用中止式三位阀仍不行	改用气液联用气缸或锁紧气缸
气液联用缸的油中混入了空气	除去油中空气

气缸输出压力过大故障原因及排除对策见表 4-62。

表 4-62　　　　　　　气缸输出压力过大故障原因及排除对策

故障原因	对策
减压阀设定压力过高	重新设定
负载变小	重新调整压力
滑动阻力减小	重新调整压力
缸速变慢	重新调整调速阀

在气缸行程端部有撞击现象故障原因及排除对策见表 4-63。

表 4-63　　　　　　在气缸行程端部有撞击现象故障原因及排除对策

故障原因	对策
没有缓冲措施	增设适合的缓冲措施
缓冲阀松动	重新调整后锁定
气缓冲气缸，但缓冲能力不能调节	缓冲密封圈，活塞密封圈等破损，应更换密封圈或气缸
负载增大或速度变快	恢复至原来的负载或速度或重新设计缓冲机构
装有液压缓冲器，但未调整到位	重新调整到位

活塞杆端出现超程故障原因及排除对策见表 4-64。

表 4-64　　　　　　　活塞杆端出现超程故障原因及排除对策

故障原因	对策
与负载连接不良	使用浮动接头可避免
在行程端部不能让负载停止	在负载侧装限位器
缓冲完全失效	调整缓冲至无冲击状态

气缸输出力不足的故障诊断逻辑推理框图如图 4-83 所示。

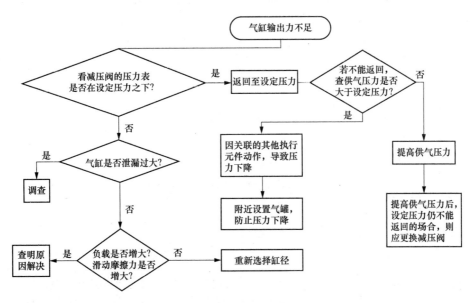

图 4-83　气缸输出力不足的故障诊断逻辑推理框图

气缸损伤故障原因及排除对策见表 4-65。

表 4-65　　　　　　　　　　气缸损伤故障原因及排除对策

故障现象	故障原因	对策
端盖损伤	气缸缓冲能力不足、冲击能量过大所致	加外部气压缓冲器或缓冲回路
活塞杆折断	活塞杆受到冲击载荷	应避免
	缸速太快	设缓冲装置
	轴销摆动缸的摆动面与负载摆动面不一致；摆动缸的摆动角过大	重新安装和设计
	负载大，摆动速度快	重新设计
安装件损坏	安装面的落差、孔间距不正确	应正确安装
	安装螺钉松动	应紧固力矩合适，要均匀紧固

气缸摆动故障原因及排除对策见表 4-66。

表 4-66　　　　　　　　　　气缸摆动故障原因及排除对策

故障现象	故障原因	对策
轴损坏或齿轮损坏	惯性能量过大	减小摆动速度、减轻负载、设外部缓冲，加大缸径
	轴上承受异常的负载力	设外部轴承
	外部缓冲机构安装位置不合适	安装在摆动起点和终点的范围内
动作终了回跳	负载过大	设外部缓冲
	压力不足	增大压力
	摆动速度太快	设外部缓冲，调节调速阀
振动（带呼吸的动作）	超出摆动时间范围	调整摆动时间
	运动部位的异常摩擦	修理摩擦部位或更换

续表

故障现象	故障原因	对策
	内泄增加	更换密封件
	使用压力不足	增大使用压力
速度（或摆动速度）变慢，输出力变小	活塞密封圈磨耗、活塞上嵌入固态物。叶片滑动部磨损，叶片上嵌入固态物	清洗或更换
始动及停止时冲击变大	滑块磨耗	更换

气液单元的液压缸不动作故障原因及排除对策见表 4-67。

表 4-67　　气液单元的液压缸不动作故障原因及排除对策

故障原因	对策
电源未接通	接通
气压力太低	调节至正常使用压力
气动电磁换向阀未动作	用手动按钮操作，若电磁换向阀能动作，则查电磁先导阀故障（见表 4-73）；若电磁换向阀不能动作，则查主阀故障（见表 4-73）
中停阀不动作	若用电信号或手动操作中停阀，缸仍不动，应检查是否未配管
中停阀未通电	通电
先导压力小	调至必需的先导压力
中停阀已损坏	更换
上一次中停阀关闭停止后，由于温度变化等，被封入的油的压力异常升高，中停阀有可能打不开	延缓中停阀的关闭速度

气液单元的液压缸不能立即中停，少许超程后才停止，该故障的故障原因及排除对策见表 4-68。

表 4-68　　气液单元的液压缸不能立即中停故障原因及排除对策

故障原因	对策
液压缸内有气泡（始动时有跳动）	参见图 4-84
液压缸的密封圈破损	更换密封圈或液压缸
中停阀动作不良	1. 中停阀的先导部，有从气源来的润滑油滞留，应避免； 2. 先导阀的动作不良，更换

气液单元的液压缸在中停状态有缓动的故障原因及排除对策见表 4-69。

表 4-69　　气液单元的液压缸在中停状态有缓动的故障原因及排除对策

故障原因	对策
中停阀动作不良	查电气部位及气压力是否正常，必要时更换
中停阀处嵌入固态污染物或密封圈损伤	操作先导式电磁阀的手动看看，若仍不中停，应分解或更换中停阀，清除污染物
液压缸有泄漏	更换密封圈或液压缸
液压缸内有气泡	参见图 4-84

气液单元的液压缸内或轮换器内有气泡的故障诊断逻辑推理框图如图 4-84 所示。

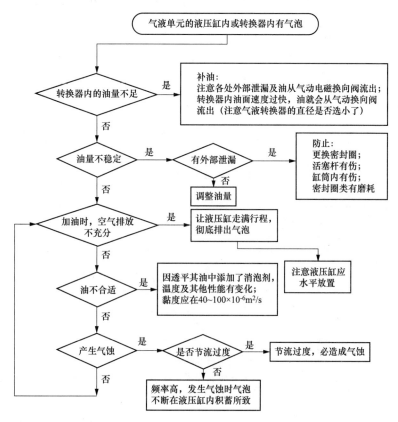

图 4-84　气液单元的液压缸内在或转换器内有气泡的故障诊断逻辑推理框图

气液联用缸在低速运行途中停止的故障诊断逻辑推理框图如图 4-85 所示。

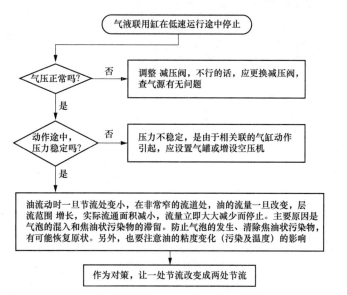

图 4-85　气液联用缸在低速运行途中停止的故障诊断逻辑推理框图

气液联用缸速度调节不灵故障原因及排除对策见表 4-70。

表 4-70 气液联用缸速度调节不灵故障原因及排除对策

故障原因	对策
流量阀内混入固态污染物，使流量调节失灵或得不到低速	清洗
从变速阀的电磁先导阀的排气口漏气，表示先导阀内嵌入固态污染物，则不能低速进给或不能变速	若气压力、电气信号都没有问题，则应分解清洗或更换变速阀
变速阀未接配管，故不能快进	接上配管
漏油	检查油路并修理
气液联用缸内有气泡（始动时有跳动）	见图 4-84
气液联用缸有振动声，压力变动、负载变动对缸速影响不大，应考虑带压力补偿的速度控制阀的滑柱处嵌入固态污染物	应分解清洗或更换流量控制阀

12. 磁性开关

磁性开关的故障及排除对策见表 4-71。

表 4-71 磁性开关的故障及排除对策

故障现象	故障原因	对策
开关不能闭合或有时不闭合	电源故障	查电源
	接线不良	查接线部位
	开关安装位置发生偏移；钢带过分拧紧会拉伸，使开关反而不能紧固；钢带安装不正，受冲击返回至正常位置则钢带便松动了	移至正确位置后紧固
	气缸周围有强磁场	加隔磁板，将强磁场或两平行气缸隔开
	两气缸平行使用，两缸筒间距小于 40mm	
	缸内温度太高（高于 70℃）	降温
	开关受到过大冲击（包括跌落），开关灵敏度降低	更换
	开关部位温度高于 70℃	降温
	开关内瞬时通过了大电流或遇到冲击电压而损坏	更换
开关不能断开或有时不能断开	电压高于 AC200V，负载容量高于 AC2.5VA/DC2.5W，使舌簧触点黏接	更换
	开关受过大冲击，触点黏接	
	气缸周围有强磁场，或两平行缸的缸筒间距小于 40mm	加隔磁板
开关闭合的时间推迟	缓冲能力太强	调节缓冲阀

13. 速度控制阀故障

速度控制阀故障及排除对策见表 4-72。

表 4-72 速度控制阀故障及排除对策

故障现象	故障原因	对策
速度不能调节	阀芯上嵌入固态污染物	清洗或更换
	单向阀芯安装不正	重新安装或更换

14. 电磁换向阀故障

电磁换向阀故障及排除对策见表 4-73。

表 4-73　　　　　　　　　　　　　电磁换向阀故障及排除对策

故障现象		故障原因	对策
电磁先导阀	动铁心不动作（无声）或动作时间过长	电源未接通	接通
		接线断了或误接线	重新正确接线
		电气线路的继电器有故障	更换继电器
		电压低，电磁吸力不足	请在允许使用电压范围内
		1. 污染物（切屑末、密封带碎片、锈末、砂等）卡住动铁心； 2. 动铁心被焦油状污染物粘连； 3. 动铁心锈蚀； 4. 弹簧破损； 5. 密封件损伤、泡胀（冷凝水、非透平油、有机溶剂等侵入）； 6. 环境温度过低，阀芯冻结； 7. 锁定式手动操作按钮忘记解锁了	清洗、更换损伤零件，并检查气源处理状况是否合乎要求
	动铁心不能复位	1. 弹簧破损； 2. 污染物卡住动铁心； 3. 动铁心被焦油状污染物粘连	清洗、更换损伤零件，并检查气源处理状况是否合乎要求
		1. 复位电压低； 2. 漏电压过大	复位电压不得低于漏电压，必要时应更换电磁阀
	线圈有过热现象或发生烧毁	流体温度过高、环境温度过高（包括日晒）	改用高温线圈
		工作频度过高	改用高频阀
		交流线圈的动铁心被卡住	清洗，改善气源质量
		接错电源或误接线	正确接线
		瞬时电压过高，击穿线圈的绝缘材料，造成短路	将电磁线圈电路与电源电路隔离，设过电压保护回路
		电压过低，吸力减小，交流电磁线圈通过的电流过大	使用电压不得比额定电压低 10%～15%
		继电器触点接触不良	更换继电器
		直动式双电控阀两个电磁铁同时通电	应设互锁电路
		直流线圈铁心剩磁大	更换铁心材料或更换电磁阀
	交流电磁线圈有蜂鸣声	电磁铁的吸合面不平、有污染物、生锈，不能完全被吸合或动铁心被固着	修平、清除污染物、除锈、更换
		分磁环损坏	更换静铁心
		使用电压过低，吸力不足（换新阀也一样）	应在允许使用电压范围内
		固定电磁铁的螺钉松动	紧固
	漏气	直动式双电控阀同时通电	设互锁电路
		1. 污染物卡住动铁心，换向不到位； 2. 动铁心锈蚀，换向不到位	清洗或更换，并检查气源质量
		电压太低，动铁心吸合不到位	应在允许使用电压范围内
		弹簧及密封件损伤	更换
		紧固部位紧固不良	正确紧固

故障现象			故障原因	对策
主阀	不能换向或换向不到位		污染物侵入滑动部位	清洗,并检查气源质量
			1. 密封件损伤、泡胀; 2. 弹簧损伤	更换
			压力低于最低使用压力	找出压力低的原因
			接错管口	改正
			控制信号过短(脉冲信号)	找出原因并改正,或使用延时阀
			润滑不良,造成滑动阻力过大	检查润滑条件
			环境温度过低,发生冻结	检查气源处理状况是否合乎要求
	漏气	从主阀排气口	污染物卡在阀座或滑动部位,换向不到位	清洗,并检查气源处理状况
			气压不足,造成密封不良	查明原因并改正,应在允许使用压力范围内
			气压过高,使密封件变形过大	
			润滑不良,造成换向不到位	检查润滑条件
			1. 密封件损伤 2. 气缸活塞密封圈损伤 3. 阀芯与阀套磨损	更换
		从阀体	密封垫损伤	更换
			紧固部位紧固不良	正确紧固
			阀体压铸件不合格	更换阀

15. 排气口故障

排气口和消声器有冷凝水排出故障原因及排除对策见表 4-74。

表 4-74　　　　　　　排气口和消声器有冷凝水排出故障原因及排除对策

故障原因	对策
忘记排放各处的冷凝水	坚持每天排放各处冷凝水,确认自动排水器能正常工作
后冷却器能力不足	加大冷却水量;重新选型,提高后冷却器的冷却能力
空压机进气口处于潮湿处或淋入雨水	将空压机安置在低温、湿度小的地方,避免雨水淋入
缺少除水设备	气路中增设必要的除水设备,如后冷却器、干燥器、过滤器
除水设备太靠近空压机	为保证大量水分呈液态,以便清除,除水设备应远离空压机
压缩机油不当	使用了低黏度油,则冷凝水多;应选用合适的压缩机油
环境温度低于干燥器的露点	提高环境温度或重新选择干燥器
瞬时耗气量太大	节流处温度下降太大,水分冷凝成水,对此应提高除水装置的能力

排气口和消声器有灰尘排出故障原因及排除对策见表 4-75。

表 4-75　　　　　　　排气口和消声器有灰尘排出故障原因及排除对策

故障原因	对策
从空压机入口和排气口混入灰尘等	在空压机吸气门装过滤器;在排气口装消声器或排气洁净器;灰尘多的环境中元件应加保护罩
系统内部产生锈屑、金属末和密封材料粉末	元件及配管应使用不生锈耐腐蚀的材料;保证良好润滑条件
安装维修时混入的灰尘等	安装维修时应防止混入铁屑、灰尘和密封材料碎片等;安装完应用压缩空气充分吹洗干净

排气口和消声器有油雾喷出故障原因及排除对策见表 4-76。

表 4-76　　　　　　　　排气口和消声器有油雾喷出故障原因及排除对策

故障原因	对策
油雾器离气缸太远，油雾到不了气缸，待阀换向油雾又排出	油雾器尽量靠近需润滑的元件；提高油雾器的安装位置；选用微雾型油雾器、增压型油雾器、集中润滑元件
一个油雾器供应两个以上气缸，由于缸径太小、行程长短、配管长短不一，油雾很难均等输入各气缸，待阀换向，多出油雾便排出	改用一个油雾器只供应一个气缸；使用油箱加压的遥控式油雾器供油雾
油雾器的规格、品种选用不当，油雾送不到气缸	选用与气量相适应的油雾器规格

密封圈损坏故障原因及排除对策见表 4-77。

表 4-77　　　　　　　　　　密封圈损坏故障原因及排除对策

故障现象	故障原因	对策
挤出	压力过高	避免高压
	间隙过大	重新设计
	沟槽不合适	重新设计
	放入的状态不良	重新装配
老化	温度过高	更换密封圈材质
	低温硬化	更换密封圈材质
	自然老化	更换
扭转	有横向载荷	消除横向载荷
表面损伤	摩擦损耗	查空气质量、密封圈质量、表面加工精度
	润滑不良	查明原因，改善润滑条件
膨胀	与润滑油不相容	换润滑油或更换密封圈材质
损坏粘着变形	1. 压力过高； 2. 润滑不良； 3. 安装不良	检查使用条件、安装尺寸和安装方法、密封圈材质

第五章

自动生产线设备的大修

为了保证机电设备正常运行和安全生产，对机电设备实行有计划的预防性修理，是工业企业设备管理的重要组成部分。在工业企业的实际设备管理工作中，大修已和二级保护保养合在一起进行。很多企业通过加强维护保养和针对性修理、改善性修理等来保证机电设备的正常运行。但对于动力设备、大型连续性生产设备、起重设备以及必须保证安全运转和经济效益显著的设备，仍有必要在适当的时间安排大修理。

实施机电设备的大修，要按一定的程序和技术要求进行。本章将在阐明机电设备大修基本概念的基础上，详细讨论大修前的各项准备、设备大修过程。

第一节　自动生产线设备大修综述

一、设备大修的基本概念

1. 设备大修的定义

在设备预防性计划修理类别中，设备大修是工作量最大、修理时间较长的一类修理。设备大修就是将设备全部或大部分解体，修复基础件，更换或修复机械零件、电器零件，调整修理电气系统，整机装配和调试，以达到全面清除大修理前存在的缺陷，恢复规定的性能与精度。

对设备大修，不但要达到预定的技术要求，而且要力求提高经济效益。因此，在修前应切实掌握设备的技术状况，制订切实可行的修理方案，充分做好技术和生产准备工作；在施工中要积极采用新技术、新材料、新工艺和现代管理方法，做好技术、经济和组织管理工作，以保证修理质量，缩短停修时间，降低修理费用。

在设备大修中，要对设备使用中发现的原设计制造缺陷，如局部设计结构不合理、零件材料设计使用不当、整机维修性差、拆装困难等，可应用新技术、新材料、新工艺去针对性地改进，以期提高设备的可靠性。也就是说，通过"修中有改、改修结合"来提高设备的技术素质。

2. 设备大修的内容和技术要求

（1）设备大修的内容。设备大修一般包括以下内容：①对设备的全部或大部分部件解体检查；②编制大修理技术文件，并做好备件、材料，工具、技术资料等各方面准备；③修复基础件；④更换或修复零件；⑤修理电气系统；⑥更换或修复附件；⑦整机装配，并调试达到大修理质量标准；⑧翻新外观；⑨整机验收。除上述内容外，还应考虑以下内容：对多发性故障部位，可改进设计来提高其可靠性；对落后的局部结构设计、不当的材料使用、落后的控制方式等，视情进行改造；按照产品工艺要求，在不改变整机的结构状况下，局部提高个别主要零件的精度。

（2）设备大修的技术要求。对设备大修的技术要求，尽管各类机电设备具体的大修技术要求不同，但总的要求应是：①全面清除修理前存在的缺陷；②大修后应达到设备出厂的性能和精度标准。在实际工作中，应从企业生产需要出发，根据产品工艺的要求，制订设备大修质量标准并在大修后达到该标准。

二、维修前的准备工作

修前准备工作完善与否，将直接影响到设备的修理质量、停机时间和经济效益。设备管理部门应认真做好修前准备工作的计划、组织、指挥、协调和控制工作，定期检查有关人员所负责的准备工作完成情况，发现问题应及时研究并采取措施解决，保证满足修理计划的要求。

图 5-1 所示为修前准备工作程序，它包括修前技术准备和修前生产准备两方面的内容。

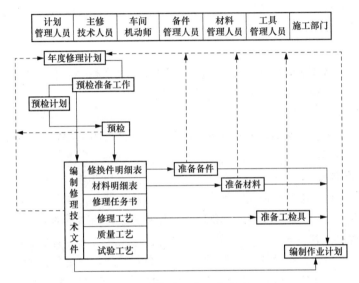

图 5-1　修前准备工作程序

注：实线为程序传递路线，虚线为信息反馈路线

（一）修前技术准备

设备修理计划制定后，主修技术人员应抓紧做好修前技术准备工作。对实行状态监测维修的设备，可分析过去的故障修理记录、定期维护、定期检查和技术状态诊断记录，从而确定修理内容和编制修理技术文件。定期维修的设备，应先调查修前技术状态，然后分析确定修理内容和编制修理技术文件。对精、大、稀设备的大修理方案，必要时应从技术和经济方面做可行性分析。设备修前技术准备的及时性和正确性是保证修理质量、降低修理费用和缩短停机时间的重要因素。

修前技术准备工作内容主要有修前预检、修前资料准备和修前工艺准备。

1. 修前预检

修前预检是对设备进行全面的检查，它是修前准备工作的关键。其目的是要掌握修理设备的技术状态（如精度、性能、缺损件等），查出有毛病的部位，以便制定经济合理的修理计划，并做好各项修前准备工作。预检的时间不宜过早，否则将使查得的更换件不准确、不全面，造成修理工艺编制得不准确；预检的时间也不宜过晚，否则将使更换件的生产准备周期不够。因此须根据设备的复杂程度来确定预检的时间。一般设备宜在修前三个月左右进行。对精、大、稀以及需结合改造的设备宜在修前 6 个月左右进行。通过预检，首先必须准确而全面地提出更换件和修复件明细表，其提出的齐全率要在 80％以上。特别是铸锻件、加工周期长的零件以及需要外协的零件不应漏提。其次对更换件和修复件的测绘要仔细，要准确而齐全地提供其各部分尺寸、公差配合、形位公差、材料、热处理要求以及其他技术条件，从而保证提供可靠的配件制造图样。

预检可按如下步骤进行：①主修技术员首先要阅读设备说明书和装配图，熟悉设备的结构、性能和精度要求，其次是查看设备档案，从而了解设备的历史故障和修理情况；②由操作工人介绍设备目前的技术状态，由维修工人介绍设备现有的主要缺陷；③进行外观检查，如导轨面的磨损、碰伤等情况，外露零部件的油漆及缺损情况等；④进行运转检查，先开动设备，听运转的声音是否正常，详细检查不正常的地方，打开盖板等检查看得见的零部件。对看不见怀有疑问的零部件则必须拆开检查。拆前要做记录，以便解体时检查及装配复原之用。必要时尚需进行负荷试车及工作精度检验；⑤按部件解体检查，将有疑问的部件拆开看是否有问题，如有损坏的，则由设计人员按照备件图提出备件清单，没有备件图的，就须拆下测绘成草图，尽可能不大拆，因预检后还需要装上交付生产；⑥预检完毕后，将记录进行整理，编制修理工艺准备资料，如修前存在问题记录表、磨损件修理及更换明细表等。

2. 修前资料准备

预检结束后，主修技术员须准备更换零部件图样，结构装配图，传动系统图，液压、电器、润滑系统图，外购件和标准件明细表以及其他技术文件等。

3. 修前工艺准备

资料准备工作完成后，就需着手编制零件制造和设备修理的工艺规程，并设计必要的工艺装备等。

（二）修前生产准备

修前生产准备包括：材料及备件准备；专用工、检具的准备；修理作业计划的编制。充分而及时地做好修前生产准备工作，是保证设备修理工作顺利进行的物质基础。

1. 材料及备件的准备

根据年度修理计划，企业设备管理部门编制年度材料计划，提交企业材料供应部门采购。主修技术人员编的"设备修理材料明细表"是领用材料的依据，库存材料不足时应临时采购。

外购件通常是指滚动轴承、标准件、胶带、密封件、电器元件、液压件等。我国多数大、中型机器制造企业将上述外购件纳入备件库的管理范围，有利于维修工作顺利进行，不足的外购件再临时采购。

备件管理人员按更换件明细表核对库存后，不足部分组织临时采购和安排配件加工。铸、锻件毛坯是配件生产的关键，因其生产周期长，故必须重点抓好，列入生产计划，保证按期完成。

2. 专用工、检具的准备

专用工、检具的生产必须列入生产计划，根据修理日期分别组织生产，验收合格入库编号后进行管理。通常工、检具应以外购为主。

3. 设备停修前的准备工作

以上生产准备工作基本就绪后，要具体落实停修日期。修前对设备主要精度项目进行必要的检查和记录，以确定主要基础件（如导轨、立柱、主轴等）的修理方案。切断电源及其他动力管线，放出切削液和润滑油，清理作业现场，办理交接手续。

（三）修理作业计划的编制及劳动定额估算

修理作业计划是主持修理施工作业的具体行动计划，其目标是以最经济的人力和时间，在保证质量的前提下力求缩短停歇天数，达到按期或提前完成修理任务的目的。

修理作业计划由修理单位的计划员负责编制，并组织主修机械和电气的技术人员、修理工（组）长讨论审定。对一般中、小型设备的大修，可采用"横道图"或作业计划加上必要的文字说明；对于结构复杂的高精度、大型、关键设备的大修，应采用网络计划。

1. 流水作业原理

（1）工程施工组织方式。在组织多台设备同时大修，大修可以划分为若干个工程区段，可采用依次施工、平行施工和流水施工 3 种施工组织方式。下面在案例 5-1 中对上述 3 种施工组织方式分别加以说明。

【案例 5-1】设备维修中的施工组织方式

某设备大修工程需完成甲、乙、丙、丁 4 台型号、规格完全相同的设备维修。每台设备的维修工艺均可划分为拆卸、制造零件、安装和调试运行 4 个施工过程。每个施工过程所需班组人数和工作持续时间分别为：拆卸 10 人 4 天；制造零件 8 人 4 天；安装 10 人 4 天；调试运行 5 人 4 天。

1. 依次施工

依次施工也称顺序施工，是将整个大修工程的维修过程分解成若干个施工过程，按照一定的施工顺序，前一个施工过程完成后，后一个施工过程开始施工；或前一个工程完成后，后一个工程才开始施工。

本例采用依次施工时其施工进度安排见表 5-1。

表 5-1　　　　　　　　　　依次施工进度安排

施工过程	班组人数	施工进度/d														
		4	8	12	16	20	24	28	32	36	40	44	48	52	56	60	64
拆卸	10																
制造零件	8																
安装	10																
调试运行	5																

依次施工是一种最基本、最原始的施工组织方式。依次施工组织方式具有以下特点。

（1）没有充分利用工作面，工期长。

（2）工作队没有实现专业化施工，不利于提高安装质量和劳动生产率。

（3）单位时间内投入的资源数量比较少，有利于资源供应的组织工作。

（4）施工现场的组织、管理比较简单。

2. 平行施工

在维修任务紧迫、工作面允许以及资源能够保证供应的条件下，可以组织几个相同的工作队，在同一时间、不同的空间上进行维修施工，这样的施工组织方式称为平行施工组织方式。本例采用平行施工时其施工进度安排见表 5-2。

表 5-2　　　　　　　　　　平 行 施 工 进 度 安 排

施工过程	施工班组数	班组人数	施工进度/d						
			2	4	6	8	10	12	14	16
拆卸	4	10								
制造零件	4	8								
安装	4	10								
调试运行	4	5								

平行施工组织方式具有以下特点。

（1）充分利用了工作面，争取了时间，缩短了工期。

（2）工作队没有实现专业化生产，不利于提高维修质量和劳动生产率。

（3）单位时间内投入施工的资源数量大，现场临时设施也相应增加。

（4）施工现场组织、管理难度大。

3. 流水施工

流水施工是将维修工程划分为工程量相等或大致相等的若干个施工段，然后根据施工工艺的要求将各施工段上的工作划分成若干个施工过程，组建相应专业的施工队，相邻两个施工队组按施工顺序相继投入施工，在开工时间上最大限度地、合理地搭接起来的施工组织方式。每个专业队组完成一个施工段上的施工任务后，依次连续地进入下一个施工段，完成相同的施工任务，保证施工在时间上和空间上有节奏地、均衡地、连续地进行下去。

本例采用流水施工时其施工进度安排见表 5-3。

表 5-3   **流 水 施 工 进 度 安 排**

施工过程	班组人数	施工进度/d						
		4	8	12	16	20	24	28
拆卸	10							
制造零件	8							
安装	10							
调试运行	5							

从表 5-3 中可以看出流水施工所需总时间比依次施工短，各施工过程投入的资源（劳动力）比较均匀，各施工班组能连续的、均衡的施工，科学的利用了工作面，争取了时间，计算总工期合理。它吸收了依次施工和平行施工的优点，克服了两者的缺点。它是在依次施工和平行施工的基础上产生的，是一种以分工为基础的协作，为现场文明施工和科学管理，创造了有利条件。

（2）流水施工的技术经济效果。实践表明，在所有的生产领域中，流水作业法是组织产品生产的理想方法。流水施工也是项目施工最有效的科学组织方法。流水施工是在依次施工和平行施工的基础上产生的，是一种以专业分工为基础的协作，它既克服了依次施工、平行施工的缺点，又具有它们两者的优点，是一种先进的、科学的施工组织方式，其显著的技术、经济效果，可以归纳为以下几点。

1）施工工期合理，能早日发挥经济效益。

2）有利于劳动组织的改善及操作方法的改进，从而提高了劳动生产率。

3）专业化的施工可提高维修工人的技术水平，提高维修质量。

4）工人技术水平和劳动生产率的提高，可减少用工量和施工临时设施的建造量，从而降低工程成本。

5）可以保证维修工具和劳动力得到充分、合理的利用。

（3）流水施工表达方式。流水施工的表达方式有横道图和网络图两种，这里重点介绍横道图（见表 5-3、表 5-4）。

（4）流水施工参数。在组织流水施工时，用以表达流水施工在工艺流程、空间布置和时间安排等方面开展状态的参数，称为流水参数。它主要包括工艺参数、空间参数和时间参数 3 类。

1）工艺参数。在组织流水施工时，用以表达流水施工在施工工艺上开展顺序及其特征的参量，称工艺参数。具体来说，工艺参数是指一组流水施工中施工过程的个数。在维修工程项目施工中，施工过程所包括的范围可大可小，既可以是分部工程、分项工程，又可以是单位工程、单项工程。它是流水施工的基本参数之一。施工过程数用 n 表示，施工过程划分的数目多少、粗细程度一般与下列因素有关。

a. 施工进度计划的性质和作用。对大修工程进度计划、其施工过程划分可粗些，综合性大些。对于项修或者小修工程进度计划，其施工过程划分应具体、详细。

b. 劳动组织及劳动量大小。施工过程的划分与施工队组及施工习惯有关。如拆卸、安装施工，可合也可分，因为有些班组是混合班组，有些班组是单一工种班组。施工过程的划分还与劳动量的大小有关。劳动量小的施工过程，组织流水施工有困难，可与其他施工过程合并。这样可使各个施工过程的劳动量大致相等，便于组织有节奏流水施工。

c. 在组织流水施工时，每一个施工过程均应组织相应的专业施工队，有时为了组织流水施工的需要，一个施工过程可能会组织多个专业工作队，专业工作队数目用 n_1 表示，一般 $n_1 > n$。

2）空间参数。在组织流水施工时，用以表达流水施工在空间布置上所处状态的参数，称为空间参数。空间参数主要包括工作面和施工段数。

a. 工作面。某维修工人在维修过程中必须具备一定的活动空间和场地，这个活动空间和场地称为工作面。

b. 施工段数。为了有效地组织流水施工，通常把维修工程划分成若干个工作段落，这些施工段落的数目称为施工段数。施工段数通常用 m 表示，它是流水施工的基本参数之一。

3）时间参数。在组织流水施工时，用以表达流水施工在时间排序上的参数，称为时间参数。时间参数主要包括流水节拍、流水步距、平行搭接时间、组织间歇时间、工期等。

a. 流水节拍。在组织流水施工时，每个专业工作队在各个施工段上完成相应的施工任务所需的工作持续时间，称为流水节拍，通常用 t_i 来表示，它是流水施工的基本参数之一，该值的确定可通过估算或者经验比较得到。

b. 流水步距。在组织流水施工时，相应两个专业工作队在保证施工顺序、满足连续施工、最大限度地搭接和保证工程质量要求的条件下，相继投入施工的最小时间间隔，成为流水步距。流水步距用 $K_{j,j+1}$ 来表示，流水步距不包括搭接时间和间隙时间，它是流水施工的基本参数之一。

c. 平行搭接时间。在组织流水施工时，有时为了缩短工期，在条件允许的情况下，如果前一个专业工作队完成部分施工任务后，能够提供后一个工程队提前进入施工的条件，两者在同一施工段上平行搭接施工。这个搭接时间称为平行搭接时间，通常用 $C_{j,j+1}$ 来表示。

d. 间隙时间。间隙时间是指流水施工中某些施工过程完成后要有必要的验收时间，或者如某些外协件，运输时间等。一般用 $G_{j,j+1}$ 来表示。

e. 工期。工期是指为完成一项工程任务或一个流水施工所需的全部工作时间。一般用 T 表示。

（5）流水施工的基本方式。在流水施工中，流水节拍的规律不同，流水施工的步距、施工工期的计算方法也不同，有时甚至影响各个施工过程成立专业队组的数目。由于维修工程的多样性，各分部分项工程量差异较大，要使所有的流水施工都组织统一的流水节拍是有困难的。在多数情况下，各施工过程的流水节拍不一定相等，甚至一个施工过程本身在各施工段上的流水节拍也不相等，因此形成了不同节奏特征的流水施工。根据各施工过程之间流水节拍的特征不同，流水施工可以分为等节奏流水施工、异节奏流水施工和无节奏流水施工 3 种组织方式。

1）等节奏流水施工。在组织流水施工时，如果所有的施工过程在各个施工段上的流水节拍彼此相等，这种流水施工组织方式称为等节奏流水施工，也称固定节拍流水或全等节拍流水。等节奏流水施工是最理想的组织流水方式，因为这种组织方式能够保证专业队的工作连续、有节奏，可以实现均衡施工，从而最理想的达到组织流水作业的目的。在可能的情况下，应尽量采用这种流水方式组织流水。其基本特点如下。

a. 所有流水节拍都彼此相等。如果有 n 个施工过程，流水节拍为 t_i，则

$$t_1 = t_2 = \cdots = t_i = \cdots = t_n = t(常数)$$

b. 所有流水步距都彼此相等，而且等于流水节拍，即：

$$K_{1,2} = K_{2,3} = L = K_{n-1,n} = K = t(常数)$$

c. 每个专业工作队都能够连续作业，施工段没有空闲时间。

d. 专业工作队数等于施工过程数目，即 $n_1 = n$。

e. 计算总工期。总工期为

$$T = (m + n_1 - 1)K + \sum G_{j,j+1} - \sum C_{j,j+1}$$

式中，T 为流水施工总工期；m 为施工段数；n_1 为专业工作队数目；K 为流水步距；j 为施工过程编号，有 $1 \leqslant j \leqslant n$

【案例 5-2】计算工期并绘制流水施工进度表

某维修部对甲、乙、丙三台型号、规格完全相同的设备进行维修。每台设备的维修工艺均可划分为拆卸、制造零件、安装、调试运行 4 个施工过程。每个施工过程工作持续时间均为 2 天。现组织流水施工，确定流水步距，计算工期并绘制流水施工进度表（横道图）。

解：（1）由已知条件 t_i＝常数＝2 天，宜组织等节奏流水施工。

（2）确定流水步距，由等节奏流水施工特点知，$K = t = 2$ 天。

（3）专业工作队数目等于施工过程数目，即 $n_1 = n = 4$。

（4）计算工期，工期为

$$T = (m + n_1 - 1)K + \sum G_{j,j+1} - \sum C_{j,j+1}$$
$$= (3 + 4 - 1) \times 2 = 12 \text{ 天}$$

（5）绘制流水施工进度表，横道图见表 5-4。

表 5-4　　　　　　　　　　　　　　　横 道 图

施工过程	专业工作队	施工进度/d					
		2	4	6	8	10	12
拆卸	A	甲	乙	丙			
制造零件	B		甲	乙	丙		
安装	C			甲	乙	丙	
调试运行	D				甲	乙	丙

2）异节奏流水施工。在组织流水施工时，如果同一施工过程在各施工段上的流水节拍彼此相等，不同施工过程在同一施工段上的流水节拍彼此不完全相等且均为某一常数的整数倍的流水施工组织方式，称为异节奏流水施工。其基本特点如下。

a. 同一施工过程在各个施工段上的流水节拍彼此相等，不同的施工过程在同一施工段上的流水节拍彼此不完全相等，但均为某一常数的整数倍；

b. 流水步距彼此相等，且等于所有流水节拍的最大公约数，即

$$K = 最大公约数\{t_1, t_2, \cdots, t_n\}$$

c. 各专业工作队能够保证连续施工，施工段没有空闲；

d. 专业工作队数大于施工过程数，即 $n_1 > n$，则

$$b_j = \frac{t_j}{K_b} \qquad n_1 = \sum_{j=1}^{n} b_j$$

式中，t_j 为施工过程 j 在各施工段上的流水节拍；b_j 为施工过程 j 所要组织的专业工作队数；j 为施工过程编号，$1 \leqslant j \leqslant n$。

e. 计算总工期，总工期为

$$T = (m + n_1 - 1)K + \sum G_{j,j+1} - \sum C_{j,j+1}$$

【案例 5-3】计算工期并绘制流水施工进度表

某维修部对甲、乙、丙、丁四台型号、规格完全相同的设备进行维修。每台设备的维修工艺均可划分为拆卸、制造零件、安装、调试运行 4 个施工过程，其流水节拍分别为 4、8、8、4 天，试组织流水施工，确定流水步距，计算工期并绘制流水施工进度表（横道图）。

解：（1）根据流水节拍得特点判断，本分部工程宜组织异节奏流水施工。

（2）确定流水步距：$K_b =$ 最大公约数 $\{4, 8, 8, 4\} = 4$ 天。

（3）确定专业工作队数为

$$b_1 = t_1/K_b = 4/4 = 1 \text{ 队}$$
$$b_2 = t_2/K_b = 8/4 = 2 \text{ 队}$$
$$b_3 = t_3/K_b = 8/4 = 2 \text{ 队}$$
$$b_4 = t_4/K_b = 4/4 = 1 \text{ 队}$$
$$n_1 = b_1 + b_2 + b_3 + b_4 = 6 \text{ 队}$$

（4）计算工期。工期为

$$T = (m + n_1 - 1)K + \sum G_{j,j+1} - \sum C_{j,j+1}$$
$$= (4 + 6 - 1) \times 4 = 36 \text{ 天}$$

（5）绘制流水施工进度表，横道图见表 5-5。

表 5-5　　　　　　　　　　　　横　道　图

施工过程	专业工作队	施工进度/d								
		4	8	12	16	20	24	28	32	36
拆卸	A	甲	乙	丙	丁					
制造零件	B₁		甲	丙						
	B₂			乙	丁					
安装	C₁				甲	丙				
	C₂					乙	丁			
调试运行	D						甲	乙	丙	丁

3）无节奏流水施工。在实际施工中，通常每个施工过程在各个施工段上的工程量彼此不等，各专业工作的生产效率相差较大，导致大多数的流水节拍也彼此不相等，组织有节奏的流水施工（等节奏和异节奏流水施工）比较困难。在这种情况下往往利用流水施工的基本概念，在保证施工工艺、满足施工顺序要求的前提下，按照一定的计算方法，确定相邻专业工作队之间的流水步距，使其在开工时间上最大限度地、合理地搭接起来，形成每个专业工作队都能够连续作业

的流水施工方式，称为无节奏流水施工。其特点如下：

　　a. 每个施工过程在各个施工段上的流水节拍不尽相等；

　　b. 在多数情况下，流水步距彼此不相等，而且流水步距与流水节拍二者之间存在着某种函数关系；计算流水步距可用"流水节拍累加数列错位相减取最大差值法"。由于它是俄罗斯专家潘特考夫斯基提出的，所以又称潘氏方法。

　　c. 各专业工作队都能够连续施工，个别施工段可能空闲。

　　d. 专业工作队数等于施工过程数，即 $n_1 = n$。

　　e. 计算总工期，总工期为

$$T = \sum_{j=1}^{n-1} K_{j,j+1} + \sum t^{zh} + + \sum G_{j,j+1} - \sum C_{j,j+1}$$

式中，T 为无节奏流水施工总工期；$K_{j,j+1}$ 为 j 与 $j+1$ 两个相邻专业工作队之间的流水步距；t^{zh} 为最后一个施工过程的流水节拍。

【案例 5-4】编制流水施工方案

　　某维修部进行一次大修工程，该工程包括 Ⅰ（拆卸）、Ⅱ（制造）、Ⅲ（安装）、Ⅳ（调试）、Ⅴ（检验）5 个施工过程。施工时划分成 4 个施工段，每个施工过程在各个施工段上的流水节拍见表 5-6。规定施工过程 Ⅱ（制造）完成后，其相应施工段至少要歇 2 天，施工过程 Ⅳ（调试）完成后，其相应施工段要歇 1 天。为了尽早完成，允许施工过程 Ⅰ（拆卸）与 Ⅱ（制造）之间搭接施工 1 天，试编制流水施工方案，并画出横道图。

表 5-6　　　　　　　　　　　　　　　流 水 节 拍 表

施工段 ＼ 施工过程	Ⅰ（拆卸）	Ⅱ（制造）	Ⅲ（安装）	Ⅳ（调试）	Ⅴ（检验）
①	3	1	2	4	3
②	2	3	1	2	4
③	2	5	3	3	2
④	4	3	5	3	1

　　解： Ⅰ、Ⅱ、Ⅲ、Ⅳ、Ⅴ

　　(1) 根据题设条件，该工程组织无节奏流水施工。

　　(2) 计算流水步距。

　　1) $K_{Ⅰ,Ⅱ}$:　　　3　5　7　11　0

　　　　　　　　—) 　　0　1　4　9　12

　　　　　　　　＝　　3　4　3　2　−12

所以 $K_{Ⅰ,Ⅱ} = \max\{3,4,3,2,-12\} = 4$ 天

　　2) $K_{Ⅱ,Ⅲ}$:　　　1　4　9　12　0

　　　　　　　　—) 　　0　2　3　6　11

　　　　　　　　＝　　1　2　6　6　−11

所以 $K_{Ⅱ,Ⅲ} = \max\{1,2,6,6,-11\} = 6$ 天

　　3) $K_{Ⅲ,Ⅴ}$:　　　2　3　6　11　0

　　　　　　　　—) 　　0　4　6　9　12

　　　　　　　　＝　　2　−1　0　2　−12

所以 $K_{\text{III},\text{V}}=\max\{2,-1,0,2,-12\}=2$ 天

4）$K_{\text{IV},\text{V}}$：

$$
\begin{array}{rrrrr}
4 & 6 & 9 & 12 & 0 \\
-) \quad 0 & 3 & 7 & 9 & 10 \\
\hline
= \quad 4 & 3 & 2 & 3 & -10
\end{array}
$$

所以 $K_{\text{IV},\text{V}}=\max\{4,31,2,3,-10\}=4$ 天

（3）计算工期。工期为

$$T=\sum_{j=1}^{n-1} K_{j,j+1}+\sum t^{Zh}++\sum G_{j,j+1}-\sum C_{j,j+1}$$

$$=(4+6+2+4)+(3+4+2+1)+2+1-1=28 \text{天}$$

（4）绘制流水施工进度表。横道图见表5-7。

表 5-7 　　　　　　　　　　　　　　 横　道　图

施工过程	施工进度/d																											
	1	2	3	4	5	6	7	8	9	10	11	12	13	14	15	16	17	18	19	20	21	22	23	24	25	26	27	28
I		①			②		③			④																		
II	$K_{\text{I},\text{II}}-C_{\text{I},\text{II}}$		①		②					③				④														
III				$K_{\text{II},\text{III}}+Z_{\text{II},\text{III}}$								①		②			③				④							
IV												$K_{\text{III},\text{IV}}$		①					②		③			④				
V												$K_{\text{IV},\text{V}}+G_{\text{IV},\text{V}}$								①			②			③	④

2. 劳动定额

劳动定额也是制定大修过程中的成本之一，劳动定额的制定有多种方法，如经验估工法、统计分析法、比较类推法等，但是鉴于维修工作与生产工作的区别，这里介绍一种比较科学的方法，通过学习曲线来制定劳动定额，这里称为作业测定法。

（1）学习曲线概述。在维修过程中，同一个部件的维修次数增加，单位维修工时必然呈下降趋势，而且这种趋势呈现一定的规律性，在积累了一定的资料后，可相当精确地对以后的维修工时进行估计。这种规律称为学习曲线。

（2）学习曲线的数学公式。为利用学习曲线进行各种定量分析，最有效的方法是将它表述为数学解析式，即

$$Y_x=Kx^{-b} \tag{5-1}$$

式中，Y_x 为维修第 x 台设备的直接人工工时；x 为维修的台数；K 为维修第一台设备的直接人工工时；$b=-\dfrac{\lg p}{\lg 2}$，其中 p 为学习率，如对 80% 的学习曲线，$b=-\dfrac{\lg 0.8}{\lg 2}=0.322$。

（3）学习率的估计。一般来说，在维修某设备的开始阶段，由于有许多其他因素的干扰，大多数企业取不到确切反映学习曲线效应的数据。经过一段时间的维修生产，状况渐趋稳定，开始收集资料。这时需要利用这些资料估计学习率，这同样可利用式（5-1）来进行分析计算。

设收集到维修第 x_1 台时的工时和维修第 x_2 台时的工时，则可得

$$Y_{x1} = Kx_1^{-b}, Y_{x2} = Kx_2^{-b}$$

将两式相除，有

$$\frac{Y_{x2}}{Y_{x1}} = \left(\frac{x_2}{x_1}\right)^{-b}$$

故

$$b = -\frac{\lg\left(\frac{Y_{x2}}{Y_{x1}}\right)}{\lg\left(\frac{x_2}{x_1}\right)} \qquad (5-2)$$

再从 $b = -\dfrac{\lg p}{\lg 2}$，即 $p = 2^{-b}$ 求得 p。

【案例 5-5】计算工时定额

案例五已知维修第一台设备的现行工时为 1000h，维修第 8 台设备的工时定额为 512h，求维修第 20 台设备时的工时定额。

解：（1）求学习率。根据式 5-2，得

$$b = -\frac{\lg\left(\frac{Y_{x2}}{Y_{x1}}\right)}{\lg\left(\frac{x_2}{x_1}\right)} = -\frac{\lg\left(\frac{512}{1000}\right)}{\lg\left(\frac{8}{1}\right)} = 0.322$$

由此可知学习率 $p = 2^{-b} = 2^{-0.322} = 0.8$，即学习率是 80%。

（2）求工时定额。根据式（5-1）得

$$Y_{20} = Kx^{-b} = 1000 \times 20^{-0.322} = 381.1h$$

即维修第 20 台设备时的工时定额为 381.1h（参考）。

第二节　自动生产线大修举例

一、生产线现状分析，列出故障部位

由于生产线长期使用，根据日常点检，及日常修理记录，经过现场诊断确认，主要存在以下故障和安全隐患。

1. 立体仓库系统

（1）随行电缆由于长期来回弯曲运行，部分电缆绝缘层出现老化开裂，根据以前修理记录，内部控制线路曾出现短路故障，存在安全隐患。

（2）机构导向轮出现磨损老化，机构运行时有晃动现象，运行稳定性劣化。

（3）立体货架连接件有松动。

2. 轴承压入装配线

（1）流水线线体导轨及传动链条分别出现不同程度的磨损，有部分线体铝合金导轨已快接近磨穿。

（2）升降机构气缸由于密封圈老化（已陆续换过 2 次）导致升降时速度变慢，漏气严重，缸体内壁出现磨损，影响生产节拍．

3. 部件装配线

（1）部件传动线电机变速箱运行时有异常噪声。

（2）装配工位导柱、导套磨损变形，运行时有卡住现象。

（3）工装板升降机直线滑动轴承由于长期运行，轴承滚珠槽磨损，有少许滚珠掉落。

4. 总装线和辅助设备

（1）倍速链传动线线体导轨及传动链条分别出现不同程度的磨损。（根据记录、链条陆续断

过 3 次）

（2）电柜内交流接触器吸和时有交流声，有故障隐患。

二、大修前的技术准备

（1）准备相关各种维修技术资料，如电气原理图、电气线路图；机械装配图等。

（2）各种维修更换配件的采购或制作。对一些采购周期长或制作周期长的配件要做到心中有数，提前进行采购或制作。

（3）合理安排修理日期及修理人员。修理日期一般可安排在生产淡季，或节假日进行。

（4）大修理所需要的专用工具、量具、专用设备、叉车的安排与准备。

（5）大修期间的作业安全与消防安全准备工作。如准备临时照明、临时检修电源、准备消防灭火器材等工作。

三、大修内容

1. 立体仓库系统

（1）更换多芯随行电缆消除安全及故障隐患。

（2）更换磨损老化的机构导向轮，调整导向轮和导轨的间隙，使进出库机构运行时稳定。

（3）全面紧固立体货架螺栓。

2. 轴承压入装配线

（1）更换流水线线体导轨及传动链条，重新调整链条松紧度。

（2）更换升降机构气缸，重新调整气缸上下运行速度。

3. 部件装配线

（1）更换传动线电机，重新调整传动链条松紧度。

（2）更换装配工位导柱、导套，使机构运行时稳定。

（3）更换工装板升降机直线滑动轴承，并且将其他直线滑动轴承用黄油枪加注润滑油脂。

4. 总装线和辅助设备

（1）更换倍速链传动线线体导轨及传动链条，重新调整链条松紧度。

（2）更换电柜内交流接触器，消除故障隐患，同时将电柜内各接线端子进行重新紧固。

四、检修中的质量控制

（1）施工中的每一项作业内容由施工人员进行自检并做好记录，各施工负责人要对关键项目进行检查，有权对任一项目进行抽查，特别对有安全要求的施工项目要重点检查。

（2）对重大问题的处理要做好详细记录，各施工负责人要签字认可。

（3）本次检修的所有项目由设备部门负责人总负责。

五、试车

1. 试车前的准备

（1）试车前将各检修设备上的杂物清理干净，不得堆放备品备件，检查有无修理工具等遗落在设备现场，安全保护装置要完全恢复。

（2）试车的组织。由本厂设备部门负责人及各施工负责人组织。

（3）试车前，先开动电机，检查电机旋转方向是否正确，然后开动机械设备，在确认无问题后方可开机试车。

2. 空载试车

（1）立体仓库系统。

1）检查多芯随行电缆来回运行时收拢放开是否正常，有无过长或拉紧现象，如有，必须重新进行调整。

2）导向轮和导轨的间隙小于 0.3mm，运行时导向轮有无异常噪声或卡滞现象，调整间隙使进出库机构运行时稳定。

（2）轴承压入装配线。

1）检查流水线线体导轨接头间隙小于 0.8mm，接头处水平误差小于 0.5mm。传动链条松紧度是否适宜。空载运行时无异常噪声与震动。

2）检查气缸上下运行时缓冲是否平稳，有无撞击震动。同时要检查气缸上的上下限磁性传感器有无信号，如不正常，则需要重新调整。

（3）部件装配线。

1）开动传动线电机，运行时无异常噪声与震动。传动链条松紧度是否适宜。

2）检查装配工位导柱、导套的装配质量，上下运行要顺畅平稳，不能有卡滞现象。

3）手动开动工装板升降机，反复上下运行，检查直线滑动轴承运行是否平稳，有无异常噪声。

（4）总装线和辅助设备。

1）检查流水线线体导轨接头间隙小于 0.8mm，接头处水平误差小于 0.5mm。传动链条松紧度是否适宜。空载运行时无异常噪声与震动。

2）检查电柜内交流接触器要吸合可靠。

3. 负载试车

（1）立体仓库系统。

1）导向轮在导轨上运行时导向轮有无异常噪声或卡滞现象。

2）进出库机构将周转箱进出库时运行稳定，无异常震动。

3）立体仓库运行时空间定位可靠，无误差。

（2）轴承压入装配线。

1）将工装板放置在流水线上运行，当限位气缸动作时，工装板能够平稳通过，无卡滞现象，工装板通过时同步性较好。

2）驱动机构运行时无异常噪声与震动。

3）工装板通过升降机构时平稳，有无撞击震动。

（3）部件装配线。

1）将工装板放置在流水线上，开动传动线电机，当限位气缸动作时，工装板能够平稳通过，无卡滞现象。

2）工装板经过转角机构时能够平稳过渡，无堵塞现象。

3）检查装配工位，导柱、导套上下运行要顺畅平稳，不能有卡滞晃动现象。

4）用工装板在生产线上正常循环运行，检查升降机直线滑动轴承运行是否平稳，到位停止后平层精度误差小于 3mm。

（4）总装线和辅助设备。

1）将工装板放置在流水线上，工装板在链条上能够平稳同步运行，无卡滞现象，工装板经过转角机构时能够平稳过渡，无堵塞现象。

2）生产线支架紧固可靠，气路与走线槽安置合理。

3）流水线线体电源插座安装位置合理、使用方便、安全可靠。

4）传动链运行时无跳动，无异常噪声与震动。

六、归档

将检修记录和验收记录以及图纸资料归档。